普通高等教育“十一五”国家级规划教材

普通高等院校大学数学系列教材

线性代数

王萼芳 编著

清华大学出版社
北京

内容简介

本书共5章，内容包括线性方程组、向量空间及欧氏空间、行列式、矩阵、特征值与特征向量及二次型等. 每节都配有习题，每章有总习题. 书末给出了大部分习题的习题解答或提示.

本书内容深入浅出，叙述详尽，例题较多. 可供高等院校非数学专业本科生作为教材或参考书.

图书在版编目(CIP)数据

线性代数/王萼芳编著. —北京：清华大学出版社，2007.3(2021.12重印)
(普通高等院校大学数学系列教材)
ISBN 978-7-302-14454-0

Ⅰ. 线… Ⅱ. 王… Ⅲ. 线性代数—高等学校—教材 Ⅳ. O151.2

中国版本图书馆CIP数据核字(2006)第164583号

责任编辑：佟丽霞
责任校对：焦丽丽
责任印制：杨　艳

出版发行：清华大学出版社
网　　址：http://www.tup.com.cn，http://www.wqbook.com
地　　址：北京清华大学学研大厦A座　**邮　　编**：100084
社 总 机：010-62770175　**邮　　购**：010-62786544
投稿与读者服务：010-62776969，c-service@tup.tsinghua.edu.cn
质量反馈：010-62772015，zhiliang@tup.tsinghua.edu.cn
印 装 者：北京同文印刷有限责任公司
经　　销：全国新华书店
开　　本：170mm×230mm　**印　张**：13.25　**字　　数**：238千字
版　　次：2007年3月第1版　**印　　次**：2021年12月第19次印刷
定　　价：38.00元

产品编号：019362-07

普通高等院校大学数学系列教材

编委会名单

序

大学数学系列课程"微积分"、"线性代数"和"概率论与数理统计"是大学理工、管理等各专业的重要基础课程. 随着我国经济的高速发展,高等教育的日益普及,需要培养出大批应用型工程技术人员. 同重点大学相比,以培养应用型人才为主的普通高校在教学目标、教学内容、教学方式等方面都有很大的不同. 而这类普通高校学生规模更大,但师资力量和教学条件却相对较弱. 因此,编写高质量的面向此类高校的教材,对于促进教学改革,提高我国高等教育的教学质量,更具迫切性和非常重要的现实意义.

为此,我们组织清华大学、北京大学、哈尔滨理工大学、北京联合大学等高校的老师,编写了这套面向普通高校的"普通高等院校大学数学系列教材",包括《微积分》、《线性代数》、《概率论与数理统计》及与每门课程主教材配套的教师用书(习题详细解答)、电子教案和学习指导. 本套教材的作者均长期从事大学数学的教学工作,学术水平高,教学经验丰富,并编写出版过相关的教材,对大学数学系列课程的教学内容和课程体系改革有深入的研究. 同时,来自于普通高校教师的参与使本套教材更有针对性,更符合当前这类高校培养目标的要求和基础数学教学的实际情况.

本套教材编写的主要原则是: 强调各门课程整体的理念、基本方法和适当的应用. 由于这三门课都属于基础课程,所以对其内容的改革应当慎重. 这套教材内容涵盖了教育部发布的"工科类本科数学基础课程教学基本要求". 在取材方面,不是简单地对内容进行增删,而是在努力深入的基础上尽量做到"浅出".

本套教材的全部讲授时间大约为 260 学时,其中微积分

140 学时，线性代数、概率论与数理统计各为 60 学时. 教师还可以根据本校的实际情况对课时作一定的增减，重要的是：每门课都应配置适当学时(例如，总学时的 1/3 左右)的习题课.

清华大学出版社对本套教材的编写和出版给予了各方面的支持，佟丽霞编辑为本书做了大量的组织和编辑工作.

尽管作者都有良好的愿望和多年的教学经验，但由于这一工作的难度较大，时间又比较仓促，各方面的问题肯定不少. 欢迎广大师生和各方人士提出宝贵意见，以便进一步修改.

萧树铁

2006 年 4 月

前 言

本书是为当前普通高等院校的非数学专业“线性代数”课程编写的教材. 作为科学的基础和工具，数学已在大学基础课中得到应有的重视，但目前一般学校在课程设置、教学条件和学生基础等方面，还存在参差不齐的现象，作为基础课之一的线性代数也缺乏一种相对稳定的教学和课时要求.

对于“线性代数”这门课程，其主要任务有两条：掌握线性代数最常用的工具性内容，即线性方程组、行列式和矩阵，以及了解如何把一些具体的数学对象抽象为数学结构，例如向量空间和欧氏空间. 因此希望通过对本书的学习，能使读者较好地掌握前者而充分理解后者.

有些数学教材比较习惯于罗列事实加上一些逻辑推理，对于问题的提出和分析则重视不够. 本书力求把重点放到对一些基本对象的分析上，使读者具有面对问题进行分析的能力.

一般来说，本书所需的讲授时间为 50 学时左右，建议能在大学一年级上学期进行，以便与“微积分”互相配合. 特别要指出的是：学习本教材，必须另外配有习题课(至少每周 1 学时)，由教师引导学生讨论问题，解决问题，这是由于数学基础课一般相对比较抽象，而在中学阶段，学生逻辑的训练又不够，所以在学习本课程时，如果不经过自己动手做习题、判别是否与对错以及改正错误这些过程的训练，是很难掌握它的基本内容的.

书中不足之处希望读者批评指正，以便不断改进.

作　者

2006 年 10 月

目录

线性代数

线性方程组

第1章

在处理许多实际问题和数学问题时往往归结为线性代数问题.在线性代数中,线性方程组是一个重要的工具,也是线性代数的基本内容.关于线性方程组,已经有完整的理论和计算方法.本章介绍如何应用消元法来判断线性方程组解的情况及计算一般解和解集合的方法.

1.1 关于线性方程组的一般概念

线性方程组就是一次方程组,也就是只包含未知量一次方幂的方程组.最简单的线性方程组当然是一元一次方程了,读者在初中甚至小学时就已经接触到.由于非常简单,大家可能没有什么印象了.至于二元线性方程组,可能曾经给过读者一个惊喜,因为它曾经帮助读者从"复杂"而当时不大能理解的应用题中解放出来.我们一起来回忆一下当时可能觉得很美妙而难以理解的应用题.

例 1.1 100 个和尚分 100 个馒头.大和尚一人 3 个,小和尚 3 人一个,刚好分完.问大、小和尚各有多少人?

这个问题作为应用题是一个饶有兴趣的问题.大家当时对算法可能不大理解,可是对于结论一定觉得很奥妙,至于公式嘛,可能只是会"运用"而已.可是当学了二元线性方程组时,这个问题就很容易解决了,而且方便易懂.读者可能从此对代数产生了兴趣.

解 设有大和尚 x 人,小和尚 y 人,于是根据题意,列出线性方程组:

$$\begin{cases} x + y = 100, & ① \\ 3x + \dfrac{1}{3}y = 100. & ② \end{cases}$$

用代入法进行求解. 由式①得 $y=100-x$,代入式②得

$$\frac{8}{3}x = \frac{200}{3},$$

因此

$$x = 25,$$

代入式①得 $y=75$. 所以有大和尚 25 人,小和尚 75 人.

根据题目的意思,列出线性方程组然后求解. 这种方法比起算术中的一些"公式"要容易多了,而且这个方法具有一般性,可以统一处理各类应用问题.

前面的例子出自明代程大为著的《算法统宗》. 下面这个例题称为"中国百鸡问题",出自中国古代算书《张丘建算经》. 张丘建是三国时期的数学家.

例 1.2 公鸡每只值五文钱,母鸡每只值三文钱,小鸡三只值一文钱. 现在用一百文钱买一百只鸡,问: 在这一百鸡中,公鸡、母鸡、小鸡各有多少只?

解 设有公鸡 x 只,母鸡 y 只,小鸡 z 只,那么根据题意,得下列线性方程组:

$$\begin{cases} x + y + z = 100, & ① \\ 5x + 3y + \dfrac{1}{3}z = 100. & ② \end{cases}$$

由式②×3－式①得

$$14x+8y=200, \quad 即 \quad 7x+4y=100,$$

$$y=25-\frac{7}{4}x.$$

因为 y 是整数,所以 x 必须是 4 的倍数. 设 $x=4k$ 代入式①,得

$$\begin{cases} x = 4k, \\ y = 25 - 7k, \\ z = 75 + 3k. \end{cases}$$

又由 $y>0$,可知 k 只能取值 1,2 或 3. 由此得 3 个解:

$$\begin{cases} x = 4, \\ y = 18, \\ z = 78; \end{cases} \quad \begin{cases} x = 8, \\ y = 11, \\ z = 81; \end{cases} \quad \begin{cases} x = 12, \\ y = 4, \\ z = 84. \end{cases}$$

即公鸡 4 只,母鸡 18 只,小鸡 78 只; 或公鸡 8 只,母鸡 11 只,小鸡 81 只; 或公鸡 12 只,母鸡 4 只,小鸡 84 只.

这个例题说明，由实际问题提出的线性方程组中包含的未知量的个数与方程组的个数不一定相等.

从这个例题还可看到，有时候线性方程组可以有很多解，但是可能会由其他条件限制舍去一些解. 例如上例中 x,y,z 都必须是非负整数就给解加了一些限制.

那么给定一个线性方程组，它的解可能有多少种呢？我们通过例题来观察一下.

例 1.3 解线性方程组

$$\begin{cases} 2x_1+2x_2-x_3=-2,\\ x_1-x_2+x_3=4,\\ 2x_1-x_2-2x_3=-1,\\ 3x_1+x_2-x_3=0. \end{cases}$$

说明 前面两个例子是用代入法求解的. 当未知量的个数较多时，代入法计算起来比较麻烦，而且不容易掌握规律. 为了以后计算未知量较多的线性方程组及讨论一般线性方程组，我们用消元法来求解这个例题.

解 用消元法求解. 为了计算方便，我们首先将第 1,2 两个方程互换位置，得

$$\begin{cases} x_1-x_2+x_3=4,\\ 2x_1+2x_2-x_3=-2,\\ 2x_1-x_2-2x_3=-1,\\ 3x_1+x_2-x_3=0. \end{cases}$$

把上述线性方程组的第 2,3,4 个方程分别加上第 1 个方程的 $-2,-2,-3$ 倍，得

$$\begin{cases} x_1-x_2+x_3=4,\\ 4x_2-3x_3=-10,\\ x_2-4x_3=-9,\\ 4x_2-4x_3=-12. \end{cases}$$

（现在看到在第 2,3,4 这三个方程中，已经没有 x_1 了. 下面再想法消去 x_2.）把第 2,3 两个方程互换位置，把第 4 个方程乘以 1/4，得

$$\begin{cases} x_1-x_2+x_3=4,\\ x_2-4x_3=-9,\\ 4x_2-3x_3=-10,\\ x_2-x_3=-3. \end{cases}$$

把第 3,4 两个方程分别加上第 2 个方程的 $-4,-1$ 倍,得

$$\begin{cases} x_1 - x_2 + x_3 = 4, \\ x_2 - 4x_3 = -9, \\ 13x_3 = 26, \\ 3x_3 = 6. \end{cases}$$

再用同样的方法将 3,4 两个方程化简,得

$$\begin{cases} x_1 - x_2 + x_3 = 4, \\ x_2 - 4x_3 = -9, \\ x_3 = 2, \\ 0 = 0. \end{cases}$$

从第 3 个方程得 $x_3=2$,逐步回代,求得解为

$$\begin{cases} x_1 = 1, \\ x_2 = -1, \\ x_3 = 2. \end{cases}$$

且可看出解是唯一的.

例 1.4 解线性方程组

$$\begin{cases} x_1 - x_2 + x_3 = 2, \\ 2x_1 - x_2 - x_3 = -2, \\ 3x_1 - x_2 - 3x_3 = -6. \end{cases}$$

解 用消元法求解.

$$\text{原方程组} \to \begin{cases} x_1 - x_2 + x_3 = 2, \\ x_2 - 3x_3 = -6, \\ 2x_1 - 6x_3 = -12, \end{cases} \to \begin{cases} x_1 - x_2 + x_3 = 2, \\ x_2 - 3x_3 = -6, \\ 0 = 0. \end{cases}$$

由第 2 个方程得 $x_2=3x_3-6$,代入第 1 个方程得 $x_1=2x_3-4$. 令 $x_3=k$,得到解为

$$\begin{cases} x_1 = 2k-4, \\ x_2 = 3k-6, \\ x_3 = k, \end{cases} \quad \text{其中 } k \text{ 为任意数.}$$

可以看出,这个线性方程组有无穷多个解.

例 1.5 解线性方程组

$$\begin{cases} x_1 - x_2 + x_3 = 4, \\ 2x_1 + 2x_2 - x_3 = -2, \\ x_1 + 3x_2 - 2x_3 = 2. \end{cases}$$

解　用消元法化简方程组.

$$
\text{原方程组}\rightarrow\begin{cases}x_1-x_2+x_3=4,\\ 4x_2-3x_3=-10,\\ 4x_2-3x_3=-2,\end{cases}\rightarrow\begin{cases}x_1-x_2+x_3=4,\\ 4x_2-3x_3=-10,\\ 0=8.\end{cases}
$$

从最后一个方程可看出这个线性方程组没有解.

从以上例题可以看出,线性方程组的解有3种情况：唯一解,无穷多解,无解.是否还有其他情况呢？可以证明：只有这三种情况.但是这个结论需要证明,不能通过例子来说明.

从实际问题中提出来的线性方程组当然要复杂得多,一般未知量的个数比较多,解的情况也不一定这么简单.为了使得我们的讨论对于有任意多个未知量的线性方程组都有效,首先我们来明确一下一般线性方程组的表示方法及解的概念.

为了表示一个线性方程组,需要用很多符号：未知量、系数及常数项.当未知量个数较多时,所用的文字也随之增加.因此为了合理地使用文字,使得线性方程组的表示规范化,我们统一用 x 表示未知量,假设有 n 个未知量,就分别用 $x_1,x_2,\cdots,x_n$ 来表示；线性方程组中方程的个数也不一定与未知量的个数 n 相同,设为 s 个；各个方程中的系数用 $a_{ij}(i=1,2,\cdots,s;\ j=1,2,\cdots,n)$ 来表示；常数项统一用 $b_i(i=1,2,\cdots,s)$ 表示.这样,一般线性方程组可以表示为

$$
\begin{cases}a_{11}x_1+a_{12}x_2+\cdots+a_{1n}x_n=b_1,\\ a_{21}x_1+a_{22}x_2+\cdots+a_{2n}x_n=b_2,\\ \qquad\vdots\\ a_{s1}x_1+a_{s2}x_2+\cdots+a_{sn}x_n=b_s.\end{cases}\tag{1.1}
$$

其中系数 a_{ij} 的第一个下标 $i(i=1,2,\cdots,s)$ 表示它是第 i 个方程中的**系数**,第二个下标 $j\ (j=1,2,\cdots,n)$ 表示它是 x_j 的系数,b_i 的下标 $i(i=1,2,\cdots,s)$ 表示它是第 i 个方程的**常数项**.因为线性方程组(1.1)包含 n 个未知量,所以称为 ***n* 元线性方程组**.

线性方程组(1.1)的一个**解**是指由 n 个数 $c_1,c_2,\cdots,c_n$ 组成的有序数组 $(c_1,c_2,\cdots,c_n)$.当 $x_1,x_2,\cdots,x_n$ 分别用 $c_1,c_2,\cdots,c_n$ 代入后,方程组(1.1)中每个等式都成为恒等式.线性方程组的解的全体称为它的**解集合**.如果两个线性方程组有相同的解集合,就称它们是**同解**的.

本章的主要内容就是讨论如何应用消元法来判断一个线性方程组是否有解？有多少个解？在有解时如何求出一般解？

习题 1.1

1. 解下列线性方程组：

(1) $\begin{cases} 2x_1+x_2+2x_3=6, \\ x_1+2x_2+x_3=3, \\ x_1-x_2-x_3=-1; \end{cases}$

(2) $\begin{cases} x_1+2x_2-3x_3=1, \\ 2x_1+3x_2-5x_3=2, \\ x_1+3x_2-4x_3=1; \end{cases}$

(3) $\begin{cases} x_1+2x_2+3x_3=0, \\ 2x_1+3x_2+x_3=4, \\ 3x_1+5x_2+4x_3=2. \end{cases}$

2. (1) 设 $a_{11}a_{22}-a_{12}a_{21}\neq 0$，求解线性方程组

$$\begin{cases} a_{11}x_1+a_{12}x_2=b_1, \\ a_{21}x_1+a_{22}x_2=b_2; \end{cases}$$

(2) 用(1)中公式，解线性方程组

$$\begin{cases} x_1+x_2=3, \\ 2x_1+3x_2=5. \end{cases}$$

1.2　线性方程组解的情况

在上节中我们应用消元法求解了例 1.3～例 1.5 中的线性方程组. 所谓消元法就是把方程组中的一部分方程变成未知量较少的方程，从而判断原方程组有没有解，并在有解时求出解来. 那么我们对方程组进行了哪些变换呢？通过对例 1.3 至例 1.5 的分析，可以发现，我们就是反复应用以下三种变换来化简方程组的：

(1) 互换两个方程的位置；

(2) 用一个非零常数乘一个方程；

(3) 一个方程加上另一个方程的 k 倍.

定义 1.1　以上三种变换称为线性方程组的**初等变换**.

对线性方程组进行初等变换是为了把方程组化简. 由于未知量逐次减少，所以我们根据最后所得的线性方程组的形状，把它称为**阶梯形方程组**.

在做例题的时候，我们是通过最后得到的阶梯形方程组来判断原方程组解的情形的．因此，我们必须要证明经过初等变换所得的阶梯形方程组与原方程组是同解的，也就是说，初等变换把线性方程组变成与它同解的线性方程组．根据初等变换的定义，很容易看出第 1，2 两种初等变换是保持解集合不变的．下面来证明初等变换 3 把线性方程组化为同解的线性方程组．

设线性方程组①经过一次初等变换 3 化为方程组②．不妨设所作的初等变换为：①的第 i 个方程加上第 j 个方程的 k 倍．如果$(c_1,c_2,\cdots,c_n)$是①的一个解，即 x_i 用c_i $(i=1,2,\cdots,n)$代入后①中方程全成为恒等式．于是把第 j 个恒等式的 k 倍加到第 i 个恒等式得到一个新的恒等式．这说明$(c_1,c_2,\cdots,c_n)$也是②的解．由于初等变换都是可逆变换，把②的第 i 个方程加上第 j 个方程的$(-k)$倍，就得到方程组①．刚才的分析说明②的解也都是①的解，因此①、②是同解的线性方程组．

这就是我们可以用经过多次初等变换后所得的阶梯形方程组代替原方程组来讨论其解并求解．

下面我们来总结一下阶梯形方程组的解的情况．

把阶梯形方程组中后面“$0=0$”的方程（如果有的话）去掉，剩下的方程可能有以下两种情况：

1. 最后一个方程是

$$0=c \quad (\text{非零常数}),$$

此时方程组无解．

2. 最后一个方程左边不等于 0，那么原方程组有解．此时又可分成两种情形．设阶梯形方程组有 r 个系数不全等于 0 的方程．

(1) 如果 $r=n$，则方程组有唯一解．

此时，阶梯形方程组可表示为

$$\begin{cases} c_{11}x_1+c_{12}x_2+\cdots+c_{1n}x_n=d_1, \\ \qquad\quad c_{22}x_2+\cdots+c_{2n}x_n=d_2, \\ \qquad\qquad\qquad\qquad \vdots \\ \qquad\qquad\qquad\quad c_{nn}x_n=d_n, \end{cases}$$

其中 $c_{ii}\neq 0(i=1,2,\cdots,n)$．由最后一个方程，得到 $x_n=\dfrac{d_n}{c_{nn}}$．从倒数第二个方程开始，逐次回代，就可算出方程组的解．

(2) 如果 $r<n$，则方程组有无穷多解．

为了简单起见，设阶梯形方程组为

$$\begin{cases} c_{11}x_1 + c_{12}x_2 + \cdots + c_{1r}x_r + c_{1,r+1}x_{r+1} + \cdots + c_{1n}x_n = d_1, \\ \qquad c_{22}x_2 + \cdots + c_{2r}x_r + c_{2,r+1}x_{r+1} + \cdots + c_{2n}x_n = d_2, \\ \qquad\qquad \vdots \\ \qquad\qquad c_{rr}x_r + c_{r,r+1}x_{r+1} + \cdots + c_{rn}x_n = d_r, \end{cases}$$

其中 $c_{ii} \neq 0$ $(i=1,2,\cdots,r)$，改写为

$$\begin{cases} c_{11}x_1 + c_{12}x_2 + \cdots + c_{1r}x_r = d_1 - c_{1,r+1}x_{r+1} - \cdots - c_{1n}x_n, \\ \qquad c_{22}x_2 + \cdots + c_{2r}x_r = d_2 - c_{2,r+1}x_{r+1} - \cdots - c_{2n}x_n, \\ \qquad\qquad \vdots \\ \qquad\qquad c_{rr}x_r = d_r - c_{r,r+1}x_{r+1} - \cdots - c_{rn}x_n, \end{cases}$$

由最后一个方程看到 x_r 可以由 $x_{r+1},\cdots,x_n$ 表出，把它代入第 $r-1$ 方程，将 x_{r-1} 由 $x_{r+1},\cdots,x_n$ 表出，这样逐步回代，可将 $x_1,x_2,\cdots,x_r$ 通过 $x_{r+1},\cdots,x_n$ 表示出来：

$$\begin{cases} x_1 = k_1 + k_{1,r+1}x_{r+1} + \cdots + k_{1n}x_n, \\ x_2 = k_2 + k_{2,r+1}x_{r+1} + \cdots + k_{2n}x_n, \\ \qquad \vdots \\ x_r = k_r + k_{r,r+1}x_{r+1} + \cdots + k_{rn}x_n. \end{cases}$$

这组表达式称为原线性方程组的**一般解**，$x_{r+1},\cdots,x_n$ 称为**自由未知量**.

下面再举一个求一般解的例子.

例 1.6　解下列线性方程组

$$\begin{cases} x_1 + 2x_2 + x_3 - 2x_4 + x_5 = 3, \\ 2x_1 + 4x_2 - x_3 + 2x_4 - 2x_5 = 5, \\ -x_1 - 2x_2 + 2x_3 - 4x_4 + x_5 = 4, \\ x_1 + 2x_2 + 4x_3 - 8x_4 + 4x_5 = 7. \end{cases}$$

解　用消元法求解，原方程组化为

$$\begin{cases} x_1 + 2x_2 + x_3 - 2x_4 + x_5 = 3, \\ -3x_3 + 6x_4 - 4x_5 = -1, \\ 3x_3 - 6x_4 + 2x_5 = 7, \\ 3x_3 - 6x_4 + 3x_5 = 4, \end{cases} \rightarrow \begin{cases} x_1 + 2x_2 + x_3 - 2x_4 + x_5 = 3, \\ -3x_3 + 6x_4 - 4x_5 = -1, \\ -2x_5 = 6, \\ -x_5 = 3, \end{cases}$$

$$\rightarrow \begin{cases} x_1 + 2x_2 + x_3 - 2x_4 + x_5 = 3, \\ 3x_3 - 6x_4 + 4x_5 = 1, \\ x_5 = -3, \\ 0 = 0. \end{cases}$$

去掉最后一个方程 $0=0$，把 x_2,x_4 移到等式右边，得

$$\begin{cases} x_1 + x_3 + x_5 = 3 - 2x_2 + 2x_4, \\ 3x_3 + 4x_5 = 1 + 6x_4, \\ x_5 = -3, \end{cases}$$

求得一般解为

$$\begin{cases} x_1 = \dfrac{5}{3} - 2x_2, \\ x_3 = \dfrac{13}{3} + 2x_4, \\ x_5 = -3, \end{cases}$$

其中 x_2, x_4 为自由未知量.

一般解给出了未知量之间的关系,通过自由未知量来表示其他未知量,它本身并不是全部解.但是全部解都可通过一般解求出来.例如在例 1.6 中,令 $x_2 = x_4 = 0$,得到一个解 $\left(\frac{5}{3}, 0, \frac{13}{3}, 0, -3\right)$;如令 $x_2 = 0, x_4 = 1$,则又得到一个解 $\left(\frac{5}{3}, 0, 1, \frac{19}{3}, -3\right)$.全部解都可用这种方法得到.还可根据要求,选择适当的 x_2, x_4,得到需要的解.通过一般解,还可得出线性方程组的解集合.例如,这个例题的解集合就是

$$\left\{ \left(\frac{5}{3} - 2k_1, k_1, \frac{13}{3} + 2k_2, k_2, -3 \right) \middle| k_1, k_2 \text{ 为任意数} \right\}.$$

这一节介绍了用初等变换将线性方程组化为同解的阶梯形方程组,从而判断其有没有解?有多少个解?并在有解时求出唯一解或一般解及解集合.问题是:是不是每个线性方程组都可通过初等变换化成同解的阶梯形方程组呢?我们将在下一节中应用线性方程组的矩阵来说明这一点.

习题 1.2

1. 用消元法解下列线性方程组:

(1) $\begin{cases} x_1 + x_2 + x_3 = 1, \\ 2x_1 - x_2 + 3x_3 = -2, \\ 3x_1 - x_2 - x_3 = 3, \\ 4x_1 - x_2 + x_3 = 2; \end{cases}$

(2) $\begin{cases} x_1 - 2x_2 + x_3 + x_4 = 2, \\ x_1 - 2x_2 + x_3 - x_4 = -2, \\ x_1 - 2x_2 + x_3 + 5x_4 = 10; \end{cases}$

(3) $\begin{cases} x_1+x_2-3x_3=5, \\ 2x_1+x_2-4x_3=6, \\ x_1+2x_2-5x_3=4. \end{cases}$

2. 求 k 使线性方程组

$$\begin{cases} x_1-3x_2+2x_3-3x_4= & 1, \\ x_1+2x_2-x_3+4x_4= & -2, \\ 2x_1-11x_2+7x_3-13x_4= & k \end{cases}$$

有解，并在有解时求解.

1.3　线性方程组有解判别定理

在以上两节中，在应用消元法求解的时候，我们会觉得很烦琐. 其原因在于，当表示一个线性方程组时，必须写出每个方程，其中未知量 $x_1, x_2, \cdots, x_n$ 就重复了好多次. 其实，每个方程重要的是它的系数及常数. 在进行消元法时，也是通过系数及常数来进行计算的. 因此，我们在进行消元法时可以暂略去未知量不写，只写出各个方程的系数及常数项来进行计算. 例如，上节中的例 1.6，我们把各个方程的系数及常数分别写成一行，如下表排列：

$$\begin{pmatrix} 1 & 2 & 1 & -2 & 1 & 3 \\ 2 & 4 & -1 & 2 & -2 & 5 \\ -1 & -2 & 2 & -4 & 1 & 4 \\ 1 & 2 & 4 & -8 & 4 & 7 \end{pmatrix}$$

上面的表中每一行对应于一个方程，外面的括号用来表示这是一个方程组. 在进行消元时，也可用上面的表来进行，对比例 1.6 把行看成方程，而把线性方程组进行的初等变换用行的变化表示出来.

$$\begin{pmatrix} 1 & 2 & 1 & -2 & 1 & 3 \\ 2 & 4 & -1 & 2 & -2 & 5 \\ -1 & -2 & 2 & -4 & 1 & 4 \\ 1 & 2 & 4 & -8 & 4 & 7 \end{pmatrix} \to \begin{pmatrix} 1 & 2 & 1 & -2 & 1 & 3 \\ 0 & 0 & -3 & 6 & -4 & -1 \\ 0 & 0 & 3 & -6 & 2 & 7 \\ 0 & 0 & 3 & -6 & 3 & 4 \end{pmatrix}$$

$$\to \begin{pmatrix} 1 & 2 & 1 & -2 & 1 & 3 \\ 0 & 0 & -3 & 6 & -4 & -1 \\ 0 & 0 & 0 & 0 & -2 & 6 \\ 0 & 0 & 0 & 0 & -1 & 3 \end{pmatrix} \to \begin{pmatrix} 1 & 2 & 1 & -2 & 1 & 3 \\ 0 & 0 & 3 & -6 & 4 & 1 \\ 0 & 0 & 0 & 0 & 1 & -3 \\ 0 & 0 & 0 & 0 & 0 & 0 \end{pmatrix}$$

得到同解方程组

$$\begin{cases} x_1 + 2x_2 + x_3 - 2x_4 + x_5 = 3, \\ \qquad\qquad 3x_3 - 6x_4 + 4x_5 = 1, \\ \qquad\qquad\qquad\qquad\quad x_5 = 3, \\ \qquad\qquad\qquad\qquad\quad 0 = 0, \end{cases}$$

仍然得到同样的结果.

这种写法使消元法减少了好多不必要的书写,而且“重点”突出,计算不容易出错,这就是线性方程组的**矩阵表示**.下面我们还要利用线性方程组的矩阵来说明每个线性方程组都可以经过初等变换化为同解的阶梯形方程组.为此,我们首先对“矩阵”作一些说明.

首先介绍矩阵的概念.

定义 1.2 由 sn 个数排成的 s 行 n 列的表

$$\begin{pmatrix} a_{11} & a_{12} & \cdots & a_{1n} \\ a_{21} & a_{22} & \cdots & a_{2n} \\ \vdots & \vdots & & \vdots \\ a_{s1} & a_{s2} & \cdots & a_{sn} \end{pmatrix} \tag{1.2}$$

称为一个 $s\times n$ **矩阵**.在不致混淆的情况下,简称矩阵.

例如

$$\begin{pmatrix} 1 & 2 & 0 & 3 \\ 2 & 5 & 6 & 1 \\ 0 & 2 & 1 & 4 \end{pmatrix}$$

就是一个 3×4 矩阵.

矩阵(1.2)中的数 $a_{ij}(i=1,2,\cdots,s;\ j=1,2,\cdots,n)$称为矩阵(1.2)的元素.$i$ 称为 a_{ij} 的行标,说明 a_{ij} 位于矩阵(1.2)中第 i 行.j 称为 a_{ij} 的列标,说明 a_{ij} 位于矩阵(1.2)中第 j 列,a_{ij} 也称为矩阵(1.2)的(i,j)元.

通常用大写拉丁字母 $\boldsymbol{A},\boldsymbol{B},\cdots$或$(a_{ij}),(b_{ij}),\cdots$来表示矩阵.有时候为了表示 $\boldsymbol{A}$ 或(a_{ij})是一个 $s\times n$ 矩阵,常表示成 $\boldsymbol{A}_{s\times n}$ 或$(a_{ij})_{s\times n}$.如果矩阵 $\boldsymbol{A}$ 的行、列数相同,即 $s=n$,则称 $\boldsymbol{A}$ 为一个 n 阶矩阵或 n 阶方阵,简称**方阵**.

两个矩阵只有在它们的行、列数分别相等,并且对应的元素都相等时,才叫做**相等**.设 $\boldsymbol{A}=(a_{ij})_{s\times n}$是一个 $s\times n$ 矩阵,$\boldsymbol{B}=(b_{ij})_{l\times m}$是一个 $l\times m$ 矩阵,那么 $\boldsymbol{A}=\boldsymbol{B}$ 就是说 $s=l,n=m$,并且 $a_{ij}=b_{ij}$ 对 $i=1,2,\cdots,s;\ j=1,2,\cdots,n$ 都成立,即相等的矩阵是完全一样的.

给了一个线性方程组

$$\begin{cases}a_{11}x_1+a_{12}x_2+\cdots+a_{1n}x_n=b_1,\\a_{21}x_1+a_{22}x_2+\cdots+a_{2n}x_n=b_2,\\\quad\vdots\\a_{s1}x_1+a_{s2}x_2+\cdots+a_{sn}x_n=b_s.\end{cases}\tag{1.3}$$

把系数按原来的位置写成一个 $s\times n$ 矩阵

$$\boldsymbol{A}=\begin{pmatrix}a_{11}&a_{12}&\cdots&a_{1n}\\a_{21}&a_{22}&\cdots&a_{2n}\\\vdots&\vdots&&\vdots\\a_{s1}&a_{s2}&\cdots&a_{sn}\end{pmatrix},$$

称为方程组(1.3)的**系数矩阵**.若把常数项也添成一列,则得到一个 $s\times(n+1)$ 矩阵

$$\overline{\boldsymbol{A}}=\begin{pmatrix}a_{11}&a_{12}&\cdots&a_{1n}&b_1\\a_{21}&a_{22}&\cdots&a_{2n}&b_2\\\vdots&\vdots&&\vdots&\vdots\\a_{s1}&a_{s2}&\cdots&a_{sn}&b_s\end{pmatrix},$$

称为方程组(1.3)的**增广矩阵**.

显然,如果知道了一个线性方程组的全部系数和常数项,那么这个线性方程组就完全确定了,也就是说,线性方程组(1.3)可以用它的增广矩阵 $\overline{\boldsymbol{A}}$ 来表示.至于用什么文字来表示未知量,不是实质性的问题.

上节中介绍过线性方程组的初等变换.容易看出,对线性方程组(1.3)施行初等变换,相当于对增广矩阵的行施行相应的变换,因此,下面定义矩阵的初等行变换.

定义 1.3 下列 3 种变换称为矩阵的初等行变换:

(1) 互换矩阵两行的位置;

(2) 用一个非零常数乘矩阵的某一行;

(3) 矩阵中某一行加上另一行的 k 倍.

矩阵 $\boldsymbol{A}$ 经过初等变换变成矩阵 $\boldsymbol{B}$ 时,写成 $\boldsymbol{A}\rightarrow\boldsymbol{B}$,并称 $\boldsymbol{A}$ 与 $\boldsymbol{B}$ 是**行等价的**.

设 $\boldsymbol{A}$ 是一个矩阵,对 $\boldsymbol{A}$ 的任一非零行,其中第一个非零元称为这一行的**首非零元**.若 $\boldsymbol{A}$ 的前 r 行都不为零,其余行都等于 0,并且第 1 至第 r 行的首非零元所在的列 $j_1,j_2,\cdots,j_r$ 满足

$$j_1<j_2<\cdots<j_r,$$

则称 $\boldsymbol{A}$ 是一个**阶梯形矩阵**.简称**梯阵**.例如

$$\begin{pmatrix}0&1&0&2&0\\0&0&1&1&0\\0&0&0&0&1\\0&0&0&0&0\end{pmatrix},\begin{pmatrix}1&2&3&-1&-2\\0&0&0&1&1\\0&0&0&0&1\\0&0&0&0&0\end{pmatrix}$$

都是阶梯形矩阵. 如果在阶梯形矩阵 $\boldsymbol{A}$ 中,每个首非零元都等于 1,并且每个首非零元所在列的其他元素都等于 0,则称 $\boldsymbol{A}$ 是一个**约化梯阵**,例如在上面的例子中,第 1 个矩阵是约化梯阵,而第 2 个则不是.

下面来说明,任一个矩阵都可以经过一系列初等行变换变为阶梯形矩阵. 设

$$\boldsymbol{A}=\begin{pmatrix}a_{11}&a_{12}&\cdots&a_{1n}\\a_{21}&a_{22}&\cdots&a_{2n}\\\vdots&\vdots&&\vdots\\a_{s1}&a_{s2}&\cdots&a_{sn}\end{pmatrix},$$

先看第 1 列元素 $a_{11},a_{21},\cdots,a_{s1}$,如果这 s 个元素不全为零,就可通过第 1 种初等行变换而使第 1 行第 1 列元素不等于 0,然后依次将第 $2,3,\cdots,s$ 行加上第 1 行的适当倍数使得第 1 列除第 1 个元素外全等于 0,即 $\boldsymbol{A}$ 经行初等变换化为

$$\boldsymbol{A}\to\boldsymbol{B}=\begin{pmatrix}a'_{11}&a'_{12}&\cdots&a'_{1n}\\0&a'_{22}&\cdots&a'_{2n}\\\vdots&\vdots&&\vdots\\0&a'_{s2}&\cdots&a'_{sn}\end{pmatrix}.$$

然后再对 $\boldsymbol{B}$ 的右下角的矩阵

$$\boldsymbol{B}_1=\begin{pmatrix}a'_{22}&\cdots&a'_{2n}\\\vdots&&\vdots\\a'_{s2}&\cdots&a'_{sn}\end{pmatrix}$$

重复以上的变化. 在对 $\boldsymbol{B}_1$(看成 $\boldsymbol{B}$ 的部分矩阵)进行初等行变换时,$\boldsymbol{B}$ 的第 1 行、第 1 列不发生变化,因此第 1 列中的“0”不发生变化. 这样逐列进行,直到变为阶梯形为止. 如果 $\boldsymbol{A}$ 的第 1 列元素全为 0,那么就从第 2 列开始进行. 如果 $\boldsymbol{B}_1$ 的第 1 列元素全为 0,或者在变换过程中遇到这种情况也可这样操作.

把 $\boldsymbol{A}$ 化为阶梯形矩阵后,把非零行的首非零元素变为 1(应用第 2 种初等行变换),再把这些“1”以上的元素化为 0,就得到 $\boldsymbol{A}$ 的约化梯阵. 需要说明的是,矩阵 $\boldsymbol{A}$ 经初等行变换化为梯阵,所得的梯阵不是**唯一**的; 而 $\boldsymbol{A}$ 经初等变换化为约化梯阵,所得的约化梯阵是唯一的. 这一点我们不予证明.

容易看出阶梯形矩阵对应的线性方程组是阶梯形方程组. 下面我们通过线性方程组的例子来说明将矩阵通过初等行变换化为梯阵的方法.

例 1.7　解下列线性方程组

$$\begin{cases} x_1-2x_2+3x_3-x_4-x_5=2, \\ 2x_1-x_2+x_3-2x_5=4, \\ -2x_1-5x_2+9x_3-4x_4+3x_5=-6, \\ x_1+x_2-2x_3+x_4-2x_5=4. \end{cases}$$

解　用消元法求解，将增广矩阵用初等行变换化为行等价的阶梯形矩阵，

$$\bar{A}=\begin{pmatrix} 1 & -2 & 3 & -1 & -1 & 2 \\ 2 & -1 & 1 & 0 & -2 & 4 \\ -2 & -5 & 9 & -4 & 3 & -6 \\ 1 & 1 & -2 & 1 & -2 & 4 \end{pmatrix} \to \begin{pmatrix} 1 & -2 & 3 & -1 & -1 & 2 \\ 0 & 3 & -5 & 2 & 0 & 0 \\ 0 & -9 & 15 & -6 & 1 & -2 \\ 0 & 3 & -5 & 2 & -1 & 2 \end{pmatrix}$$

$$\to \begin{pmatrix} 1 & -2 & 3 & -1 & -1 & 2 \\ 0 & 3 & -5 & 2 & 0 & 0 \\ 0 & 0 & 0 & 0 & 1 & -2 \\ 0 & 0 & 0 & 0 & -1 & 2 \end{pmatrix} \to \begin{pmatrix} 1 & -2 & 3 & -1 & -1 & 2 \\ 0 & 3 & -5 & 2 & 0 & 0 \\ 0 & 0 & 0 & 0 & 1 & -2 \\ 0 & 0 & 0 & 0 & 0 & 0 \end{pmatrix}=\boldsymbol{B}.$$

得到同解方程组

$$\begin{cases} x_1-2x_2+3x_3-x_4-x_5=2, \\ 3x_2-5x_3+2x_4=0, \\ x_5=-2. \end{cases}$$

这个线性方程组有无穷多个解，一般解为

$$\begin{cases} x_1=\dfrac{1}{3}x_3-\dfrac{1}{3}x_4, \\ x_2=\dfrac{5}{3}x_3-\dfrac{2}{3}x_4, \\ x_5=-2, \end{cases}$$

其中 x_3, x_4 为自由未知量.

这个线性方程组的解集合为：

$$\left\{\left(\frac{1}{3}k_1-\frac{1}{3}k_2, \frac{5}{3}k_1-\frac{2}{3}k_2, k_1, k_2, -2\right) \middle| k_1, k_2 \text{ 为任意数}\right\}.$$

如果我们继续把 $\boldsymbol{B}$ 化为约化梯阵：

$$\boldsymbol{A}\to\boldsymbol{B}\to\begin{pmatrix} 1 & -2 & 3 & -1 & 0 & 0 \\ 0 & 3 & -5 & 2 & 0 & 0 \\ 0 & 0 & 0 & 0 & 1 & -2 \\ 0 & 0 & 0 & 0 & 0 & 0 \end{pmatrix} \to \begin{pmatrix} 1 & 0 & -\dfrac{1}{3} & \dfrac{1}{3} & 0 & 0 \\ 0 & 1 & -\dfrac{5}{3} & \dfrac{2}{3} & 0 & 0 \\ 0 & 0 & 0 & 0 & 1 & -2 \\ 0 & 0 & 0 & 0 & 0 & 0 \end{pmatrix}$$

得到同解方程组

$$\begin{cases} x_1 - \frac{1}{3}x_3 + \frac{1}{3}x_4 = 0, \\ x_2 - \frac{5}{3}x_3 + \frac{2}{3}x_4 = 0, \\ \qquad\qquad\qquad x_5 = -2, \end{cases}$$

于是可以直接得出一般解

$$\begin{cases} x_1 = \frac{1}{3}x_3 - \frac{1}{3}x_4, \\ x_2 = \frac{5}{3}x_3 - \frac{2}{3}x_4, \\ x_5 = -2, \end{cases}$$

其中 x_3, x_4 为自由未知量.

上述例子说明把增广矩阵 $\bar{\boldsymbol{A}}$ 化为约化梯阵后,可直接得到一般解,而不用回代.

为了简单清楚地叙述线性方程组有没有解的判别方法,引入矩阵的秩的概念.

定义 1.4 矩阵 $\boldsymbol{A}$ 经过初等行变换化为阶梯形矩阵后,阶梯形矩阵中非零行的个数称为矩阵 $\boldsymbol{A}$ 的秩,记作 $\mathrm{r}(\boldsymbol{A})$.

元素全等于 0 的矩阵称为**零矩阵**,记作 $\mathbf{0}$. 规定零矩阵的秩为 0,即 $\mathrm{r}(\mathbf{0})=0$.

例 1.8 设

$$\boldsymbol{A} = \begin{pmatrix} 1 & 2 & 1 & -1 & 1 \\ 2 & 5 & 0 & 2 & -2 \\ 3 & 7 & 1 & 1 & -1 \\ 1 & 4 & -3 & 6 & 7 \end{pmatrix},$$

求 $\boldsymbol{A}$ 的秩.

解 用初等行变换将 $\boldsymbol{A}$ 化为阶梯形矩阵:

$$\boldsymbol{A} \rightarrow \begin{pmatrix} 1 & 2 & 1 & -1 & 1 \\ 0 & 1 & -2 & 4 & -4 \\ 0 & 1 & -2 & 4 & -4 \\ 0 & 2 & -4 & 7 & 6 \end{pmatrix} \rightarrow \begin{pmatrix} 1 & 2 & 1 & -1 & 1 \\ 0 & 1 & -2 & 4 & -4 \\ 0 & 0 & 0 & 0 & 0 \\ 0 & 0 & 0 & -1 & 14 \end{pmatrix}$$

$$\rightarrow \begin{pmatrix} 1 & 2 & 1 & -1 & 1 \\ 0 & 1 & -2 & 4 & -4 \\ 0 & 0 & 0 & -1 & 14 \\ 0 & 0 & 0 & 0 & 0 \end{pmatrix},$$

所以 $\mathrm{r}(\boldsymbol{A})=3$.

应用矩阵的秩的概念，可以将 1.2 节中关于如可判断线性方程组是否有解的结论归纳为以下定理.

定理 1.1（线性方程组有解判别定理）　线性方程组

$$\begin{cases}a_{11}x_1+a_{12}x_2+\cdots+a_{1n}x_n=b_1,\\a_{21}x_1+a_{22}x_2+\cdots+a_{2n}x_n=b_2,\\\qquad\vdots\\a_{s1}x_1+a_{s2}x_2+\cdots+a_{sn}x_n=b_s\end{cases}\tag{1.3}$$

有解的充分必要条件是它的系数矩阵

$$\boldsymbol{A}=\begin{pmatrix}a_{11}&a_{12}&\cdots&a_{1n}\\a_{21}&a_{22}&\cdots&a_{2n}\\\vdots&\vdots&&\vdots\\a_{s1}&a_{s2}&\cdots&a_{sn}\end{pmatrix}$$

与增广矩阵

$$\bar{\boldsymbol{A}}=\begin{pmatrix}a_{11}&a_{12}&\cdots&a_{1n}&b_1\\a_{21}&a_{22}&\cdots&a_{2n}&b_2\\\vdots&\vdots&&\vdots&\vdots\\a_{s1}&a_{s2}&\cdots&a_{sn}&b_s\end{pmatrix}$$

有相同的秩.

关于线性方程组解的个数问题，有下述结论.

定理 1.2　线性方程组(1.3)有解时，如果它的系数矩阵的秩 r 等于未知量个数 n，则方程组(1.3)有唯一解；如果 $r<n$，则方程组(1.3)有无穷多个解.

在具体进行计算时，因为线性方程组的增广矩阵 $\bar{\boldsymbol{A}}$ 与系数矩阵 $\boldsymbol{A}$ 的差别只是 $\bar{\boldsymbol{A}}$ 比 $\boldsymbol{A}$ 多了最后一列，所以当 $\bar{\boldsymbol{A}}$ 化为阶梯形矩阵时，把最后一列去掉，就是 $\boldsymbol{A}$ 的阶梯形矩阵. 于是同时得到了 $\bar{\boldsymbol{A}}$ 与 $\boldsymbol{A}$ 的秩，而且可以看到只有两种可能：$\mathrm{r}(\bar{\boldsymbol{A}})=\mathrm{r}(\boldsymbol{A})$ 或 $\mathrm{r}(\bar{\boldsymbol{A}})=\mathrm{r}(\boldsymbol{A})+1$，而后者就是阶梯形方程组中最后一个非零方程为 $0=c(\neq 0)$，即无解的情形.

例 1.9　求 a,b 使下列线性方程组有解，并求解.

$$\begin{cases}x_1+x_2+x_3+x_4+x_5=2,\\3x_1+2x_2+x_3+x_4-3x_5=a,\\x_2+2x_3+2x_4+6x_5=3,\\5x_1+4x_2+3x_3+3x_4-x_5=b.\end{cases}$$

解 将增广矩阵 $\overline{\mathbf{A}}$ 用初等行变换化为阶梯形矩阵：

$$\overline{\mathbf{A}}=\begin{pmatrix}1&1&1&1&1&2\\3&2&1&1&-3&a\\0&1&2&2&6&3\\5&4&3&3&-1&b\end{pmatrix}\to\begin{pmatrix}1&1&1&1&1&2\\0&-1&-2&-2&-6&a-6\\0&1&2&2&6&3\\0&-1&-2&-2&-6&b-10\end{pmatrix}$$

$$\to\begin{pmatrix}1&1&1&1&1&2\\0&1&2&2&6&3\\0&0&0&0&0&a-3\\0&0&0&0&0&b-7\end{pmatrix}\to\begin{pmatrix}1&0&-1&-1&-5&-1\\0&1&2&2&6&3\\0&0&0&0&0&a-3\\0&0&0&0&0&b-7\end{pmatrix},$$

所以 $\mathrm{r}(\mathbf{A})=2$. 当且仅当 $a-3=b-7=0$，即 $a=3,b=7$ 时，$\mathrm{r}(\overline{\mathbf{A}})=\mathrm{r}(\mathbf{A})=2$，此时有无穷多解，所以 $a=3,b=7$，一般解为

$$\begin{cases}x_1=-1+x_3+x_4+5x_5,\\x_2=3-2x_3-2x_4-6x_5,\end{cases}$$

其中 x_3,x_4,x_5 为自由未知量.

解集合为

$\{(k_1+k_2+5k_3-1,-2k_1-2k_2-6k_3+3,k_1,k_2,k_3)\mid k_1,k_2,k_3$ 为任意数$\}$.

至此，我们通过消元法把给定的线性方程组化为阶梯形方程组，用矩阵的秩给出了线性方程组有没有解的判别方法，在线性方程组有解时求出唯一解或一般解及解集合，并且对自由未知量赋予合适的值通过一般解得到需要的解. 但是，在线性方程组有无穷多解的情形，解集合中包含无穷多个解，这些解之间有什么关系呢？这个解集合又有什么性质呢？为了进一步把解集合用一部分解明确地表示出来，还需要用到向量的概念. 这将在第 2 章中加以介绍.

习题 1.3

1. 计算下列矩阵的秩：

(1) $\begin{pmatrix}1&1&2&-3\\2&1&-3&-5\\1&0&-1&-2\end{pmatrix}$； (2) $\begin{pmatrix}2&-5&2&2&2\\1&-2&4&-1&3\\1&-1&10&-5&7\\3&-10&-12&13&-7\end{pmatrix}$；

(3) $\begin{pmatrix} 1 & -1 & 1 & -5 & 0 & 1 \\ 2 & 2 & 2 & -4 & -1 & 5 \\ 3 & 1 & 3 & -9 & -1 & 6 \\ 3 & -1 & 5 & 7 & 2 & -7 \end{pmatrix}$.

2. 对 a 讨论下列矩阵的秩：

$$\begin{pmatrix} a & 1 & 1 \\ 1 & a & 1 \\ 1 & 1 & a \end{pmatrix}.$$

3. 判断下列线性方程组是否有解，并在有解时求解.

(1) $\begin{cases} 2x_1+x_2-x_3+x_4=1, \\ 3x_1+3x_2+x_4=3, \\ x_1+x_2+2x_3+x_4=3; \end{cases}$

(2) $\begin{cases} x_1+2x_2-3x_3-4x_4=4, \\ -x_2+x_3+x_4=-3, \\ x_1-3x_2-3x_4=1, \\ x_1-4x_2+3x_3-2x_4=0; \end{cases}$

(3) $\begin{cases} x_1+x_2-3x_4-x_5=2, \\ x_1-x_2+2x_3-x_4=1, \\ 2x_1+4x_2-2x_3+4x_4-7x_5=9, \\ 2x_1-6x_2+8x_3-x_4+3x_5=-1. \end{cases}$

4. 对 a 讨论下列线性方程组解的情况，并在有解时求解.

$$\begin{cases} ax_1+x_2+x_3=1, \\ x_1+ax_2+x_3=-2, \\ x_1+x_2+ax_3=1. \end{cases}$$

1.4 齐次线性方程组

这一节我们讨论一类特殊的线性方程组：齐次线性方程组. 常数项全为零的线性方程组称为**齐次线性方程组**，n 个未知量的齐次线性方程组的一般形式为

$$\begin{cases} a_{11}x_1+a_{12}x_2+\cdots+a_{1n}x_n=0, \\ a_{21}x_1+a_{22}x_2+\cdots+a_{2n}x_n=0, \\ \qquad\vdots \\ a_{s1}x_1+a_{s2}x_2+\cdots+a_{sn}x_n=0. \end{cases} \tag{1.4}$$

齐次线性方程组总是有解的，因为(0,0,…,0)就是它的一个解，这个解称为**零解**；其他的，即 $x_i(i=1,2,\cdots,n)$不全为零的解，称为**非零解**. 所以，对于齐次线性方程组，需要讨论的问题，不是有没有解，而是有没有非零解. 这个问题与齐次方程组解的个数是密切相关的. 如果一个齐次线性方程组只有零解，那么，这个方程组就有唯一解；反之，如果某个齐次方程组有唯一解，那么，由于零解是一个解，所以这个方程组不可能有非零解. 因此，齐次线性方程组有非零解的充分必要条件是这个方程组有无穷多解.

把前面两节关于一般线性方程组的结论应用于齐次线性方程组，可以得到以下一些结果：

定理 1.3 齐次线性方程组(1.4)有非零解的充分必要条件是它的系数矩阵的秩 r 小于未知量个数 n.

定理 1.4 如果齐次线性方程组(1.4)中方程的个数少于未知量的个数，即 $s<n$. 那么，它一定有非零解.

证明 齐次线性方程组(1.4)的系数矩阵 $\boldsymbol{A}$ 只有 s 行，所以 $\mathrm{r}(\boldsymbol{A})\leqslant s<n$. 因此它有无穷多个解. 故有非零解.

对于齐次线性方程组，它的增广矩阵 $\bar{\boldsymbol{A}}$ 比系数矩阵 $\boldsymbol{A}$ 所多出的最后一列中的数全是零. 在对增广矩阵 $\bar{\boldsymbol{A}}$ 进行初等行变换时，最后一列总是保持全为零，因此，将系数矩阵 $\boldsymbol{A}$ 化为阶梯形矩阵后，在最后添上一列全是零的数，即得到增广矩阵的一个阶梯形矩阵. 所以，在求解齐次线性方程组时，只要对系数矩阵 $\boldsymbol{A}$ 进行初等行变换，将它化为阶梯形，即可得到同解的阶梯形方程组. 下面的例题就用这种方法来计算.

例 1.10 解下列齐次线性方程组

$$\begin{cases}2x_1+x_2-x_3+3x_4+x_5=0,\\4x_1+2x_2-x_3+2x_4=0,\\2x_1+x_2-x_3+4x_4+2x_5=0,\\6x_1+3x_2-3x_3+10x_4+4x_5=0.\end{cases}$$

解 将系数矩阵用初等行变换化为阶梯形矩阵.

$$\boldsymbol{A}=\begin{pmatrix}2&1&-1&3&1\\4&2&-1&2&0\\2&1&-1&4&2\\6&3&-3&10&4\end{pmatrix}\rightarrow\begin{pmatrix}2&1&-1&3&1\\0&0&1&-4&-2\\0&0&0&1&1\\0&0&0&1&1\end{pmatrix}\rightarrow\begin{pmatrix}2&1&-1&3&1\\0&0&1&-4&-2\\0&0&0&1&1\\0&0&0&0&0\end{pmatrix}$$

$$\rightarrow\begin{pmatrix}2&1&-1&0&-2\\0&0&1&0&2\\0&0&0&1&1\\0&0&0&0&0\end{pmatrix}\rightarrow\begin{pmatrix}2&1&0&0&0\\0&0&1&0&2\\0&0&0&1&1\\0&0&0&0&0\end{pmatrix},$$

得到同解的齐次线性方程组

$$\begin{cases}2x_1+x_2 \qquad =0,\\ \quad x_3+2x_5=0,\\ \quad\ x_4+x_5=0.\end{cases}$$

移项,即得一般解为

$$\begin{cases}x_1=-\dfrac{1}{2}x_2,\\ x_3=-2x_5,\\ x_4=-x_5,\end{cases}$$

其中 x_2,x_5 为自由未知量.

解集合为$\left\{\left(-\dfrac{1}{2}k_1,k_1,-2k_2,-k_2,k_2\right),k_1,k_2,k_3\text{ 为任意数}\right\}$.

齐次线性方程组是一类重要的线性方程组.不仅可以用来讨论一般线性方程组.在以后的各章中也要经常用到.

习题 1.4

1. 解下列线性方程组:

(1) $\begin{cases}x_1+2x_2+3x_3+3x_4+4x_5=0,\\ 3x_1+2x_2+x_3+x_4+2x_5=0,\\ x_1-2x_2-5x_3-5x_4-6x_5=0,\\ x_1-x_3-x_4-x_5=0;\end{cases}$

(2) $\begin{cases}x_1-2x_2+3x_3-4x_4=0,\\ x_2-x_3+x_4=0,\\ 2x_1+x_2+3x_3-7x_4=0,\\ x_1-4x_2+3x_3-3x_4=0.\end{cases}$

2. 对 a 讨论下列齐次线性方程组解的情况,并求解.

$$\begin{cases}ax_1+x_2+x_3=0,\\ x_1+ax_2+x_3=0,\\ x_1+x_2+ax_3=0.\end{cases}$$

总习题 1

1. 解下列线性方程组：

(1) $\begin{cases} 2x_1-2x_2-3x_3=1, \\ 3x_1+x_2-5x_3=10, \\ 4x_1-x_2+3x_3=-1, \\ x_1+3x_2+9x_3=-2; \end{cases}$

(2) $\begin{cases} x_1-2x_2+x_3+x_4=1, \\ x_1-2x_2+x_3-x_4=-1, \\ 2x_1-4x_2+2x_3+3x_4=2; \end{cases}$

(3) $\begin{cases} x_1+x_2+x_3+x_4+x_5=7, \\ x_1-x_3-x_4-5x_5=-16, \\ x_1+2x_2+3x_3+3x_4+7x_5=30, \\ 4x_1+3x_2-4x_3+2x_4-2x_5=5; \end{cases}$

(4) $\begin{cases} x_1+3x_2-5x_3-5x_4=2, \\ x_1+2x_2+2x_3-2x_4+x_5=-2, \\ 2x_1+x_2+3x_3-3x_4=2, \\ x_1-4x_2+x_3+x_4-x_5=3, \\ x_1+3x_3-x_4+x_5=1. \end{cases}$

2. 解下列齐次线性方程组：

(1) $\begin{cases} 2x_1+3x_2-x_3+5x_4=0, \\ 3x_1-x_2+2x_3-7x_4=0, \\ 4x_1+x_2-3x_3+6x_4=0, \\ x_1-2x_2+4x_3-7x_4=0; \end{cases}$

(2) $\begin{cases} x_1-x_2+2x_3-x_4=0, \\ x_1+x_2-3x_4-x_5=0, \\ 4x_1-2x_2+6x_3+3x_4-4x_5=0, \\ 2x_1+4x_2-2x_3+4x_4-7x_5=0; \end{cases}$

(3) $\begin{cases} x_1-2x_2+x_3-x_4+x_5=0, \\ 2x_1+x_2-x_3+2x_4-3x_5=0, \\ 3x_1-2x_2-x_3+x_4-2x_5=0, \\ 2x_1-5x_2+x_3-2x_4-2x_5=0. \end{cases}$

3. 求 a,b 使线性方程组

$$\begin{cases} x_1+2x_2+x_3+x_4+\ \ x_5=\ \ 1, \\ 3x_1+4x_2+x_3+x_4+3x_5=\ \ a, \\ x_1\qquad\ \ -x_3-x_4+\ \ x_5=-2, \\ 5x_1+4x_2-x_3-x_4+5x_5=\ \ b \end{cases}$$

有解,并在有解时求出一般解及解集合.

4. 对 a 讨论线性方程组

$$\begin{cases} x_1+x_2+2x_3=a, \\ x_1+ax_2+x_3=1, \\ x_1+x_2+ax_3=2 \end{cases}$$

解的情况,并在有解时求解.

5. 证明线性方程组

$$\begin{cases} x_1-x_2=a_1, \\ x_2-x_3=a_2, \\ x_3-x_4=a_3, \\ x_4-x_5=a_4, \\ x_5-x_1=a_5 \end{cases}$$

有解的充分必要条件是

$$\sum_{i=1}^{5}a_i=0.$$

并在有解的情形,求它的一般解及解集合.

6. 设 a,b,c 是三个各不相同的数,证明下列齐次线性方程组只有零解.

$$\begin{cases} x_1+ax_2+a^2x_3=0, \\ x_1+bx_2+b^2x_3=0, \\ x_1+cx_2+c^2x_3=0. \end{cases}$$

7. 设 a,b,c 是三个各不相同的数,证明下列线性方程组无解.

$$\begin{cases} x_1+ax_2=a^2, \\ x_1+bx_2=b^2, \\ x_1+cx_2=c^2. \end{cases}$$

8. 证明齐次线性方程组

$$\begin{cases} a_{11}x_1+a_{12}x_2+\cdots+a_{1n}x_n=0, \\ a_{21}x_1+a_{22}x_2+\cdots+a_{2n}x_n=0, \\ \qquad\qquad\vdots \\ a_{n1}x_1+a_{n2}x_2+\cdots+a_{nn}x_n=0 \end{cases}$$

只有零解的充分必要条件是：线性方程组

$$\begin{cases} a_{11}x_1 + a_{12}x_2 + \cdots + a_{1n}x_n = b_1, \\ a_{21}x_1 + a_{22}x_2 + \cdots + a_{2n}x_n = b_2, \\ \qquad\qquad\vdots \\ a_{n1}x_1 + a_{n2}x_2 + \cdots + a_{nn}x_n = b_n \end{cases}$$

有唯一解.

线性代数

第2章 向量空间

二维、三维欧氏几何空间是我们所熟悉的．二、三维空间中的向量在取定了直角坐标系后，可以用2个或3个数组成的有序数组来表示．但是在很多理论或实际问题中常常会遇到多个数组成的有序数组，它们也具有二、三维向量所具有的一些性质，例如三维空间中的速度可以由方向及速率来表示，故可由一个4个数组成的有序数组来表示．在第1章中一个n元线性方程可由一个$n+1$个数的有序数组来表示，而n元线性方程的解则可由n个数的有序数组来表示．为了统一地讨论有序数组及其运算性质，这一章讨论n维向量空间，并应用向量来描述线性方程组有解判别条件及解的表示法．

2.1 n维向量空间

首先介绍n维向量及其运算的概念．

定义2.1 n个数构成的有序数组

$$(a_1, a_2, \cdots, a_n)$$

称为一个**n维向量**，其中第i个数$a_i(i=1,2,\cdots,n)$称为这个向量的第i个**分量**．

几何中的向量可以认为是n维向量的特殊情形，即$n=2,3$的情形．当$n>3$时，n维向量就没有直接的几何意义了，但仍旧沿用几何术语，把它称为向量．这是因为，一方面，它包括通常的向量作为特殊情形；另一方面，它与通常的向量确实有许多相同的性质．

以后我们用小写希腊字母$\boldsymbol{\alpha}$，$\boldsymbol{\beta}$，$\boldsymbol{\gamma}$等表示向量．

向量通常写成行

$$\boldsymbol{\alpha}=(a_1,a_2,\cdots,a_n);$$

有时候也写成一列

$$\boldsymbol{\alpha}=\begin{pmatrix}a_1\\a_2\\\vdots\\a_n\end{pmatrix}.$$

为了区别起见,前者称为**行向量**,后者称为**列向量**.在讨论问题时,有时要用行向量,有时要用列向量,需要结合具体问题灵活运用.以下讨论都用行向量来进行,列向量也有类似的结论.

分量为实数的向量称为**实向量**,分量为复数的向量称为**复向量**.除特别说明外,本书讨论的向量都是实向量.

定义 2.2 如果 n 维向量

$$\boldsymbol{\alpha}=(a_1,a_2,\cdots,a_n),\quad \boldsymbol{\beta}=(b_1,b_2,\cdots,b_n)$$

的对应分量都相等,即

$$a_i=b_i\quad(i=1,2,\cdots,n).$$

就称这两个向量是**相等**的,记作 $\boldsymbol{\alpha}=\boldsymbol{\beta}$.

下面来定义 n 维向量的运算.

定义 2.3 (1) **加法** 设

$$\boldsymbol{\alpha}=(a_1,a_2,\cdots,a_n),\quad \boldsymbol{\beta}=(b_1,b_2,\cdots,b_n)$$

是两个 n 维向量,规定

$$\boldsymbol{\alpha}+\boldsymbol{\beta}=(a_1+b_1,a_2+b_2,\cdots,a_n+b_n).$$

$\boldsymbol{\alpha}+\boldsymbol{\beta}$ 称为 $\boldsymbol{\alpha}$,$\boldsymbol{\beta}$ 的**和**.

(2) **向量与数的乘法**(简称**数乘**) 再设 k 是一个数,规定

$$k\boldsymbol{\alpha}=(ka_1,ka_2,\cdots,ka_n),$$

$k\boldsymbol{\alpha}$ 称为 k 与 $\boldsymbol{\alpha}$ 的**数量乘积**.

向量的加法、数乘统称向量的**线性运算**.

由定义可以推出向量的加法满足:

交换律

$$\boldsymbol{\alpha}+\boldsymbol{\beta}=\boldsymbol{\beta}+\boldsymbol{\alpha}. \tag{2.1}$$

结合律

$$\boldsymbol{\alpha}+(\boldsymbol{\beta}+\boldsymbol{\gamma})=(\boldsymbol{\alpha}+\boldsymbol{\beta})+\boldsymbol{\gamma}. \tag{2.2}$$

分量全为零的向量

$$(0,0,\cdots,0)$$

称为**零向量**,记作 $\mathbf{0}$.在向量运算中,零向量具有与零在数的运算中相类似的

性质：

$$\boldsymbol{\alpha}+\mathbf{0}=\mathbf{0}+\boldsymbol{\alpha}=\boldsymbol{\alpha}. \tag{2.3}$$

要注意，维数不同的零向量是不同的向量，不要认为零向量都是一样的．例如，二维零向量为(0,0)；三维零向量为(0,0,0)，等等．在不致混淆的情况下，为了简单起见，我们都用“**0**”来表示．

向量

$$(-a_1,-a_2,\cdots,-a_n)$$

称为向量$\boldsymbol{\alpha}=(a_1,a_2,\cdots,a_n)$的**负向量**，记作$-\boldsymbol{\alpha}$．它满足

$$\boldsymbol{\alpha}+(-\boldsymbol{\alpha})=\mathbf{0}. \tag{2.4}$$

可以用负向量来定义向量的**减法**

$$\boldsymbol{\alpha}-\boldsymbol{\beta}=\boldsymbol{\alpha}+(-\boldsymbol{\beta}),$$

即

$$(a_1,a_2,\cdots,a_n)-(b_1,b_2,\cdots,b_n)=(a_1-b_1,a_2-b_2,\cdots,a_n-b_n).$$

向量的数乘满足

$$k(l\boldsymbol{\alpha})=(kl)\boldsymbol{\alpha}. \tag{2.5}$$

$$1\cdot\boldsymbol{\alpha}=\boldsymbol{\alpha}. \tag{2.6}$$

向量的数乘与加法满足

$$k(\boldsymbol{\alpha}+\boldsymbol{\beta})=k\boldsymbol{\alpha}+k\boldsymbol{\beta}. \tag{2.7}$$

$$(k+l)\boldsymbol{\alpha}=k\boldsymbol{\alpha}+l\boldsymbol{\alpha}. \tag{2.8}$$

式(2.1)～式(2.8)是向量运算的八条基本规则，这些规则都可以从定义直接验证，我们以式(2.1)为例加以证明．

设

$$\boldsymbol{\alpha}=(a_1,a_2,\cdots,a_n),\quad \boldsymbol{\beta}=(b_1,b_2,\cdots,b_n),$$

则

$$\boldsymbol{\alpha}+\boldsymbol{\beta}=(a_1+b_1,a_2+b_2,\cdots,a_n+b_n),$$
$$\boldsymbol{\beta}+\boldsymbol{\alpha}=(b_1+a_1,b_2+a_2,\cdots,b_n+a_n).$$

因为

$$a_i+b_i=b_i+a_i,\quad i=1,2,\cdots,n,$$

所以

$$\boldsymbol{\alpha}+\boldsymbol{\beta}=\boldsymbol{\beta}+\boldsymbol{\alpha}.$$

其余公式也可类似地证明，留给读者作为习题．

为了以后运算的方便，我们再介绍一些关于向量运算的性质：

$$0\boldsymbol{\alpha}=\mathbf{0}. \tag{2.9}$$

$$(-1)\boldsymbol{\alpha}=-\boldsymbol{\alpha}. \tag{2.10}$$

$$k\mathbf{0}=\mathbf{0}. \tag{2.11}$$

如果 $k\neq0,\boldsymbol{\alpha}\neq\mathbf{0}$,那么

$$k\boldsymbol{\alpha}\neq\mathbf{0}. \tag{2.12}$$

这些规律都是经常要用到的.

定义 2.4 用$\mathbb{R}^n$ 表示 n 维向量全体构成的集合,在其中可以进行线性运算,称为 n **维向量空间**.

当 $n=3$ 时,三维向量空间可以认为就是几何空间中全体向量所组成的空间.

习题 2.1

1. 设 $\boldsymbol{\alpha}=(1,2,3,-1)$, $\boldsymbol{\beta}=(2,0,3,1)$.

(1) 计算 $-3\boldsymbol{\alpha},\boldsymbol{\alpha}-\boldsymbol{\beta},3\boldsymbol{\alpha}+2\boldsymbol{\beta}$.

(2) 求向量$\boldsymbol{\gamma}$使

$$3\boldsymbol{\alpha}+2\boldsymbol{\gamma}=\boldsymbol{\beta}.$$

2. 已知

$$\boldsymbol{\alpha}+\boldsymbol{\beta}=(1,2,3,-1,-2),$$
$$\boldsymbol{\alpha}-\boldsymbol{\beta}=(2,3,5,0,2),$$

求 $\boldsymbol{\alpha},\boldsymbol{\beta}$.

3. 设 n 维向量

$$\boldsymbol{\varepsilon}_1=(1,0,0,\cdots,0,0)$$
$$\boldsymbol{\varepsilon}_2=(0,1,0,\cdots,0,0)$$
$$\vdots$$
$$\boldsymbol{\varepsilon}_n=(0,0,0,\cdots,0,1)$$

求 $a_1\boldsymbol{\varepsilon}_1+a_2\boldsymbol{\varepsilon}_2+\cdots+a_n\boldsymbol{\varepsilon}_n$.

4. 证明向量的线性运算满足运算规律(2.2)～(2.8).

2.2 线性相关性

上一节介绍了向量的线性运算. 通过线性运算,由一组向量$\boldsymbol{\alpha}_1,\boldsymbol{\alpha}_2,\cdots,\boldsymbol{\alpha}_s$可以构造出一些新的向量,称为这一组向量的线性组合.

定义 2.5 设$\boldsymbol{\alpha}_1,\boldsymbol{\alpha}_2,\cdots,\boldsymbol{\alpha}_s,\boldsymbol{\beta}$都是 n 维向量. 如果$\boldsymbol{\beta}$可以表示成

$$\boldsymbol{\beta}=k_1\boldsymbol{\alpha}_1+k_2\boldsymbol{\alpha}_2+\cdots+k_s\boldsymbol{\alpha}_s,$$

则称$\boldsymbol{\beta}$是$\boldsymbol{\alpha}_1,\boldsymbol{\alpha}_2,\cdots,\boldsymbol{\alpha}_s$的一个**线性组合**,或称$\boldsymbol{\beta}$可以由$\boldsymbol{\alpha}_1,\boldsymbol{\alpha}_2,\cdots,\boldsymbol{\alpha}_s$**线性表出**.

如果向量$\boldsymbol{\beta}$可由向量$\boldsymbol{\alpha}$线性表示:

$$\boldsymbol{\beta}=k\boldsymbol{\alpha}$$

则称$\boldsymbol{\alpha},\boldsymbol{\beta}$**成比例**.

例 2.1　设$\boldsymbol{\alpha}_1=(1,2,1,4,1)$,$\boldsymbol{\alpha}_2=(2,1,2,0,3)$,$\boldsymbol{\beta}=(-1,4,-1,12,-3)$.因为

$$\boldsymbol{\beta}=3\boldsymbol{\alpha}_1-2\boldsymbol{\alpha}_2,$$

所以$\boldsymbol{\beta}$是$\boldsymbol{\alpha}_1,\boldsymbol{\alpha}_2$的线性组合.

例 2.2　零向量是任意向量组$\boldsymbol{\alpha}_1,\boldsymbol{\alpha}_2,\cdots,\boldsymbol{\alpha}_s$的线性组合,这是因为

$$\mathbf{0}=0\boldsymbol{\alpha}_1+0\boldsymbol{\alpha}_2+\cdots+0\boldsymbol{\alpha}_s.$$

例 2.3　设n维向量

$$\begin{aligned}\boldsymbol{\varepsilon}_1&=(1,0,0,\cdots,0,0),\\\boldsymbol{\varepsilon}_2&=(0,1,0,\cdots,0,0),\\&\vdots\\\boldsymbol{\varepsilon}_n&=(0,0,0,\cdots,0,1),\\\boldsymbol{\alpha}&=(a_1,a_2,\cdots,a_n),\end{aligned}$$

则

$$\boldsymbol{\alpha}=a_1\boldsymbol{\varepsilon}_1+a_2\boldsymbol{\varepsilon}_2+\cdots+a_n\boldsymbol{\varepsilon}_n.$$

所以$\boldsymbol{\alpha}$是$\boldsymbol{\varepsilon}_1,\boldsymbol{\varepsilon}_2,\cdots,\boldsymbol{\varepsilon}_n$的一个线性组合.

$\boldsymbol{\varepsilon}_1,\boldsymbol{\varepsilon}_2,\cdots,\boldsymbol{\varepsilon}_n$称为**$n$维基本向量**.

例2.2说明零向量可以由任意向量组线性表出.例2.3说明任一个n维向量都可以由n个n维基本向量线性表出,而且表示式中的系数刚好是$\boldsymbol{\alpha}$的n个分量.

判断一个向量$\boldsymbol{\beta}$能否被一组向量$\boldsymbol{\alpha}_1,\boldsymbol{\alpha}_2,\cdots,\boldsymbol{\alpha}_s$线性表示,而且在能够表示时,求出线性表示法是常常要遇到的一个问题.根据定义,这个问题就相当于能否找到一组常数$k_1,k_2,\cdots,k_s$使得$\boldsymbol{\beta}=k_1\boldsymbol{\alpha}_1+k_2\boldsymbol{\alpha}_2+\cdots+k_s\boldsymbol{\alpha}_s$成立.那么这样的$k_1,k_2,\cdots,k_s$如何去找呢?下面先来看一些例子.

例 2.4　设

$$\begin{aligned}\boldsymbol{\alpha}_1&=(1,-2,3,4),\\\boldsymbol{\alpha}_2&=(2,1,2,-5),\\\boldsymbol{\alpha}_3&=(2,1,5,4);\\\boldsymbol{\beta}&=(2,-3,-4,-1).\end{aligned}$$

问$\boldsymbol{\beta}$能否由$\boldsymbol{\alpha}_1,\boldsymbol{\alpha}_2,\boldsymbol{\alpha}_3$线性表出?

解 如果$\boldsymbol{\beta}$能由$\boldsymbol{\alpha}_1,\boldsymbol{\alpha}_2,\boldsymbol{\alpha}_3$线性表出，那么，可找到常数$k_1,k_2,k_3$使得

$$\boldsymbol{\beta}=k_1\boldsymbol{\alpha}_1+k_2\boldsymbol{\alpha}_2+k_3\boldsymbol{\alpha}_3,$$

即

$$\begin{aligned}&(2,-3,-4,-1)\\=&k_1(1,-2,3,4)+k_2(2,1,2,-5)+k_3(2,1,5,4).\end{aligned}$$

把等号右边展开，比较两边的分量，得

$$\begin{cases}k_1+2k_2+2k_3=2,\\-2k_1+k_2+k_3=-3,\\3k_1+2k_2+5k_3=-4,\\4k_1-5k_2+4k_3=-1.\end{cases}$$

但是这个线性方程组没有解(请读者自己证明一下)，说明满足这个条件的k_1,k_2,k_3不存在.所以$\boldsymbol{\beta}$不能由$\boldsymbol{\alpha}_1,\boldsymbol{\alpha}_2,\boldsymbol{\alpha}_3$线性表出.

例 2.5 设

$$\begin{aligned}\boldsymbol{\alpha}_1&=(1,2,-3,1),\\\boldsymbol{\alpha}_2&=(2,3,-1,2),\\\boldsymbol{\alpha}_3&=(3,1,-2,-2);\\\boldsymbol{\beta}&=(0,4,-2,5).\end{aligned}$$

问$\boldsymbol{\beta}$能否表成$\boldsymbol{\alpha}_1,\boldsymbol{\alpha}_2,\boldsymbol{\alpha}_3$的线性组合.

解 设

$$\boldsymbol{\beta}=k_1\boldsymbol{\alpha}_1+k_2\boldsymbol{\alpha}_2+k_3\boldsymbol{\alpha}_3,$$

比较分量，得

$$\begin{cases}k_1+2k_2+3k_3=0,\\2k_1+3k_2+k_3=4,\\-3k_1-k_2-2k_3=-2,\\k_1+2k_2-2k_3=5.\end{cases}$$

这个线性方程组有唯一解$(1,1,-1)$.所以$\boldsymbol{\beta}$可以表成$\boldsymbol{\alpha}_1,\boldsymbol{\alpha}_2,\boldsymbol{\alpha}_3$的线性组合：

$$\boldsymbol{\beta}=\boldsymbol{\alpha}_1+\boldsymbol{\alpha}_2-\boldsymbol{\alpha}_3.$$

而且由解的唯一性，可知表法也是唯一的.

例 2.6 设

$$\begin{aligned}\boldsymbol{\alpha}_1&=(1,1,4,2),\\\boldsymbol{\alpha}_2&=(1,-1,-2,4),\\\boldsymbol{\alpha}_3&=(0,2,6,-2),\\\boldsymbol{\alpha}_4&=(3,1,-3,-4);\end{aligned}$$

$$\boldsymbol{\beta}=(2,1,8,9).$$

将$\boldsymbol{\beta}$表成$\boldsymbol{\alpha}_1,\boldsymbol{\alpha}_2,\boldsymbol{\alpha}_3,\boldsymbol{\alpha}_4$的线性组合.

解　设

$$\boldsymbol{\beta}=x_1\boldsymbol{\alpha}_1+x_2\boldsymbol{\alpha}_2+x_3\boldsymbol{\alpha}_3+x_4\boldsymbol{\alpha}_4,$$

比较分量,得

$$\begin{cases} x_1+x_2+3x_4=2, \\ x_1-x_2+2x_3+x_4=1, \\ 4x_1-2x_2+6x_3-3x_4=8, \\ 2x_1+4x_2-2x_3-4x_4=9. \end{cases}$$

这个线性方程组有无解多个解,其一般解为

$$\begin{cases} x_1=\dfrac{13}{6}-x_3, \\ x_2=\dfrac{5}{6}+x_3, \\ x_4=-\dfrac{1}{3}, \end{cases}$$

其中 x_3 为自由未知量,可次取任意数.

令 $x_3=0$,得一组解$\left(\dfrac{13}{6},\dfrac{5}{6},0,-\dfrac{1}{3}\right)$.

令 $x_3=1$,得一组解$\left(\dfrac{7}{6},\dfrac{11}{6},1,-\dfrac{1}{3}\right)$.

所以$\boldsymbol{\beta}$由$\boldsymbol{\alpha}_1,\boldsymbol{\alpha}_2,\boldsymbol{\alpha}_3,\boldsymbol{\alpha}_4$表出的方法有无穷多种. 以上面的两组解得出两种表法:

$$\boldsymbol{\beta}=\frac{13}{6}\boldsymbol{\alpha}_1+\frac{5}{6}\boldsymbol{\alpha}_2-\frac{1}{3}\boldsymbol{\alpha}_4,$$

$$\boldsymbol{\beta}=\frac{7}{6}\boldsymbol{\alpha}_1+\frac{11}{6}\boldsymbol{\alpha}_2+\boldsymbol{\alpha}_3-\frac{1}{3}\boldsymbol{\alpha}_4.$$

还可根据要求,适当选取 x_3 的值,求出所需要的$\boldsymbol{\beta}$的表示式.

从以上几个例子可看出,要判断一个 n 维向量$\boldsymbol{\beta}$能否由$\boldsymbol{\alpha}_1,\boldsymbol{\alpha}_2,\cdots,\boldsymbol{\alpha}_s$线性表出,需要解一个线性方程组. 下面介绍如何建立这个线性方程组.

设

$$\begin{aligned} \boldsymbol{\beta}&=(b_1,b_2,\cdots,b_n), \\ \boldsymbol{\alpha}_1&=(a_{11},a_{12},\cdots,a_{1n}), \\ \boldsymbol{\alpha}_2&=(a_{21},a_{22},\cdots,a_{2n}), \\ &\vdots \\ \boldsymbol{\alpha}_s&=(a_{s1},a_{s2},\cdots,a_{sn}). \end{aligned}$$

要求 $x_1,x_2,\cdots,x_s$ 使

$$\boldsymbol{\beta}=x_1\boldsymbol{\alpha}_1+x_2\boldsymbol{\alpha}_2+\cdots+x_s\boldsymbol{\alpha}_s.$$

因为$\boldsymbol{\beta}$的表示式中有 s 个系数，所以这个线性方程组包含 s 个未知量. 又因为讨论的向量是 n 维向量，每个分量必须满足一个条件，由此得到一个方程，因此共有 n 个方程，而常数项就是$\boldsymbol{\beta}$的分量. 这个线性方程组具体写出来就是

$$\begin{cases}a_{11}x_1+a_{21}x_2+\cdots+a_{s1}x_s=b_1,\\ a_{12}x_1+a_{22}x_2+\cdots+a_{s2}x_s=b_2,\\ \qquad\vdots\\ a_{1n}x_1+a_{2n}x_2+\cdots+a_{sn}x_s=b_n.\end{cases}$$

以上的分析，说明$\boldsymbol{\beta}$能否由$\boldsymbol{\alpha}_1,\boldsymbol{\alpha}_2,\cdots,\boldsymbol{\alpha}_s$ 线性表出的问题相当于一个 s 个未知量 n 个方程组成的线性方程组是否有解. 所以根据以前我们对线性方程组的讨论，知道可能有 3 种结果：$\boldsymbol{\beta}$不能由$\boldsymbol{\alpha}_1,\boldsymbol{\alpha}_2,\cdots,\boldsymbol{\alpha}_s$ 线性表出；$\boldsymbol{\beta}$可由$\boldsymbol{\alpha}_1,\boldsymbol{\alpha}_2,\cdots,\boldsymbol{\alpha}_s$ 线性表出，且表示法唯一；$\boldsymbol{\beta}$可由$\boldsymbol{\alpha}_1,\boldsymbol{\alpha}_2,\cdots,\boldsymbol{\alpha}_s$ 线性表出，表示法有无穷多种.

下面我们介绍一个重要的概念.

定义 2.6 设$\boldsymbol{\alpha}_1,\boldsymbol{\alpha}_2,\cdots,\boldsymbol{\alpha}_s$ 是一组维数相同的向量. 如果有不全为零的数 $k_1,k_2,\cdots,k_s$ 使得

$$k_1\boldsymbol{\alpha}_1+k_2\boldsymbol{\alpha}_2+\cdots+k_s\boldsymbol{\alpha}_s=\mathbf{0},$$

则称向量组$\boldsymbol{\alpha}_1,\boldsymbol{\alpha}_2,\cdots,\boldsymbol{\alpha}_s$ **线性相关**.

例 2.7 向量组

$$\boldsymbol{\alpha}_1=(2,0,3,1),$$
$$\boldsymbol{\alpha}_2=(4,-1,3,4),$$
$$\boldsymbol{\alpha}_3=(2,1,6,-1)$$

是线性相关的，因为有不全为零的数 3，−1，−1，使得

$$3\boldsymbol{\alpha}_1+(-1)\boldsymbol{\alpha}_2+(-1)\boldsymbol{\alpha}_3=\mathbf{0}.$$

关于向量组的线性相关性，有以下简单而重要的结论：

(1) 包含零向量的向量组一定是线性相关的.

证明 如果向量组$\boldsymbol{\alpha}_1,\boldsymbol{\alpha}_2,\cdots,\boldsymbol{\alpha}_s$ 中有一个零向量，设为$\boldsymbol{\alpha}_l$($1\leqslant l\leqslant s$)，则有不全为零的数 0，…，0，1(第 l 个)，0，…，0 使

$$0\boldsymbol{\alpha}_1+\cdots+0\boldsymbol{\alpha}_{l-1}+1\cdot\boldsymbol{\alpha}_l+0\boldsymbol{\alpha}_{l+1}+\cdots+0\boldsymbol{\alpha}_s=\mathbf{0}.$$

所以，这个向量组是线性相关的.

(2) n 个 n 维基本向量$\boldsymbol{\varepsilon}_1,\boldsymbol{\varepsilon}_2,\cdots,\boldsymbol{\varepsilon}_n$ 是线性无关的.

证明留给读者作为习题.

定义 2.7 如果向量组$\boldsymbol{\alpha}_1,\boldsymbol{\alpha}_2,\cdots,\boldsymbol{\alpha}_s$ 不是线性相关的，就称是**线性无关**

的.也就是说,如果等式

$$k_1\boldsymbol{\alpha}_1+k_2\boldsymbol{\alpha}_2+\cdots+k_s\boldsymbol{\alpha}_s=\mathbf{0}$$

只有当 $k_1=k_2=\cdots=k_s=0$ 时才成立,就称 $\boldsymbol{\alpha}_1,\boldsymbol{\alpha}_2,\cdots,\boldsymbol{\alpha}_s$ 是线性无关的.

下面来举例说明如何判断向量组线性相关的方法.

例 2.8 设

$$\boldsymbol{\alpha}_1=(1,2,-3,1),$$
$$\boldsymbol{\alpha}_2=(2,3,-1,2),$$
$$\boldsymbol{\alpha}_3=(3,1,-2,-2),$$

问 $\boldsymbol{\alpha}_1,\boldsymbol{\alpha}_2,\boldsymbol{\alpha}_3$ 是否线性相关.

解 $\boldsymbol{\alpha}_1,\boldsymbol{\alpha}_2,\boldsymbol{\alpha}_3$ 线性相关的充分必要条件是有不全为零的数 k_1,k_2,k_3 使

$$k_1\boldsymbol{\alpha}_1+k_2\boldsymbol{\alpha}_2+k_3\boldsymbol{\alpha}_3=\mathbf{0}$$

即

$$\begin{cases} k_1+2k_2+3k_3=0,\\ 2k_1+3k_2+k_3=0,\\ -3k_1-k_2-2k_3=0,\\ k_1+2k_2-2k_3=0.\end{cases}$$

因为这个齐次线性方程组只有零解,所以从 $k_1\boldsymbol{\alpha}_1+k_2\boldsymbol{\alpha}_2+k_3\boldsymbol{\alpha}_3=\mathbf{0}$ 可推出 $k_1=k_2=k_3=0$. $\boldsymbol{\alpha}_1,\boldsymbol{\alpha}_2,\boldsymbol{\alpha}_3$ 是线性无关的.

例 2.9 设

$$\boldsymbol{\alpha}_1=(1,1,4,2),$$
$$\boldsymbol{\alpha}_2=(1,-1,-2,4),$$
$$\boldsymbol{\alpha}_3=(0,2,6,-2),$$
$$\boldsymbol{\alpha}_4=(3,1,-3,-4),$$

判断向量组 $\boldsymbol{\alpha}_1,\boldsymbol{\alpha}_2,\boldsymbol{\alpha}_3,\boldsymbol{\alpha}_4$ 是否线性相关.

解 设

$$x_1\boldsymbol{\alpha}_1+x_2\boldsymbol{\alpha}_2+x_3\boldsymbol{\alpha}_3+x_4\boldsymbol{\alpha}_4=\mathbf{0}.$$

比较分量,得

$$\begin{cases} x_1+x_2+3x_4=0,\\ x_1-x_2+2x_3+x_4=0,\\ 4x_1-2x_2+6x_3-3x_4=0,\\ 2x_1+4x_2-2x_3-4x_4=0.\end{cases}$$

这个齐次方程组有无穷多解.一般解为

$$\begin{cases} x_1 = -x_3, \\ x_2 = x_3, \\ x_4 = 0, \end{cases}$$

其中 x_3 为自由未知量. 令 $x_3=1$ 得一组非零解$(-1,1,1,0)$,即得

$$(-1)\boldsymbol{\alpha}_1+\boldsymbol{\alpha}_2+\boldsymbol{\alpha}_3+0\cdot\boldsymbol{\alpha}_4=\mathbf{0},$$

所以$\boldsymbol{\alpha}_1,\boldsymbol{\alpha}_2,\boldsymbol{\alpha}_3,\boldsymbol{\alpha}_4$ 是线性相关的.

以上两个例题说明,给了具体的向量组如何判断其是否线性相关的方法. 读者也许觉得这两个线性方程组似曾相识. 是的,例 2.8、例 2.9 中的向量组$\boldsymbol{\alpha}_1,\boldsymbol{\alpha}_2,\boldsymbol{\alpha}_3$;$\boldsymbol{\alpha}_1,\boldsymbol{\alpha}_2,\boldsymbol{\alpha}_3,\boldsymbol{\alpha}_4$ 分别是例 2.5,例 2.6 中的向量组. 把这 4 个线性方程组两两对比,就可看出,判断$\boldsymbol{\alpha}_1,\boldsymbol{\alpha}_2,\cdots,\boldsymbol{\alpha}_s$ 是否线性相关就是看零向量由它们线性表出的方法是否唯一. 因此例 2.8,例 2.9 中的齐次线性方程组,就是例 2.5,例 2.6 中的线性方程组把常数项全换成零所得的齐次线性方程组.

因为一个向量组或者是线性相关的,或者是线性无关的,两者必居其一,且仅居其一. 因此从关于线性相关的结论可以推得相应的关于线性无关的结论. 反之亦然. 例如前面的包含零向量的向量组一定线性相关的结论,用线性无关的语言来说,就成为:一个线性无关的向量组一定**不能**包含零向量. 在以后的讨论中,有时候我们只用一种方式来叙述,希望读者能联想到另一种叙述,并且在证明或应用某个结论时,能够灵活地掌握线性相关或线性无关的概念以及它们的关系.

向量组的线性相关性是一个很基本而重要的概念. 不仅需要掌握判断一组向量是否线性相关的方法,还需要用到有关的一些结论. 下面就来讨论有关向量组线性相关性的一些问题.

首先来说明线性相关与线性表出的关系.

定理 2.1 向量组$\boldsymbol{\alpha}_1,\boldsymbol{\alpha}_2,\cdots,\boldsymbol{\alpha}_s(s\geqslant 2)$线性相关的充分必要条件是$\boldsymbol{\alpha}_1,\boldsymbol{\alpha}_2,\cdots,\boldsymbol{\alpha}_s$ 中有一个向量可以被其余的向量线性表出.

证明 如果$\boldsymbol{\alpha}_1,\boldsymbol{\alpha}_2,\cdots,\boldsymbol{\alpha}_s$ 线性相关,那么根据定义 2.6,有不全为零的数 $k_1,k_2,\cdots,k_s$,使

$$k_1\boldsymbol{\alpha}_1+k_2\boldsymbol{\alpha}_2+\cdots+k_s\boldsymbol{\alpha}_s=\mathbf{0}.$$

设 $k_i\neq 0(1\leqslant i\leqslant s)$,于是得

$$\boldsymbol{\alpha}_i=-\frac{k_1}{k_i}\boldsymbol{\alpha}_1-\cdots-\frac{k_{i-1}}{k_i}\boldsymbol{\alpha}_{i-1}-\frac{k_{i+1}}{k}\boldsymbol{\alpha}_{i+1}-\cdots-\frac{k_s}{k_i}\boldsymbol{\alpha}_s.$$

即$\boldsymbol{\alpha}_i$ 可被其余的向量线性表出. 这就证明了条件的必要性.

下面证明条件的充分性. 设$\boldsymbol{\alpha}_i(1\leqslant i\leqslant s)$可以被其余的向量线性表出,即

$$\boldsymbol{\alpha}_i=l_1\boldsymbol{\alpha}_1+\cdots+l_{i-1}\boldsymbol{\alpha}_{i-1}+l_{i+1}\boldsymbol{\alpha}_{i+1}+\cdots+l_s\boldsymbol{\alpha}_s.$$

移项,得

$$l_1 \boldsymbol{\alpha}_1 + \cdots + l_{i-1} \boldsymbol{\alpha}_{i-1} + (-1) \boldsymbol{\alpha}_i + l_{i+1} \boldsymbol{\alpha}_{i+1} + \cdots + l_s \boldsymbol{\alpha}_s = \mathbf{0}.$$

其中系数 $l_1,\cdots,l_{i-1},-1,l_{i+1},\cdots,l_s$ 不全为零. 根据定义 2.6 可知,$\boldsymbol{\alpha}_1,\boldsymbol{\alpha}_2,\cdots,\boldsymbol{\alpha}_s$ 是线性相关的.

从定理 2.1 可知,如果$\boldsymbol{\alpha}_1,\boldsymbol{\alpha}_2,\cdots,\boldsymbol{\alpha}_s$ 是线性无关的,那么$\boldsymbol{\alpha}_1,\boldsymbol{\alpha}_2,\cdots,\boldsymbol{\alpha}_s$ 中每一个向量都不可能被其余的向量线性表出. 显然,这个条件也是$\boldsymbol{\alpha}_1,\boldsymbol{\alpha}_2,\cdots,\boldsymbol{\alpha}_s$ 线性无关的充分条件.

在定理 2.1 中,因为用到"其余"的向量,因此,必须有 $s\geqslant 2$. 那么 $s=1$ 的时候又是什么结论呢? 根据定义,一个向量$\boldsymbol{\alpha}_1$ 线性相关的充分必要条件是有不全为零的 k_1 使

$$k_1 \boldsymbol{\alpha}_1 = \mathbf{0}.$$

k_1 不全为零,当然是 $k_1\neq 0$. 因此推出$\boldsymbol{\alpha}_1=\mathbf{0}$. 即一个向量$\boldsymbol{\alpha}$ 线性相关的充分必要条件是$\boldsymbol{\alpha}=\mathbf{0}$,而$\boldsymbol{\alpha}$ 线性无关的充分必要条件是$\boldsymbol{\alpha}\neq\mathbf{0}$.

需要注意的是,定理 2.1 说明当$\boldsymbol{\alpha}_1,\boldsymbol{\alpha}_2,\cdots,\boldsymbol{\alpha}_s(s\geqslant 2)$线性相关时. 其中**有一个**向量可以由其余向量线性表出. 但是,并不是任一个向量都可以由其余向量线性表出的. 关于这个问题下述定理给出一个常用的结论.

定理 2.2　如果向量组$\boldsymbol{\alpha}_1,\boldsymbol{\alpha}_2,\cdots,\boldsymbol{\alpha}_s$ 线性无关,而$\boldsymbol{\alpha}_1,\boldsymbol{\alpha}_2,\cdots,\boldsymbol{\alpha}_s,\boldsymbol{\beta}$ 线性相关,则$\boldsymbol{\beta}$ 可以由$\boldsymbol{\alpha}_1,\boldsymbol{\alpha}_2,\cdots,\boldsymbol{\alpha}_s$ 线性表出.

证明　因为$\boldsymbol{\alpha}_1,\boldsymbol{\alpha}_2,\cdots,\boldsymbol{\alpha}_s,\boldsymbol{\beta}$ 线性相关,所以有不全为零的数 $k_1,k_2,\cdots,k_s,k$,使得

$$k_1 \boldsymbol{\alpha}_1 + k_2 \boldsymbol{\alpha}_2 + \cdots + k_s \boldsymbol{\alpha}_s + k \boldsymbol{\beta} = \mathbf{0}.$$

现在来看式中的 k,如果 $k=0$,那么上式成为

$$k_1 \boldsymbol{\alpha}_1 + k_2 \boldsymbol{\alpha}_2 + \cdots + k_s \boldsymbol{\alpha}_s = \mathbf{0},$$

并且 $k_1,k_2,\cdots,k_s$ 不全为零,这与$\boldsymbol{\alpha}_1,\boldsymbol{\alpha}_2,\cdots,\boldsymbol{\alpha}_s$ 线性无关的假设相矛盾,所以 $k\neq 0$,于是

$$\boldsymbol{\beta} = -\frac{k_1}{k}\boldsymbol{\alpha}_1 - \frac{k_2}{k}\boldsymbol{\alpha}_2 - \cdots - \frac{k_s}{k}\boldsymbol{\alpha}_s,$$

即$\boldsymbol{\beta}$ 可以由$\boldsymbol{\alpha}_1,\boldsymbol{\alpha}_2,\cdots,\boldsymbol{\alpha}_s$ 线性表出.

当一个向量能被一组向量表示时,关于表法的唯一性有下述定理.

定理 2.3　设$\boldsymbol{\beta}$ 可由向量组$\boldsymbol{\alpha}_1,\boldsymbol{\alpha}_2,\cdots,\boldsymbol{\alpha}_s$ 线性表出,则表法唯一的充分必要条件是:$\boldsymbol{\alpha}_1,\boldsymbol{\alpha}_2,\cdots,\boldsymbol{\alpha}_s$ 线性无关.

证明　充分性的证明.

设$\boldsymbol{\alpha}_1,\boldsymbol{\alpha}_2,\cdots,\boldsymbol{\alpha}_s$ 线性无关. 如果有两种方法将$\boldsymbol{\beta}$ 表成$\boldsymbol{\alpha}_1,\boldsymbol{\alpha}_2,\cdots,\boldsymbol{\alpha}_s$ 的线性组合:

$$\boldsymbol{\beta}=k_1\boldsymbol{\alpha}_1+k_2\boldsymbol{\alpha}_2+\cdots+k_s\boldsymbol{\alpha}_s,$$
$$\boldsymbol{\beta}=l_1\boldsymbol{\alpha}_1+l_2\boldsymbol{\alpha}_2+\cdots+l_s\boldsymbol{\alpha}_s.$$

两式相减，得

$$(k_1-l_1)\boldsymbol{\alpha}_1+(k_2-l_2)\boldsymbol{\alpha}_2+\cdots+(k_s-l_s)\boldsymbol{\alpha}_s=\mathbf{0}.$$

因为$\boldsymbol{\alpha}_1,\boldsymbol{\alpha}_2,\cdots,\boldsymbol{\alpha}_s$线性无关，所以

$$k_1-l_1=k_2-l_2=\cdots=k_s-l_s=0,$$

即

$$k_i=l_i,\quad i=1,2,\cdots,s.$$

所以表法唯一.

我们用反证法来证明条件的必要性，由假设$\boldsymbol{\beta}$可以唯一地由$\boldsymbol{\alpha}_1,\boldsymbol{\alpha}_2,\cdots,\boldsymbol{\alpha}_s$线性表出，设为

$$\boldsymbol{\beta}=k_1\boldsymbol{\alpha}_1+k_2\boldsymbol{\alpha}_2+\cdots+k_s\boldsymbol{\alpha}_s.\tag{2.13}$$

如果$\boldsymbol{\alpha}_1,\boldsymbol{\alpha}_2,\cdots,\boldsymbol{\alpha}_s$线性相关，则有不全为零的$l_1,l_2,\cdots,l_s$使

$$l_1\boldsymbol{\alpha}_1+l_2\boldsymbol{\alpha}_2+\cdots+l_s\boldsymbol{\alpha}_s=\mathbf{0},$$

于是

$$\boldsymbol{\beta}=(k_1+l_1)\boldsymbol{\alpha}_1+(k_2+l_2)\boldsymbol{\alpha}_2+\cdots+(k_s+l_s)\boldsymbol{\alpha}_s.\tag{2.14}$$

式(2.13)、式(2.14)是$\boldsymbol{\beta}$由$\boldsymbol{\alpha}_1,\boldsymbol{\alpha}_2,\cdots,\boldsymbol{\alpha}_s$线性表出的两个不同的表法，与表法唯一矛盾. 所以$\boldsymbol{\alpha}_1,\boldsymbol{\alpha}_2,\cdots,\boldsymbol{\alpha}_s$一定线性无关.

习题 2.2

1. 把向量$\boldsymbol{\beta}$表成向量组$\boldsymbol{\alpha}_1,\boldsymbol{\alpha}_2,\boldsymbol{\alpha}_3,\boldsymbol{\alpha}_4$的线性组合.

(1) $\boldsymbol{\alpha}_1=(1,1,1,1)$, $\boldsymbol{\alpha}_2=(1,1,-1,-1)$,
$\boldsymbol{\alpha}_3=(1,-1,1,-1)$, $\boldsymbol{\alpha}_4=(1,-1,-1,1)$,
$\boldsymbol{\beta}=(1,2,3,4)$;

(2) $\boldsymbol{\alpha}_1=(1,0,0,0)$, $\boldsymbol{\alpha}_2=(1,-1,0,0)$,
$\boldsymbol{\alpha}_3=(1,0,1,1)$, $\boldsymbol{\alpha}_4=(1,2,1,1)$,
$\boldsymbol{\beta}=(1,2,3,4)$;

(3) $\boldsymbol{\alpha}_1=(1,1,0,1)$, $\boldsymbol{\alpha}_2=(2,1,3,1)$,
$\boldsymbol{\alpha}_3=(1,0,3,0)$, $\boldsymbol{\alpha}_4=(1,0,0,-1)$,
$\boldsymbol{\beta}=(1,2,3,4)$.

2. 判断下列向量组是否线性相关并说明理由.

(1) $\boldsymbol{\alpha}_1=(2,2,7,-1)$, $\boldsymbol{\alpha}_2=(1,2,1,1)$,

$\boldsymbol{\alpha}_3=(2,1,0,1)$;

(2) $\boldsymbol{\alpha}_1=(1,1,1,1)$,　　$\boldsymbol{\alpha}_2=(1,1,-1,-1)$,

$\boldsymbol{\alpha}_3=(1,-1,1,-1)$,　　$\boldsymbol{\alpha}_4=(1,-1,-1,1)$;

(3) $\boldsymbol{\alpha}_1=(1,2,1,1)$,　　$\boldsymbol{\alpha}_2=(1,0,1,1)$,

$\boldsymbol{\alpha}_3=(0,1,-1,0)$,　　$\boldsymbol{\alpha}_4=(1,1,1,1)$.

3. 设

$$\begin{aligned}\boldsymbol{\alpha}_1 &=(a_{11},0,\cdots,0,0),\\ \boldsymbol{\alpha}_2 &=(a_{21},a_{22},\cdots,0,0),\\ &\vdots\\ \boldsymbol{\alpha}_{n-1} &=(a_{n-1,1},a_{n-1,2},\cdots,a_{n-1,n-1},0),\\ \boldsymbol{\alpha}_n &=(a_{n1},a_{n2},\cdots,a_{n,n-1},a_{nn}),\end{aligned}$$

其中 $a_{11},a_{22},\cdots,a_{nn}$ 都不等于零. 证明 $\boldsymbol{\alpha}_1,\boldsymbol{\alpha}_2,\cdots,\boldsymbol{\alpha}_n$ 线性无关.

4. 已知 $\boldsymbol{\alpha}_1,\boldsymbol{\alpha}_2,\boldsymbol{\alpha}_3$ 线性无关. 求证: $\boldsymbol{\alpha}_1+\boldsymbol{\alpha}_2,\boldsymbol{\alpha}_2+\boldsymbol{\alpha}_3,\boldsymbol{\alpha}_1+\boldsymbol{\alpha}_3$ 也线性无关.

2.3　向量组的秩

这一节介绍向量组的极大线性无关组及向量组的秩的概念. 首先我们介绍向量组的等价的概念.

定义 2.8　如果向量组 $\boldsymbol{\alpha}_1,\boldsymbol{\alpha}_2,\cdots,\boldsymbol{\alpha}_s$ 中每一个向量 $\boldsymbol{\alpha}_i(i=1,2,\cdots,s)$ 都可由向量组 $\boldsymbol{\beta}_1,\boldsymbol{\beta}_2,\cdots,\boldsymbol{\beta}_t$ 线性表出, 就称向量组 $\boldsymbol{\alpha}_1,\boldsymbol{\alpha}_2,\cdots,\boldsymbol{\alpha}_s$ 可以由向量组 $\boldsymbol{\beta}_1,\boldsymbol{\beta}_2,\cdots,\boldsymbol{\beta}_t$ 线性表出. 如果两个向量组可以互相线性表出, 就称它们是**等价的**.

由定义不难看出, 每一个向量组都可以由它自身线性表出. 任意一个 n 维向量组 $\boldsymbol{\alpha}_1,\boldsymbol{\alpha}_2,\cdots,\boldsymbol{\alpha}_s$ 都可由基本向量组 $\boldsymbol{\varepsilon}_1,\boldsymbol{\varepsilon}_2,\cdots,\boldsymbol{\varepsilon}_n$ 线性表出.

如果向量 $\boldsymbol{\alpha}$ 可以由向量组 $\boldsymbol{\beta}_1,\boldsymbol{\beta}_2,\cdots,\boldsymbol{\beta}_t$ 线性表出, 而向量组 $\boldsymbol{\beta}_1,\boldsymbol{\beta}_2,\cdots,\boldsymbol{\beta}_t$ 又可由向量组 $\boldsymbol{\gamma}_1,\boldsymbol{\gamma}_2,\cdots,\boldsymbol{\gamma}_p$ 线性表出, 那么 $\boldsymbol{\alpha}$ 可以由 $\boldsymbol{\gamma}_1,\boldsymbol{\gamma}_2,\cdots,\boldsymbol{\gamma}_p$ 线性表出. 证明如下.

设

$$\boldsymbol{\alpha}=k_1\boldsymbol{\beta}_1+k_2\boldsymbol{\beta}_2+\cdots+k_t\boldsymbol{\beta}_t=\sum_{i=1}^{t}k_i\boldsymbol{\beta}_i,$$

$$\begin{aligned}\boldsymbol{\beta}_i &=l_{i1}\boldsymbol{\gamma}_1+l_{i2}\boldsymbol{\gamma}_2+\cdots+l_{ip}\boldsymbol{\gamma}_p\\ &=\sum_{j=1}^{p}l_{ij}\boldsymbol{\gamma}_j\quad(i=1,2,\cdots,t).\end{aligned}$$

于是

$$
\begin{aligned}
\boldsymbol{\alpha} &= k_1(l_{11}\boldsymbol{\gamma}_1 + l_{12}\boldsymbol{\gamma}_2 + \cdots + l_{1p}\boldsymbol{\gamma}_p) \\
&\quad + k_2(l_{21}\boldsymbol{\gamma}_1 + l_{22}\boldsymbol{\gamma}_2 + \cdots + l_{2p}\boldsymbol{\gamma}_p) + \cdots \\
&\quad + k_t(l_{t1}\boldsymbol{\gamma}_1 + l_{t2}\boldsymbol{\gamma}_2 + \cdots + l_{tp}\boldsymbol{\gamma}_p) \\
&= (k_1 l_{11} + k_2 l_{21} + \cdots + k_t l_{t1})\boldsymbol{\gamma}_1 \\
&\quad + (k_1 l_{12} + k_2 l_{22} + \cdots + k_t l_{t2})\boldsymbol{\gamma}_2 + \cdots \\
&\quad + (k_1 l_{1p} + k_2 l_{2p} + \cdots + k_t l_{tp})\boldsymbol{\gamma}_p \\
&= \sum_{j=1}^{p}\left(\sum_{i=1}^{t} k_i l_{ij}\right)\boldsymbol{\gamma}_j.
\end{aligned}
$$

即$\boldsymbol{\alpha}$可由$\boldsymbol{\gamma}_1,\boldsymbol{\gamma}_2,\cdots,\boldsymbol{\gamma}_p$线性表出. 由此可推出：如果向量组$\boldsymbol{\alpha}_1,\boldsymbol{\alpha}_2,\cdots,\boldsymbol{\alpha}_s$可以由向量组$\boldsymbol{\beta}_1,\boldsymbol{\beta}_2,\cdots,\boldsymbol{\beta}_t$线性表出,而向量组$\boldsymbol{\beta}_1,\boldsymbol{\beta}_2,\cdots,\boldsymbol{\beta}_t$又可以由$\boldsymbol{\gamma}_1,\boldsymbol{\gamma}_2,\cdots,\boldsymbol{\gamma}_p$线性表出,那么向量组$\boldsymbol{\alpha}_1,\boldsymbol{\alpha}_2,\cdots,\boldsymbol{\alpha}_s$可以由$\boldsymbol{\gamma}_1,\boldsymbol{\gamma}_2,\cdots,\boldsymbol{\gamma}_p$线性表出.

从上面的讨论可以知道,向量组之间的等价关系有下面3个性质：

(1) **反身性** 每一个向量组都与它自身等价.

(2) **对称性** 如量向量组$\boldsymbol{\alpha}_1,\boldsymbol{\alpha}_2,\cdots,\boldsymbol{\alpha}_s$与向量组$\boldsymbol{\beta}_1,\boldsymbol{\beta}_2,\cdots,\boldsymbol{\beta}_t$等价. 那么,向量组$\boldsymbol{\beta}_1,\boldsymbol{\beta}_2,\cdots,\boldsymbol{\beta}_t$也与向量组$\boldsymbol{\alpha}_1,\boldsymbol{\alpha}_2,\cdots,\boldsymbol{\alpha}_s$等价.

(3) **传递性** 如果向量组$\boldsymbol{\alpha}_1,\boldsymbol{\alpha}_2,\cdots,\boldsymbol{\alpha}_s$与向量组$\boldsymbol{\beta}_1,\boldsymbol{\beta}_2,\cdots,\boldsymbol{\beta}_t$等价；向量组$\boldsymbol{\beta}_1,\boldsymbol{\beta}_2,\cdots,\boldsymbol{\beta}_t$与向量组$\boldsymbol{\gamma}_1,\boldsymbol{\gamma}_2,\cdots,\boldsymbol{\gamma}_p$等价. 那么向量组$\boldsymbol{\alpha}_1,\boldsymbol{\alpha}_2,\cdots,\boldsymbol{\alpha}_s$与向量组$\boldsymbol{\gamma}_1,\boldsymbol{\gamma}_2,\cdots,\boldsymbol{\gamma}_p$等价.

关于向量组之间线性表出的关系以及向量组中包含的向量个数有下述基本性质.

定理 2.4 设$\boldsymbol{\alpha}_1,\boldsymbol{\alpha}_2,\cdots,\boldsymbol{\alpha}_s$与$\boldsymbol{\beta}_1,\boldsymbol{\beta}_2,\cdots,\boldsymbol{\beta}_t$是两个向量组,如果

(1) 向量组$\boldsymbol{\alpha}_1,\boldsymbol{\alpha}_2,\cdots,\boldsymbol{\alpha}_s$可以由$\boldsymbol{\beta}_1,\boldsymbol{\beta}_2,\cdots,\boldsymbol{\beta}_t$线性表出,

(2) $s>t$.

那么向量组$\boldsymbol{\alpha}_1,\boldsymbol{\alpha}_2,\cdots,\boldsymbol{\alpha}_s$一定线性相关.

证明 由(1)可设

$$\boldsymbol{\alpha}_i = l_{i1}\boldsymbol{\beta}_1 + l_{i2}\boldsymbol{\beta}_2 + \cdots + l_{it}\boldsymbol{\beta}_t \quad (i = 1,2,\cdots,s).$$

下面来证可找到不全为零的数$k_1,k_2,\cdots,k_s$使

$$k_1\boldsymbol{\alpha}_1 + k_2\boldsymbol{\alpha}_2 + \cdots + k_s\boldsymbol{\alpha}_s = \mathbf{0}.$$

为此,作线性组合

$$
\begin{aligned}
& x_1\boldsymbol{\alpha}_1 + x_2\boldsymbol{\alpha}_2 + \cdots + x_s\boldsymbol{\alpha}_s \\
= & x_1(l_{11}\boldsymbol{\beta}_1 + l_{12}\boldsymbol{\beta}_2 + \cdots + l_{1t}\boldsymbol{\beta}_t) \\
& + x_2(l_{21}\boldsymbol{\beta}_1 + l_{22}\boldsymbol{\beta}_2 + \cdots + l_{2t}\boldsymbol{\beta}_t) + \cdots \\
& + x_s(l_{s1}\boldsymbol{\beta}_1 + l_{s2}\boldsymbol{\beta}_2 + \cdots + l_{st}\boldsymbol{\beta}_t)
\end{aligned}
$$

$$
\begin{aligned}
&=(l_{11}x_1+l_{21}x_2+\cdots+l_{s1}x_s)\boldsymbol{\beta}_1\\
&\quad+(l_{12}x_1+l_{22}x_2+\cdots+l_{s2}x_s)\boldsymbol{\beta}_2+\cdots\\
&\quad+(l_{1t}x_1+l_{2t}x_2+\cdots+l_{st}x_s)\boldsymbol{\beta}_t.
\end{aligned}
$$

考虑齐次线性方程组

$$
\begin{cases}
l_{11}x_1+l_{21}x_2+\cdots+l_{s1}x_s=0,\\
l_{12}x_1+l_{22}x_2+\cdots+l_{s2}x_s=0,\\
\qquad\qquad\vdots\\
l_{1t}x_1+l_{2t}x_2+\cdots+l_{st}x_s=0
\end{cases}
$$

包含 s 个未知量，t 个方程，由假设(2)$s>t$，根据定理 1.4，这个方程组有非零解. 取一组非零解 $x_1=k_1, x_2=k_2, \cdots, x_s=k_s$，即有不全为零的 $k_1, k_2, \cdots, k_s$ 使

$$k_1\boldsymbol{\alpha}_1+k_2\boldsymbol{\alpha}_2+\cdots+k_s\boldsymbol{\alpha}_s=\mathbf{0}.$$

所以$\boldsymbol{\alpha}_1, \boldsymbol{\alpha}_2, \cdots, \boldsymbol{\alpha}_s$ 是线性相关的.

定理 2.4 的另一个说法是：

推论 2.1　如果向量组$\boldsymbol{\alpha}_1, \boldsymbol{\alpha}_2, \cdots, \boldsymbol{\alpha}_s$ 可由向量组$\boldsymbol{\beta}_1, \boldsymbol{\beta}_2, \cdots, \boldsymbol{\beta}_t$ 线性表出，而且$\boldsymbol{\alpha}_1, \boldsymbol{\alpha}_2, \cdots, \boldsymbol{\alpha}_s$ 线性无关，那么 $s\leqslant t$.

从定理 2.4 还可以推出：

推论 2.2　任意 $n+1$ 个 n 维向量必线性相关.

证明　因为每个 n 维向量都可以被 n 个 n 维基本向量 $\boldsymbol{\varepsilon}_1, \boldsymbol{\varepsilon}_2, \cdots, \boldsymbol{\varepsilon}_n$ 线性表出，故由定理 2.2 可知，任意 $n+1$ 个 n 维向量一定是线性相关的.

因此，多于 n 个 n 维向量一定也是线性相关的.

这个结论说明线性无关的 n 维向量组最多包含 n 个向量. 另一方面，我们知道的确存在 n 个线性无关的 n 维向量. 这说明在 n 维向量空间$\mathbb{R}^n$ 中，存在 n 个线性无关的向量，而任意 $n+1$ 个向量都线性相关. 当 $n=2$ 或 3，这个结论的几何意义是：平面上最多有 2 个线性无关的向量，而且的确有 2 个线性无关的向量；空间里最多有 3 个线性无关的向量，而且的确可以找到 3 个线性无关的向量.

定理 2.4 还有下述重要推论：

推论 2.3　等价的线性无关的向量组，一定包含相同个数的向量.

为了加深印象，我们对推论 2.3 加以证明.

证明　设

$$\boldsymbol{\alpha}_1, \boldsymbol{\alpha}_2, \cdots, \boldsymbol{\alpha}_s \tag{2.15}$$

与

$$\boldsymbol{\beta}_1, \boldsymbol{\beta}_2, \cdots, \boldsymbol{\beta}_t \tag{2.16}$$

是两个等价的线性无关的向量组. 因为式(2.15)线性无关且可由式(2.16)线性表出，故由推论 2.1 知$s\leqslant t$. 同理可知 $t\leqslant s$，所以 $t=s$，即这两个向量组所包

含的向量个数是相同的.

根据以上讨论,在讨论向量组线性表出与向量组中向量个数的关系时,必须在向量组线性无关时才有意义,为此,我们引入向量组的极大线性无关组的概念.

设$\boldsymbol{\alpha}_1,\boldsymbol{\alpha}_2,\cdots,\boldsymbol{\alpha}_s$是一个向量组,由其中一部分向量组成的向量组称为这个向量组的一个部分组,从线性相关和线性无关的定义可以看出:如果一个向量组是线性无关的,那么它的部分组也一定是线性无关的;反之,如果一个向量组有一个部分组是线性相关的,那么原来这个向量组也一定是线性相关的.但是线性相关的向量组的部分组却不一定总是线性相关的.例如向量组$\boldsymbol{\alpha}_1,\boldsymbol{\alpha}_2,\boldsymbol{\alpha}_3$:

$$\boldsymbol{\alpha}_1=(2,-1,3,1),$$
$$\boldsymbol{\alpha}_2=(4,-2,5,4),$$
$$\boldsymbol{\alpha}_3=(2,-1,4,-1).$$

由于$3\boldsymbol{\alpha}_1-\boldsymbol{\alpha}_2-\boldsymbol{\alpha}_3=\mathbf{0}$,所以是线性相关的.但是其部分组$\boldsymbol{\alpha}_1$是线性无关的,部分组$\boldsymbol{\alpha}_1,\boldsymbol{\alpha}_2$也是线性无关的.在向量组的线性无关部分组中,最重要最有用的是所谓极大线性无关组,它的定义如下:

定义 2.9 向量组的一个部分组称为它的一个**极大线性无关组**,如果

(1) 这个部分组本身是线性无关的,

(2) 但是再从原向量组的其余向量(如果还有的话)中任取一个添进去以后,所得到的部分组都线性相关.

例 2.10 设$\boldsymbol{\alpha}_1=(2,-1,3,1),\boldsymbol{\alpha}_2=(4,-2,5,4),\boldsymbol{\alpha}_3=(2,-1,4,-1)$,那么,向量组$\boldsymbol{\alpha}_1,\boldsymbol{\alpha}_2,\boldsymbol{\alpha}_3$的部分组$\boldsymbol{\alpha}_1,\boldsymbol{\alpha}_2$就是一个极大线性无关组.因为$\boldsymbol{\alpha}_1,\boldsymbol{\alpha}_2$本身线性无关,而将$\boldsymbol{\alpha}_3$添进去以后,$\boldsymbol{\alpha}_1,\boldsymbol{\alpha}_2,\boldsymbol{\alpha}_3$就线性相关了.此外$\boldsymbol{\alpha}_2,\boldsymbol{\alpha}_3$也是一个极大线性无关组.

例 2.10 说明了一个向量组的极大线性无关组不一定是唯一的.

从定义立刻可以看出:一个线性无关的向量组的极大线性无关组就是这个向量组本身.这一点也是向量组线性无关的一个充分条件.因为如果一个向量组是线性相关的话,那么这个向量组的极大线性无关组所包含向量的个数一定少于原来向量组所含向量的个数.

完全由零向量组成的向量组没有极大线性无关组,因为它的任何一个部分组都是线性相关的.

显然,任何一个向量组,只要含有非零向量,就一定有极大线性无关组.由前面的例子知道,一个向量组的极大线性无关组不一定是唯一的.那么同一个向量组的极大线性无关组之间有什么关系呢?下述定理说明一个重要结论.

定理 2.5 (1) 向量组的任意一个极大线性无关组都与向量组本身等价.

(2) 向量组的任意两个极大线性无关组都是等价的,因此都包含相同个数的向量.

证明 (1) 设向量组为$\boldsymbol{\alpha}_1,\boldsymbol{\alpha}_2,\cdots,\boldsymbol{\alpha}_s$,而且$\boldsymbol{\alpha}_{i_1},\boldsymbol{\alpha}_{i_2},\cdots,\boldsymbol{\alpha}_{i_r}$是它的一个极大线性无关组.因为

$$\boldsymbol{\alpha}_{i_k}=0\,\boldsymbol{\alpha}_1+\cdots+0\,\boldsymbol{\alpha}_{i_k-1}+1\,\boldsymbol{\alpha}_{i_k}+0\,\boldsymbol{\alpha}_{i_k+1}+\cdots+0\,\boldsymbol{\alpha}_s\quad(k=1,2,\cdots,r),$$

所以$\boldsymbol{\alpha}_{i_1},\boldsymbol{\alpha}_{i_2},\cdots,\boldsymbol{\alpha}_{i_r}$可由$\boldsymbol{\alpha}_1,\boldsymbol{\alpha}_2,\cdots,\boldsymbol{\alpha}_s$线性表出.

再来证$\boldsymbol{\alpha}_1,\boldsymbol{\alpha}_2,\cdots,\boldsymbol{\alpha}_s$可由$\boldsymbol{\alpha}_{i_1},\boldsymbol{\alpha}_{i_2},\cdots,\boldsymbol{\alpha}_{i_r}$线性表出.显然在$\boldsymbol{\alpha}_1,\boldsymbol{\alpha}_2,\cdots,\boldsymbol{\alpha}_s$中,$\boldsymbol{\alpha}_k$ $(k=i_1,i_2,\cdots,i_r)$的那些向量可被$\boldsymbol{\alpha}_{i_1},\boldsymbol{\alpha}_{i_2},\cdots,\boldsymbol{\alpha}_{i_r}$线性表出.对$\boldsymbol{\alpha}_k$ $(k\neq i_1,i_2,\cdots,i_r)$,由定义知$\boldsymbol{\alpha}_{i_1},\boldsymbol{\alpha}_{i_2},\cdots,\boldsymbol{\alpha}_{i_r},\boldsymbol{\alpha}_k$线性相关.因此,由定理 2.2,$\boldsymbol{\alpha}_k$可以由$\boldsymbol{\alpha}_{i_1},\boldsymbol{\alpha}_{i_2},\cdots,\boldsymbol{\alpha}_{i_r}$线性表出.

因此$\boldsymbol{\alpha}_1,\boldsymbol{\alpha}_2,\cdots,\boldsymbol{\alpha}_s$与它的极大线性无关组等价.

(2) 因为每个极大线性无关组都与原向量组等价,由等价关系的传递性可知:同一向量组的任意两个极大线性无关组都是等价的.再由定理 2.4 的推论 3 知它们包含相同个数的向量.

定理 2.5 表明:一个向量组虽然可能有几个极大线性无关组,但各个极大线性无关组所含的向量个数却都是一样的,是与极大线性无关组的选择无关的,它直接反映了向量组本身的性质.从而可引出向量组的秩的概念.

定义 2.10 向量组的极大线性无关组所含向量的个数称为这个向量组的**秩**.

只含零向量的向量组的秩规定为**零**.

我们用 $\mathrm{r}\{\boldsymbol{\alpha}_1,\boldsymbol{\alpha}_2,\cdots,\boldsymbol{\alpha}_s\}$表示向量组$\boldsymbol{\alpha}_1,\boldsymbol{\alpha}_2,\cdots,\boldsymbol{\alpha}_s$的秩.例如

$$\mathrm{r}\{(2,-1,3,1),(4,-2,5,4),(2,-1,4,-1)\}=2.$$

因为线性无关的向量组就是它自身的极大线性无关组,所以一个向量组线性无关的充分必要条件是它的秩等于它所含的向量个数.

从定理 2.5 我们知道,每一向量组都与它的极大线性无关组等价,且由等价关系的传递性可知,任意两个等价向量组的极大线性无关组也等价.所以,**等价的向量组必有相同的秩.**

我们指出,向量组的极大线性无关组不仅不一定是唯一的,而且任一个线性无关的部分组都可作为原向量组的一个极大线性无关组的一部分.具体地说,设$\boldsymbol{\alpha}_1,\boldsymbol{\alpha}_2,\cdots,\boldsymbol{\alpha}_s$是一个向量组,$\boldsymbol{\alpha}_{i_1},\boldsymbol{\alpha}_{i_2},\cdots,\boldsymbol{\alpha}_{i_m}$是它的一个线性无关的部分组,那么可找到$\boldsymbol{\alpha}_1,\boldsymbol{\alpha}_2,\cdots,\boldsymbol{\alpha}_s$中的向量$\boldsymbol{\alpha}_{i_{m+1}},\cdots,\boldsymbol{\alpha}_{i_r}$使得$\boldsymbol{\alpha}_{i_1},\cdots,\boldsymbol{\alpha}_{i_m},\boldsymbol{\alpha}_{i_{m+1}}\cdots,\boldsymbol{\alpha}_{i_r}$成为原向量组的一个极大线性无关组.原因很简单.如果$\boldsymbol{\alpha}_{i_1},\boldsymbol{\alpha}_{i_2},\cdots,\boldsymbol{\alpha}_{i_m}$不是

原向量组的极大线性无关组，那么在原向量组中一定有一个向量，设为$\boldsymbol{\alpha}_{i_{m+1}}$，使得$\boldsymbol{\alpha}_{i_1},\cdots,\boldsymbol{\alpha}_{i_m},\boldsymbol{\alpha}_{i_{m+1}}$线性无关，如果$\boldsymbol{\alpha}_{i_1},\cdots,\boldsymbol{\alpha}_{i_m},\boldsymbol{\alpha}_{i_{m+1}}$还不是一个极大线性无关组，那么可以再找一个向量$\boldsymbol{\alpha}_{i_{m+2}}$，使$\boldsymbol{\alpha}_{i_1},\cdots,\boldsymbol{\alpha}_{i_{m+1}},\boldsymbol{\alpha}_{i_{m+2}}$线性无关，如此继续，直到找出部分组$\boldsymbol{\alpha}_{i_1},\cdots,\boldsymbol{\alpha}_{i_m},\boldsymbol{\alpha}_{i_{m+1}},\cdots,\boldsymbol{\alpha}_{i_r}$成为一个极大线性无关组为止. 这个方法称为：向量组的任一个线性无关部分组都可以**扩充**成为原向量组的一个极大线性无关组.

应用上述方法还可得到关于n维向量的一个很有用的结论：设$\boldsymbol{\alpha}_1,\boldsymbol{\alpha}_2,\cdots,\boldsymbol{\alpha}_s$是$s(0<s<n)$个线性无关的$n$维向量. 那么可以找到$n-s$个$n$维向量$\boldsymbol{\alpha}_{s+1},\cdots,\boldsymbol{\alpha}_n$，使得$\boldsymbol{\alpha}_1,\boldsymbol{\alpha}_2,\cdots,\boldsymbol{\alpha}_s,\boldsymbol{\alpha}_{s+1},\cdots,\boldsymbol{\alpha}_n$是线性无关的.

下面我们讨论向量组的秩和矩阵的秩之间的关系，并由此得出向量组的秩的一个简单的算法.

设$\mathbf{A}$是一个$s\times n$矩阵：

$$\mathbf{A}=\begin{pmatrix} a_{11} & a_{12} & \cdots & a_{1n} \\ a_{21} & a_{22} & \cdots & a_{2n} \\ \vdots & \vdots & & \vdots \\ a_{s1} & a_{s2} & \cdots & a_{sn} \end{pmatrix}.$$

$\mathbf{A}$的每一个行都可看做一个n维向量：

$$\begin{aligned} \boldsymbol{\alpha}_1 &=(a_{11},a_{12},\cdots,a_{1n}), \\ \boldsymbol{\alpha}_2 &=(a_{21},a_{22},\cdots,a_{2n}), \\ &\ \ \vdots \\ \boldsymbol{\alpha}_s &=(a_{s1},a_{s2},\cdots,a_{sn}). \end{aligned}$$

$\boldsymbol{\alpha}_i(i=1,2,\cdots,s)$称为$\mathbf{A}$的行向量，向量组$\boldsymbol{\alpha}_1,\boldsymbol{\alpha}_2,\cdots,\boldsymbol{\alpha}_s$称为$\mathbf{A}$的行向量组. 我们有：

定理 2.6 矩阵$\mathbf{A}$的秩等于它的行向量组的秩.

证明 设

$$\mathbf{A}=\begin{pmatrix} a_{11} & a_{12} & \cdots & a_{1n} \\ a_{21} & a_{22} & \cdots & a_{2n} \\ \vdots & \vdots & & \vdots \\ a_{s1} & a_{s2} & \cdots & a_{sn} \end{pmatrix}.$$

如果$\mathbf{A}=\mathbf{0}$，那么$\mathrm{r}(\mathbf{A})=0$. 此时，$\mathbf{A}$的行向量都是零向量，所以行向量组的秩也等于0，结论成立.

下面设$\mathbf{A}\neq\mathbf{0}$，并设$\mathbf{A}$的秩等于r. 用初等行变换将$\mathbf{A}$化为阶梯形矩阵$\boldsymbol{B}$.

$$\boldsymbol{B}=\begin{pmatrix} 0 & \cdots & 0 & b_{1j_1} & \cdots & \cdots & \cdots & b_{1n} \\ 0 & \cdots & 0 & 0 & b_{2j_2} & \cdots & \cdots & b_{2n} \\ \vdots & & \vdots & \vdots & \vdots & & & \vdots \\ 0 & \cdots & 0 & 0 & \cdots & b_{rj_r} & \cdots & b_{rn} \\ 0 & \cdots & 0 & 0 & \cdots & \cdots & \cdots & 0 \\ 0 & \cdots & 0 & 0 & \cdots & \cdots & \cdots & 0 \end{pmatrix},$$

其中 $j_1<j_2<\cdots<j_r, b_{ij_i}\neq 0, i=1,2,\cdots,r$. $\boldsymbol{B}$ 的行向量组为

$$\boldsymbol{\beta}_1=(0,\cdots,0,b_{1j_1},b_{1j_1+1},\cdots b_{1n}),$$
$$\boldsymbol{\beta}_2=(0,\cdots,0,b_{2j_2},b_{2j_2+1},\cdots,b_{2n}),$$
$$\vdots$$
$$\boldsymbol{\beta}_r=(0,\cdots,0,b_{rj_r},b_{r,j_r+1},\cdots,b_{rn}),$$
$$\boldsymbol{\beta}_{r+1}=\boldsymbol{\beta}_{r+2}=\cdots=\boldsymbol{\beta}_s=\mathbf{0}.$$

由于$\boldsymbol{\beta}_1,\boldsymbol{\beta}_2,\cdots,\boldsymbol{\beta}_r$ 中每个向量的首非零元的位置各不相同,可看出每个$\boldsymbol{\beta}_i$ 都不能由$\boldsymbol{\beta}_1,\cdots,\boldsymbol{\beta}_{i-1},\boldsymbol{\beta}_{i+1},\cdots,\boldsymbol{\beta}_r$ 线性表出,所以$\boldsymbol{\beta}_1,\boldsymbol{\beta}_2,\cdots,\boldsymbol{\beta}_r$ 线性无关,

$$\mathrm{r}(\boldsymbol{A})=\mathrm{r}(\boldsymbol{\beta}_1,\boldsymbol{\beta}_2,\cdots,\boldsymbol{\beta}_r)=\mathrm{r}(\boldsymbol{\beta}_1,\cdots,\boldsymbol{\beta}_r,\boldsymbol{\beta}_{r+1},\cdots,\boldsymbol{\beta}_s)$$

为了证明定理,只要再证明

$$\mathrm{r}(\boldsymbol{\alpha}_1,\boldsymbol{\alpha}_2,\cdots,\boldsymbol{\alpha}_s)=\mathrm{r}(\boldsymbol{\beta}_1,\boldsymbol{\beta}_2,\cdots,\boldsymbol{\beta}_s),$$

即矩阵的初等行变换把矩阵的行向量组变为等价的向量组,所以不改变矩阵的行向量组的秩. 下面来证明这一点. 设矩阵 $\boldsymbol{A}$ 的行向量组为

$$\boldsymbol{\alpha}_1,\boldsymbol{\alpha}_2,\cdots,\boldsymbol{\alpha}_s \tag{2.17}$$

对 $\boldsymbol{A}$ 作第 1 种初等变换,把第 i 行和第 j 行($i<j$)互换位置,则所得矩阵的行向量组为

$$\boldsymbol{\alpha}_1,\cdots,\boldsymbol{\alpha}_j,\cdots,\boldsymbol{\alpha}_i,\cdots,\boldsymbol{\alpha}_s. \tag{2.18}$$

如对 $\boldsymbol{A}$ 作第 2 种初等变换,用非零数 k 乘第 i 行,则所得矩阵的行向量组为

$$\boldsymbol{\alpha}_1,\cdots,k\boldsymbol{\alpha}_i,\cdots,\boldsymbol{\alpha}_s \quad (k\neq 0). \tag{2.19}$$

如对 $\boldsymbol{A}$ 作第 3 种初等变换,第 i 行加上第 j 行的 l 倍,则所得矩阵的行向量组为

$$\boldsymbol{\alpha}_1,\cdots,\boldsymbol{\alpha}_i+l\boldsymbol{\alpha}_j,\cdots,\boldsymbol{\alpha}_j,\cdots,\boldsymbol{\alpha}_s \quad (i<j), \tag{2.20}$$

或

$$\boldsymbol{\alpha}_1,\cdots,\boldsymbol{\alpha}_j,\cdots,\boldsymbol{\alpha}_i+l\boldsymbol{\alpha}_j,\cdots,\boldsymbol{\alpha}_s \quad (i>j). \tag{2.21}$$

很容易看出,向量组(2.17),(2.18),(2.19),(2.20)或(2.21)是等价的,定理证毕.

例 2.11 设

$$\boldsymbol{\alpha}_1=(1,1,-2,1,-1),$$
$$\boldsymbol{\alpha}_2=(4,4,-7,4,-5),$$
$$\boldsymbol{\alpha}_3=(2,5,-8,4,-3),$$
$$\boldsymbol{\alpha}_4=(2,-1,2,0,-3).$$

求向量组$\boldsymbol{\alpha}_1,\boldsymbol{\alpha}_2,\boldsymbol{\alpha}_3,\boldsymbol{\alpha}_4$ 的秩.

解 以$\boldsymbol{\alpha}_1,\boldsymbol{\alpha}_2,\boldsymbol{\alpha}_3,\boldsymbol{\alpha}_4$ 为行作一个矩阵 $\boldsymbol{A}$:

$$\boldsymbol{A}=\begin{pmatrix}1&1&-2&1&-1\\4&4&-7&4&-5\\2&5&-8&4&-3\\2&-1&2&0&-3\end{pmatrix},$$

则 $\mathrm{r}\{\boldsymbol{\alpha}_1,\boldsymbol{\alpha}_2,\boldsymbol{\alpha}_3,\boldsymbol{\alpha}_4\}=\mathrm{r}(\boldsymbol{A})$. 对 $\boldsymbol{A}$ 作初等行变换:

$$\boldsymbol{A}\to\begin{pmatrix}1&1&-2&1&-1\\0&0&1&0&-1\\0&3&-4&2&-1\\0&-3&6&-2&-1\end{pmatrix}\to\begin{pmatrix}1&1&-2&1&-1\\0&3&-4&2&-1\\0&0&1&0&-1\\0&-3&6&-2&-1\end{pmatrix}$$

$$\to\begin{pmatrix}1&1&-2&1&-1\\0&3&-4&2&-1\\0&0&1&0&-1\\0&0&2&0&-2\end{pmatrix}\to\begin{pmatrix}1&1&-2&1&-1\\0&3&-4&2&-1\\0&0&1&0&-1\\0&0&0&0&0\end{pmatrix}=\boldsymbol{B}.$$

所以 $\mathrm{r}(\boldsymbol{A})=3$,即 $\mathrm{r}\{\boldsymbol{\alpha}_1,\boldsymbol{\alpha}_2,\boldsymbol{\alpha}_3,\boldsymbol{\alpha}_4\}=3$.

还可看出,$\boldsymbol{B}$ 的行向量组$\boldsymbol{\beta}_1,\boldsymbol{\beta}_2,\boldsymbol{\beta}_3,\boldsymbol{\beta}_4$ 中每个向量都是$\boldsymbol{\alpha}_1,\boldsymbol{\alpha}_2,\boldsymbol{\alpha}_3,\boldsymbol{\alpha}_4$ 的线性组合:

$$\boldsymbol{\beta}_1=(1,1,-2,1,-1)=\boldsymbol{\alpha}_1,$$
$$\boldsymbol{\beta}_2=(0,3,-4,2,-1)=-2\boldsymbol{\alpha}_1+\boldsymbol{\alpha}_3,$$
$$\boldsymbol{\beta}_3=(0,0,1,0,-1)=-4\boldsymbol{\alpha}_1+\boldsymbol{\alpha}_2,$$
$$\boldsymbol{\beta}_4=(0,0,0,0,0)=4\boldsymbol{\alpha}_1-2\boldsymbol{\alpha}_2+\boldsymbol{\alpha}_3+\boldsymbol{\alpha}_4.$$

其中$\boldsymbol{\alpha}_1,\boldsymbol{\alpha}_2,\boldsymbol{\alpha}_3$ 与$\boldsymbol{\beta}_1,\boldsymbol{\beta}_2,\boldsymbol{\beta}_3$ 等价,因此$\boldsymbol{\alpha}_1,\boldsymbol{\alpha}_2,\boldsymbol{\alpha}_3$ 线性无关,而添上$\boldsymbol{\alpha}_4$ 就变成线性相关. 所以$\boldsymbol{\alpha}_1,\boldsymbol{\alpha}_2,\boldsymbol{\alpha}_3$ 是$\boldsymbol{\alpha}_1,\boldsymbol{\alpha}_2,\boldsymbol{\alpha}_3,\boldsymbol{\alpha}_4$ 的一个极大线性无关组.

最后,给出几点关于极大线性无关组的性质.

当已知向量组$\boldsymbol{\alpha}_1,\boldsymbol{\alpha}_2,\cdots,\boldsymbol{\alpha}_s$ 的秩等于 r 时,$\boldsymbol{\alpha}_1,\boldsymbol{\alpha}_2,\cdots,\boldsymbol{\alpha}_s$ 中 r 个线性无关的向量就是一个极大线性无关组. 这是因为在$\boldsymbol{\alpha}_1,\boldsymbol{\alpha}_2,\cdots,\boldsymbol{\alpha}_s$ 中任取一个向量添入这 r 个向量后,这 $r+1$ 个向量一定线性相关,否则$\boldsymbol{\alpha}_1,\boldsymbol{\alpha}_2,\cdots,\boldsymbol{\alpha}_s$ 的秩一定要大于 r. 这是不可能的.

还有，如果$\boldsymbol{\alpha}_1,\boldsymbol{\alpha}_2,\cdots,\boldsymbol{\alpha}_s$的秩等于$r$，$\boldsymbol{\alpha}_{i_1},\boldsymbol{\alpha}_{i_2},\cdots,\boldsymbol{\alpha}_{i_r}$是$\boldsymbol{\alpha}_1,\boldsymbol{\alpha}_2,\cdots,\boldsymbol{\alpha}_s$的一个部分组. 如果任一个$\boldsymbol{\alpha}_i(i=1,2,\cdots,s)$都可由$\boldsymbol{\alpha}_{i_1},\boldsymbol{\alpha}_{i_2},\cdots,\boldsymbol{\alpha}_{i_r}$线性表出，则$\boldsymbol{\alpha}_{i_1},\boldsymbol{\alpha}_{i_2},\cdots,\boldsymbol{\alpha}_{i_r}$就是原向量组的一个极大线性无关组. 要证明这一结论只要证明$\boldsymbol{\alpha}_{i_1},\boldsymbol{\alpha}_{i_2},\cdots,\boldsymbol{\alpha}_{i_r}$线性无关即可. 根据假设，向量组$\boldsymbol{\alpha}_1,\boldsymbol{\alpha}_2,\cdots,\boldsymbol{\alpha}_s$与$\boldsymbol{\alpha}_{i_1},\boldsymbol{\alpha}_{i_2},\cdots,\boldsymbol{\alpha}_{i_r}$等价，它们的秩都等于$r$，则$\mathrm{r}\{\boldsymbol{\alpha}_{i_1},\boldsymbol{\alpha}_{i_2},\cdots,\boldsymbol{\alpha}_{i_r}\}=r$，所以$\boldsymbol{\alpha}_{i_1},\boldsymbol{\alpha}_{i_2},\cdots,\boldsymbol{\alpha}_{i_r}$线性无关.

习题 2.3

1. 求下列向量组的秩及一个极大线性无关组：

(1) $\boldsymbol{\alpha}_1=(1,1,1,-1)$，　$\boldsymbol{\alpha}_2=(1,-2,3,-4)$，
$\boldsymbol{\alpha}_3=(1,4,-1,2)$，　$\boldsymbol{\alpha}_4=(1,7,-3,5)$.

(2) $\boldsymbol{\alpha}_1=(1,1,1,1)$，　$\boldsymbol{\alpha}_2=(1,-1,-1,1)$，
$\boldsymbol{\alpha}_3=(1,1,-1,-1)$，　$\boldsymbol{\alpha}_4=(1,-1,1,-1)$.

(3) $\boldsymbol{\alpha}_1=(1,1,2,2,3)$，　$\boldsymbol{\alpha}_2=(1,-1,2,-2,3)$，
$\boldsymbol{\alpha}_3=(1,3,2,6,3)$，　$\boldsymbol{\alpha}_4=(1,0,2,0,3)$.

2. 设向量组$\boldsymbol{\alpha}_1,\boldsymbol{\alpha}_2,\cdots,\boldsymbol{\alpha}_s$可由向量组$\boldsymbol{\beta}_1,\boldsymbol{\beta}_2,\cdots,\boldsymbol{\beta}_t$线性表出. 证明：$\mathrm{r}\{\boldsymbol{\alpha}_1,\boldsymbol{\alpha}_2,\cdots,\boldsymbol{\alpha}_s\}\leqslant\mathrm{r}\{\boldsymbol{\beta}_1,\boldsymbol{\beta}_2,\cdots,\boldsymbol{\beta}_t\}$.

3. 证明：$\mathrm{r}\{\boldsymbol{\alpha}_1,\boldsymbol{\alpha}_2,\cdots,\boldsymbol{\alpha}_s,\boldsymbol{\alpha}_{s+1},\cdots,\boldsymbol{\alpha}_t\}\leqslant\mathrm{r}\{\boldsymbol{\alpha}_1,\boldsymbol{\alpha}_2,\cdots,\boldsymbol{\alpha}_s\}+\mathrm{r}\{\boldsymbol{\alpha}_{s+1},\cdots,\boldsymbol{\alpha}_t\}$.

4. 设$\boldsymbol{\alpha}_1=(1,-1,2,4)$，$\boldsymbol{\alpha}_2=(0,3,1,2)$，$\boldsymbol{\alpha}_3=(3,0,7,14)$，$\boldsymbol{\alpha}_4=(1,2,3,a)$. 对$a$讨论向量组$\boldsymbol{\alpha}_1,\boldsymbol{\alpha}_2,\boldsymbol{\alpha}_3,\boldsymbol{\alpha}_4$的秩.

2.4　子空间

在讨论n维向量的一些问题时，我们需要对一些向量进行讨论，因此可以限制在某个向量的集合中进行讨论. 但是在讨论的时候需要进行运算，所以要求这个集合中的向量在进行线性运算后仍在这个集合中. 为此我们引入了空间的概念.

定义 2.11　设V是n维向量空间$\mathbb{R}^n$的一个**非空子集**. 如果

(1) 对任意$\boldsymbol{\alpha},\boldsymbol{\beta}\in V$，都有$\boldsymbol{\alpha}+\boldsymbol{\beta}\in V$；

(2) 对任意$\boldsymbol{\alpha}\in V,k\in\mathbb{R}$，都有$k\boldsymbol{\alpha}\in V$.

则称V是$\mathbb{R}^n$的一个**子空间**.

条件(1)通常称为V对加法是封闭的. 条件(2)通常称为V对数乘是封闭的. 这两条合起来，称为V对线性运算是封闭的.

例 2.12 只包含一个零向量的集合$\{\mathbf{0}\}$是一个子空间，称为**零子空间**. $\mathbb{R}^n$ 是它自身的子空间. 这两个子空间称为$\mathbb{R}^n$ 的**平凡子空间**，其他(如果有)的子空间称为**非平凡子空间**.

例 2.13 设$\mathbb{R}^n$ 的子集

$$V = \{(a_1, a_2, a_3, \cdots, a_n) \mid a_2 = 2a_1\}$$

求证 V 是$\mathbb{R}^n$ 的一个子空间.

证 因为零向量 $\mathbf{0}$ 满足条件 $a_2=2a_1$，所以 $\mathbf{0}\in V$，V 不是空集.

如果$\boldsymbol{\alpha}, \boldsymbol{\beta}\in V$：

$$\boldsymbol{\alpha} = (a_1, a_2, \cdots, a_n),$$
$$\boldsymbol{\beta} = (b_1, b_2, \cdots, b_n),$$

那么 $a_2=2a_1$，$b_2=2b_1$，于是

$$\boldsymbol{\alpha}+\boldsymbol{\beta} = \{a_1+b_1, a_2+b_2, \cdots, a_n+b_n\},$$

其中

$$a_2+b_2 = 2(a_1+b_1).$$

所以

$$\boldsymbol{\alpha}+\boldsymbol{\beta}\in V,$$

V 对加法封闭.

对任一个 $k\in\mathbb{R}$，有

$$k\boldsymbol{\alpha} = (ka_1, ka_2, \cdots, ka_n),$$

其中

$$ka_2 = 2(ka_1).$$

所以

$$k\boldsymbol{\alpha}\in V,$$

V 对数乘封闭.

根据定义，V 是$\mathbb{R}^n$ 的一个子空间.

例 2.14 设$\boldsymbol{\alpha}_1, \boldsymbol{\alpha}_2, \cdots, \boldsymbol{\alpha}_s$ 是$\mathbb{R}^n$ 中一组向量，用 V 表示$\boldsymbol{\alpha}_1, \boldsymbol{\alpha}_2, \cdots, \boldsymbol{\alpha}_s$ 的全部线性组合所生成的集合：

$$V = \{k_1\boldsymbol{\alpha}_1 + k_2\boldsymbol{\alpha}_2 + \cdots + k_s\boldsymbol{\alpha}_s\}.$$

显然，V 不是空集. 如果$\boldsymbol{\alpha}, \boldsymbol{\beta}\in V$，设

$$\boldsymbol{\alpha} = k_1\boldsymbol{\alpha}_1 + k_2\boldsymbol{\alpha}_2 + \cdots + k_s\boldsymbol{\alpha}_s,$$
$$\boldsymbol{\beta} = l_1\boldsymbol{\alpha}_1 + l_2\boldsymbol{\alpha}_2 + \cdots + l_s\boldsymbol{\alpha}_s,$$

则

$$\boldsymbol{\alpha}+\boldsymbol{\beta} = (k_1+l_1)\boldsymbol{\alpha}_1 + (k_2+l_2)\boldsymbol{\alpha}_2 + \cdots + (k_s+l_s)\boldsymbol{\alpha}_s \in V,$$
$$k\boldsymbol{\alpha} = kk_1\boldsymbol{\alpha}_1 + kk_2\boldsymbol{\alpha}_2 + \cdots + kk_s\boldsymbol{\alpha}_s \in V.$$

即 V 对线性运算是封闭的，V 是 $\mathbb{R}^n$ 的一个子空间. 这个子空间叫做由 $\boldsymbol{\alpha}_1,\boldsymbol{\alpha}_2,\cdots,\boldsymbol{\alpha}_s$ 生成的子空间. 记作

$$L(\boldsymbol{\alpha}_1,\boldsymbol{\alpha}_2,\cdots,\boldsymbol{\alpha}_s).$$

例 2.14 给出了一个构造子空间的方法，而且任何一个子空间都可由这个方法得到. 关键是，要掌握如何根据要求选择 $\boldsymbol{\alpha}_1,\boldsymbol{\alpha}_2,\cdots,\boldsymbol{\alpha}_s$ 来构造子空间.

n 维向量空间 $\mathbb{R}^n$ 的子空间也称向量空间.

如果 V_1,V_2 都是向量空间，并且 $V_1\supseteq V_2$，则称 V_2 是 V_1 的一个子空间.

下面介绍两个重要的概念：维数和基.

定义 2.12　设 V 是一个向量空间，如果在 V 中有 d 个线性无关的向量，而 V 中任意 $d+1$ 个向量都是线性相关的. 那么就称 V 为 **d 维向量空间.** 向量空间 V 的维数记作 $\dim V$.

d 维向量空间 V 中任意 d 个线性无关的向量称为 V 的一组**基**.

零空间的维数规定为 0，没有基.

$\mathbb{R}^n$ 的维数是 n，n 个基本向量 $\boldsymbol{\varepsilon}_1,\boldsymbol{\varepsilon}_2,\cdots,\boldsymbol{\varepsilon}_n$ 就是它的一组基. 向量空间的维数的概念使我们对于称 $\mathbb{R}^n$ 为 n 维向量空间有进一步的理解.

直接应用定义来求向量空间的维数 d，需要做到以下两点：

(1) 找出 V 中 d 个线性无关的向量；

(2) 证明 V 中任意 $d+1$ 个向量都可以由这 d 个向量线性表出.

关于第 2 点，证明比较麻烦. 应用下述定理可以把第 2 点简化.

定理 2.7　如果在向量空间 V 中可以找到 d 个线性无关的向量 $\boldsymbol{\alpha}_1,\boldsymbol{\alpha}_2,\cdots,\boldsymbol{\alpha}_d$，而且 V 中任一个向量都可以由它们线性表出. 那么 V 的维数等于 d.

证明　设 $\boldsymbol{\beta}_1,\boldsymbol{\beta}_2,\cdots,\boldsymbol{\beta}_{d+1}$ 是 V 中任意 $d+1$ 个向量. 根据假设，它们都可由 $\boldsymbol{\alpha}_1,\boldsymbol{\alpha}_2,\cdots,\boldsymbol{\alpha}_d$ 线性表出. 因此 $\boldsymbol{\beta}_1,\boldsymbol{\beta}_2,\cdots,\boldsymbol{\beta}_{d+1}$ 线性相关(根据定理 2.4). 所以根据定义，V 的维数是 d.

应用定理 2.7，很容易看出，例 2.13 中的子空间 V 的维数是 $n-1$，以下 $n-1$ 个向量是 V 的一组基：

$$\boldsymbol{\alpha}_1=(1,2,0,\cdots,0)$$
$$\boldsymbol{\alpha}_2=(0,0,1,\cdots,0)$$
$$\boldsymbol{\alpha}_{n-1}=(0,0,0,\cdots,1)$$

例 2.14 中的子空间 $L(\boldsymbol{\alpha}_1,\boldsymbol{\alpha}_2,\cdots,\boldsymbol{\alpha}_s)$ 的维数等于向量组 $\boldsymbol{\alpha}_1,\boldsymbol{\alpha}_2,\cdots,\boldsymbol{\alpha}_s$ 的秩. 向量组 $\boldsymbol{\alpha}_1,\boldsymbol{\alpha}_2,\cdots,\boldsymbol{\alpha}_s$ 的任一个极大线性无关组都可以取作它的基.

关于 $L(\boldsymbol{\alpha}_1,\boldsymbol{\alpha}_2,\cdots,\boldsymbol{\alpha}_s)$ 还有以下一些结论.

定理 2.8　(1) 如果向量组 $\boldsymbol{\alpha}_1,\boldsymbol{\alpha}_2,\cdots,\boldsymbol{\alpha}_s$ 可由向量组 $\boldsymbol{\beta}_1,\boldsymbol{\beta}_2,\cdots,\boldsymbol{\beta}_t$ 线性表出，那么

$$L(\boldsymbol{\alpha}_1,\boldsymbol{\alpha}_2,\cdots,\boldsymbol{\alpha}_s)\subseteq L(\boldsymbol{\beta}_1,\boldsymbol{\beta}_2,\cdots,\boldsymbol{\beta}_t)$$

（2）两个向量组$\boldsymbol{\alpha}_1,\boldsymbol{\alpha}_2,\cdots,\boldsymbol{\alpha}_s$；$\boldsymbol{\beta}_1,\boldsymbol{\beta}_2,\cdots,\boldsymbol{\beta}_t$ 生成相同的子空间的充分必要条件是这两个向量组等价.

最后我们指出向量空间 V 中任一组线性无关的向量组都可扩充成 V 的一组基；$\mathbb{R}^n$ 的子空间 V 的任一组基都可扩充为$\mathbb{R}^n$ 的一组基.

习题 2.4

1. 检验向量空间$\mathbb{R}^4$ 的下列子集是否是$\mathbb{R}^4$ 的子空间：

（1）$V=\{(a_1,a_2,a_3,a_4)\mid a_1+a_2=a_3+a_4\}$；

（2）$V=\{(a_1,a_2,a_3,a_4)\mid a_1^2=a_2\}$；

（3）$V=\{(a_1,a_2,a_3,a_4)\mid a_1+a_2=1\}$；

（4）$V=\{(a_1,a_2,a_3,a_4)\mid a_1+a_2+a_3+a_4=0\}$.

2. 求题 1 中子空间的维数和一组基.

3. 在向量空间$\mathbb{R}^4$ 中求下列向量组生成的子空间的维数和一组基：

（1）$\boldsymbol{\alpha}_1=(2,1,3,1)$，
$\boldsymbol{\alpha}_2=(2,2,5,2)$，
$\boldsymbol{\alpha}_3=(2,0,1,0)$；

（2）$\boldsymbol{\alpha}_1=(1,1,0,0)$，
$\boldsymbol{\alpha}_2=(0,0,1,1)$，
$\boldsymbol{\alpha}_3=(1,2,3,4)$，
$\boldsymbol{\alpha}_4=(2,3,4,5)$；

（3）$\boldsymbol{\alpha}_1=(2,1,3,-1)$，
$\boldsymbol{\alpha}_2=(1,-1,3,-1)$，
$\boldsymbol{\alpha}_3=(4,5,3,-1)$，
$\boldsymbol{\alpha}_4=(1,5,-3,1)$.

4. 设 V_1,V_2 都是$\mathbb{R}^n$ 的子空间，证明：它们的交集

$$V_1\cap V_2=\{\boldsymbol{\alpha}\mid\boldsymbol{\alpha}\in V_1,\boldsymbol{\alpha}\in V_2\}$$

也是$\mathbb{R}^n$ 的一个子空间.

5. 证明：如果 V_1 是 V 的子空间，则有 $\dim V_1\leqslant\dim V$.

2.5 欧氏空间

前面几节，我们以几何空间中的向量作为线性空间的具体模型，得到 n 维向量和 n 维向量空间的概念. 但是，在向量空间中，向量空间的基本运算只有

线性运算：加法和数乘. 而在几何空间中，向量还有度量性质：长度，夹角，距离等. 因为向量的度量性质在许多问题中都有重要的地位. 因此，这一节我们介绍向量的一些度量概念.

在解析几何中我们看到，向量的度量性质都可以通过内积来表示，而且向量的内积有明显的代数性质. 所以在 n 维向量空间的关于度量性质的讨论中，我们以内积作为基本的概念.

定义 2.13　设

$$\boldsymbol{\alpha}=(a_1,a_2,\cdots,a_n),\quad \boldsymbol{\beta}=(b_1,b_2,\cdots,b_n)$$

是向量空间$\mathbb{R}^n$ 中两个向量，$\boldsymbol{\alpha},\boldsymbol{\beta}$ 的**内积**$(\boldsymbol{\alpha},\boldsymbol{\beta})$规定为

$$(\boldsymbol{\alpha},\boldsymbol{\beta})=a_1b_1+a_2b_2+\cdots+a_nb_n.$$

向量的内积具有下列性质：

(1) $(\boldsymbol{\alpha},\boldsymbol{\beta})=(\boldsymbol{\beta},\boldsymbol{\alpha})$,

(2) $(\boldsymbol{\alpha}_1+\boldsymbol{\alpha}_2,\boldsymbol{\beta})=(\boldsymbol{\alpha}_1,\boldsymbol{\beta})+(\boldsymbol{\alpha}_2,\boldsymbol{\beta})$,

(3) $(k\boldsymbol{\alpha},\boldsymbol{\beta})=k(\boldsymbol{\alpha},\boldsymbol{\beta})$.

这些性质都可以直接从内积的定义推得. 请读者自己验证一下.

定义 2.14　如果向量$\boldsymbol{\alpha}$ 与$\boldsymbol{\beta}$ 的内积为 0，即$(\boldsymbol{\alpha},\boldsymbol{\beta})=0$，则称$\boldsymbol{\alpha}$ 与$\boldsymbol{\beta}$ **正交**.

由定义可知，n 维零向量与任一个 n 维向量都正交，而且，如果 n 维向量$\boldsymbol{\alpha}$ 与任一个 n 维向量都正交，那么$\boldsymbol{\alpha}$ 一定是零向量.

定义 2.15　设$\boldsymbol{\alpha}=(a_1,a_2,\cdots,a_n)$是一个 n 维向量，令 $\|\boldsymbol{\alpha}\|=\sqrt{(\boldsymbol{\alpha},\boldsymbol{\alpha})}$，$\|\boldsymbol{\alpha}\|$ 称为$\boldsymbol{\alpha}$ 的**长度**. 如果 $\|\boldsymbol{\alpha}\|=1$，则$\boldsymbol{\alpha}$ 称为**单位向量**.

因为$\boldsymbol{\alpha}=(a_1,a_2,\cdots,a_n)$，其中 $a_i(i=1,2,\cdots,n)$都是实数，所以$(\boldsymbol{\alpha},\boldsymbol{\alpha})=a_1^2+a_2^2+\cdots+a_n^2\geqslant 0$，$\|\boldsymbol{\alpha}\|$ 总是有意义的.

从定义可知：$\|\boldsymbol{\alpha}\|=0$ 的充分必要条件是$\boldsymbol{\alpha}=\mathbf{0}$；$\boldsymbol{\alpha}$ 是单位向量的充分必要条件是$(\boldsymbol{\alpha},\boldsymbol{\alpha})=1$.

如果$\boldsymbol{\alpha}\neq\mathbf{0}$，那么$\dfrac{1}{\|\boldsymbol{\alpha}\|}\boldsymbol{\alpha}$ 是一个与$\boldsymbol{\alpha}$ 成比例的单位向量. 从$\boldsymbol{\alpha}$ 得到单位向量$\dfrac{1}{\|\boldsymbol{\alpha}\|}\boldsymbol{\alpha}$ 的方法，称为将$\boldsymbol{\alpha}$ **单位化**.

我们还可以定义两个非零向量$\boldsymbol{\alpha},\boldsymbol{\beta}$ 间的夹角$(\boldsymbol{\alpha},\boldsymbol{\beta})$及$\boldsymbol{\alpha},\boldsymbol{\beta}$ 间的距离 $d(\boldsymbol{\alpha},\boldsymbol{\beta})$：

$$\cos(\boldsymbol{\alpha},\boldsymbol{\beta})=\frac{(\boldsymbol{\alpha},\boldsymbol{\beta})}{\|\boldsymbol{\alpha}\|\cdot\|\boldsymbol{\beta}\|},$$

$$d(\boldsymbol{\alpha},\boldsymbol{\beta})=\|\boldsymbol{\alpha}-\boldsymbol{\beta}\|.$$

这样定义的夹角、距离也满足几何空间中的一些规律，如勾股定理、三角不等

式等，这里就不仔细讨论了. 有兴趣的读者可以自己推导一下.

定义 2.16 如果向量组$\boldsymbol{\alpha}_1,\boldsymbol{\alpha}_2,\cdots,\boldsymbol{\alpha}_s$中任意两个向量都正交，而且每个$\boldsymbol{\alpha}_i(i=1,2,\cdots,s)$都不是零向量. 那么，这个向量组就称为**正交向量组**，由单位向量构成的正交向量组称为**正交单位向量组**.

关于正交向量组，有下列重要性质.

定理 2.9 正交向量组一定是线性无关的.

证明 设$\boldsymbol{\alpha}_1,\boldsymbol{\alpha}_2,\cdots,\boldsymbol{\alpha}_s$是一个正交向量组，如果

$$k_1\boldsymbol{\alpha}_1+k_2\boldsymbol{\alpha}_2+\cdots+k_s\boldsymbol{\alpha}_s=\boldsymbol{0},$$

那么

$$(\boldsymbol{\alpha}_i,k_1\boldsymbol{\alpha}_1+k_2\boldsymbol{\alpha}_2+\cdots+k_s\boldsymbol{\alpha}_s)=0\quad(i=1,2,\cdots,s),$$

展开，得

$$k_1(\boldsymbol{\alpha}_i,\boldsymbol{\alpha}_1)+k_2(\boldsymbol{\alpha}_i,\boldsymbol{\alpha}_2)+\cdots+k_s(\boldsymbol{\alpha}_i,\boldsymbol{\alpha}_s)=0.$$

因为$\boldsymbol{\alpha}_i$与$\boldsymbol{\alpha}_1,\cdots,\boldsymbol{\alpha}_{i-1},\boldsymbol{\alpha}_{i+1},\cdots,\boldsymbol{\alpha}_s$都正交，所以

$$k_i(\boldsymbol{\alpha}_i,\boldsymbol{\alpha}_i)=0.$$

又因$\boldsymbol{\alpha}_i\neq\boldsymbol{0}$，所以$(\boldsymbol{\alpha}_i,\boldsymbol{\alpha}_i)\neq 0$，由此得

$$k_i=0\quad(i=1,2,\cdots,s).$$

这说明$\boldsymbol{\alpha}_1,\boldsymbol{\alpha}_2,\cdots,\boldsymbol{\alpha}_s$是线性无关的.

例如，n个n维基本向量就是一个正交单位向量组.

在n维向量空间$\mathbb{R}^n$及其子空间中引进内积后，就称为**欧几里得空间**，简称**欧氏空间**. 欧氏空间中由正交单位向量组成的基称为**标准正交基**.

为了找出欧氏空间的标准正交基，也就是找出与给定的线性无关组等价的正交单位向量组，我们介绍**施密特正交化方法**.

定理 2.10 设$\boldsymbol{\alpha}_1,\boldsymbol{\alpha}_2,\cdots,\boldsymbol{\alpha}_s$是一组线性无关的向量，那么，可以找到一组正交的向量$\boldsymbol{\beta}_1,\boldsymbol{\beta}_2,\cdots,\boldsymbol{\beta}_s$，使得$\boldsymbol{\alpha}_1,\boldsymbol{\alpha}_2,\cdots,\boldsymbol{\alpha}_i$与$\boldsymbol{\beta}_1,\boldsymbol{\beta}_2,\cdots,\boldsymbol{\beta}_i(i=1,2,\cdots,s)$等价.

证明 只要依次令

$$\begin{aligned}
\boldsymbol{\beta}_1&=\boldsymbol{\alpha}_1,\\
\boldsymbol{\beta}_2&=\boldsymbol{\alpha}_2-\frac{(\boldsymbol{\alpha}_2,\boldsymbol{\beta}_1)}{(\boldsymbol{\beta}_1,\boldsymbol{\beta}_1)}\boldsymbol{\beta}_1\\
\boldsymbol{\beta}_3&=\boldsymbol{\alpha}_3-\frac{(\boldsymbol{\alpha}_3,\boldsymbol{\beta}_1)}{(\boldsymbol{\beta}_1,\boldsymbol{\beta}_1)}\boldsymbol{\beta}_1-\frac{(\boldsymbol{\alpha}_3,\boldsymbol{\beta}_2)}{(\boldsymbol{\beta}_2,\boldsymbol{\beta}_2)}\boldsymbol{\beta}_2,\\
&\ \ \vdots\\
\boldsymbol{\beta}_s&=\boldsymbol{\alpha}_s-\frac{(\boldsymbol{\alpha}_s,\boldsymbol{\beta}_1)}{(\boldsymbol{\beta}_1,\boldsymbol{\beta}_1)}\boldsymbol{\beta}_1-\cdots-\frac{(\boldsymbol{\alpha}_s,\boldsymbol{\beta}_{s-1})}{(\boldsymbol{\beta}_{s-1},\boldsymbol{\beta}_{s-1})}\boldsymbol{\beta}_{s-1}
\end{aligned}$$

即可.

这个证明给出了求与已知线性无关向量组等价的正交向量组的方法，如果再将所得的正交向量组单位化，即令

$$\boldsymbol{\gamma}_i = \frac{1}{\|\boldsymbol{\beta}_i\|}\boldsymbol{\beta}_i \quad (i=1,2,\cdots,s),$$

就得到一组与$\boldsymbol{\alpha}_1,\boldsymbol{\alpha}_2,\cdots,\boldsymbol{\alpha}_s$ 等价的正交单位向量组$\boldsymbol{\gamma}_1,\boldsymbol{\gamma}_2,\cdots,\boldsymbol{\gamma}_s$.

例 2.15　(1) 求与向量组

$$\boldsymbol{\alpha}_1=(1,1,-1,-1),$$
$$\boldsymbol{\alpha}_2=(1,2,3,4),$$
$$\boldsymbol{\alpha}_3=(1,3,1,0)$$

等价的正交单位向量组.

(2) 令 $V=L(\boldsymbol{\alpha}_1,\boldsymbol{\alpha}_2,\boldsymbol{\alpha}_3)$，求 V 的一组标准正交基.

解　(1) 令

$$\boldsymbol{\beta}_1=\boldsymbol{\alpha}_1=(1,1,-1,-1),$$

$$\begin{aligned}\boldsymbol{\beta}_2&=\boldsymbol{\alpha}_2-\frac{(\boldsymbol{\alpha}_2,\boldsymbol{\beta}_1)}{(\boldsymbol{\beta}_1,\boldsymbol{\beta}_1)}\boldsymbol{\beta}_1,\\&=(1,2,3,4)-\frac{-4}{4}(1,1,-1,-1)\\&=(2,3,2,3),\end{aligned}$$

$$\begin{aligned}\boldsymbol{\beta}_3&=\boldsymbol{\alpha}_3-\frac{(\boldsymbol{\alpha}_3,\boldsymbol{\beta}_1)}{(\boldsymbol{\beta}_1,\boldsymbol{\beta}_1)}\boldsymbol{\beta}_1-\frac{(\boldsymbol{\alpha}_3,\boldsymbol{\beta}_2)}{(\boldsymbol{\beta}_2,\boldsymbol{\beta}_2)}\boldsymbol{\beta}_2\\&=(1,3,1,0)-\frac{3}{4}(1,1,-1,-1)-\frac{13}{26}(2,3,2,3)\\&=\frac{1}{4}(-3,3,3,-3).\end{aligned}$$

$\boldsymbol{\beta}_1,\boldsymbol{\beta}_2,\boldsymbol{\beta}_3$ 就是与$\boldsymbol{\alpha}_1,\boldsymbol{\alpha}_2,\boldsymbol{\alpha}_3$ 等价的正交向量组.

再将$\boldsymbol{\beta}_1,\boldsymbol{\beta}_2,\boldsymbol{\beta}_3$ 单位化，令

$$\boldsymbol{\gamma}_1=\frac{1}{\|\boldsymbol{\beta}_1\|}\boldsymbol{\beta}_1=\left(\frac{1}{2},\frac{1}{2},-\frac{1}{2},-\frac{1}{2}\right),$$

$$\boldsymbol{\gamma}_2=\frac{1}{\|\boldsymbol{\beta}_2\|}\boldsymbol{\beta}_2=\left(\frac{2}{\sqrt{26}},\frac{3}{\sqrt{26}},\frac{2}{\sqrt{26}},\frac{3}{\sqrt{26}}\right),$$

$$\boldsymbol{\gamma}_3=\frac{1}{\|\boldsymbol{\beta}_3\|}\boldsymbol{\beta}_3=\left(-\frac{1}{2},\frac{1}{2},\frac{1}{2},-\frac{1}{2}\right).$$

那么，$\boldsymbol{\gamma}_1,\boldsymbol{\gamma}_2,\boldsymbol{\gamma}_3$ 就是与$\boldsymbol{\alpha}_1,\boldsymbol{\alpha}_2,\boldsymbol{\alpha}_3$ 等价的正交单位向量组.

(2) $\boldsymbol{\gamma}_1,\boldsymbol{\gamma}_2,\boldsymbol{\gamma}_3$ 是 V 的一组标准正交基.

最后我们指出：$\mathbb{R}^n$ 中任意一个正交单位向量组都可扩充成$\mathbb{R}^n$ 的一组标准正交基.

习题 2.5

1. 计算$(\boldsymbol{\alpha},\boldsymbol{\beta})$.

(1) $\boldsymbol{\alpha}=(1,1,1,1)$, $\boldsymbol{\beta}=(1,-2,3,-4)$;

(2) $\boldsymbol{\alpha}=\left(1,\frac{1}{2},\frac{1}{3},\frac{1}{4}\right)$, $\boldsymbol{\beta}=(1,-2,3,4)$.

2. 设

$$\begin{aligned}\boldsymbol{\alpha}_1&=(1,1,1,1),\\ \boldsymbol{\alpha}_2&=(1,1,1,0),\\ \boldsymbol{\alpha}_3&=(1,1,0,0),\end{aligned}$$

求与向量组$\boldsymbol{\alpha}_1,\boldsymbol{\alpha}_2,\boldsymbol{\alpha}_3$等价的正交单位向量组.

3. 设$\boldsymbol{\alpha}_1,\boldsymbol{\alpha}_2,\boldsymbol{\alpha}_3$同上题,求一个与$\boldsymbol{\alpha}_1,\boldsymbol{\alpha}_2,\boldsymbol{\alpha}_3$都正交的单位向量.

4. 设$\boldsymbol{\beta}$与$\boldsymbol{\alpha}_1,\boldsymbol{\alpha}_2,\cdots,\boldsymbol{\alpha}_s$都正交.试证:$\boldsymbol{\beta}$与$\boldsymbol{\alpha}_1,\boldsymbol{\alpha}_2,\boldsymbol{\alpha}_3,\cdots,\boldsymbol{\alpha}_s$的任一个线性组合也正交.

5. 设$V=L(\boldsymbol{\alpha}_1,\boldsymbol{\alpha}_2,\boldsymbol{\alpha}_3)$,其中

$$\begin{aligned}\boldsymbol{\alpha}_1&=(1,1,1,1),\\ \boldsymbol{\alpha}_2&=(1,1,1,0),\\ \boldsymbol{\alpha}_3&=(1,1,0,0).\end{aligned}$$

求欧氏空间V的一组标准正交基,并将它扩充成$\mathbb{R}^4$的一组标准正交基.

2.6 线性方程组解的结构

这一节应用n维向量空间的一些概念和结论,来讨论线性方程组的解的结构问题.在方程组只有唯一解的情形,当然没有什么结构问题,只要把这个解求出来就行了.在方程组有无穷多个解的情况下,所谓解的结构问题,就是解与解之间的关系问题.我们以前应用消元法求出一般解,给出了每个解的一般表达式并求出解集合.这一节应用向量的概念来证明,在线性方程组有无穷多解的情形,全部的解都可以用有限多个解表示出来并给出具体的计算方法.

以下的讨论当然都是对于有解的情况讲的,这一点就不再每次都说明了.

n元线性方程组的解可以看作n维向量.在解不是唯一的情况下,同一个线性方程组的解向量之间有什么关系呢?先来讨论齐次线性方程组的情形.对于齐次线性方程组

$$\begin{cases} a_{11}x_1 + a_{12}x_2 + \cdots + a_{1n}x_n = 0, \\ a_{21}x_1 + a_{22}x_2 + \cdots + a_{2n}x_n = 0, \\ \qquad \vdots \\ a_{s1}x_1 + a_{s2}x_2 + \cdots + a_{sn}x_n = 0. \end{cases} \tag{2.22}$$

它的解具有下面两个重要性质.

(1) 两个解的和还是方程组的解.

证明　设$(k_1,k_2,\cdots,k_n)$与$(l_1,l_2,\cdots,l_n)$是方程组(2.22)的两个解,这就是说,把它们代入方程组(2.22)后,每个方程都成为恒等式,即

$$a_{i1}k_1 + a_{i2}k_2 + \cdots + a_{in}k_n = 0 \quad (i = 1,2,\cdots,s),$$
$$a_{i1}l_1 + a_{i2}l_2 + \cdots + a_{in}l_n = 0 \quad (i = 1,2,\cdots,s).$$

把这两个解的和$(k_1+l_1,k_2+l_2,\cdots,k_n+l_n)$代入第$i$个方程的左边,得

$$\begin{aligned} & a_{i1}(k_1 + l_1) + a_{i2}(k_2 + l_2) + \cdots + a_{in}(k_n + l_n) \\ = & (a_{i1}k_1 + a_{i2}k_2 + \cdots + a_{in}k_n) + (a_{i1}l_1 + a_{i2}l_2 + \cdots + a_{in}l_n) \\ = & 0 + 0 = 0 \quad (i = 1,2,\cdots,s). \end{aligned}$$

这说明方程组(2.22)的两个解的和确实是方程组(2.22)的解.

(2) 解的倍数还是方程组的解.

证明　设$(k_1,k_2,\cdots,k_n)$是方程组(2.22)的一个解,那么

$$a_{i1}k_1 + a_{i2}k_2 + \cdots + a_{in}k_n = 0 \quad (i = 1,2,\cdots,s),$$

于是

$$\begin{aligned} a_{i1}(ck_1) + a_{i1}(ck_2) + \cdots + a_{in}(ck_n) &= c(a_{i1}k_1 + a_{i2}k_2 + \cdots + a_{in}k_n) \\ &= c \cdot 0 = 0. \end{aligned}$$

这说明$(ck_1,ck_2,\cdots,ck_n)$也是方程组(2.22)的解,即解的倍数也是解.

综合以上两点,可知,对于齐次线性方程组,解的线性组合还是解.也就是说,齐次线性方程组(2.22)的解集合,对于线性运算是封闭的,成为$\mathbb{R}^n$的一个子空间.

定义 2.17　齐次线性方程组(2.22)的解的全体构成$\mathbb{R}^n$的一个子空间,称为(2.22)的**解空间**.

问题是,如何找出这个子空间呢?根据我们上一节的讨论,要决定一个子空间,主要要决定它的维数和基.当(2.22)只有零解时,它的解空间就是零子空间,维数为0,没有基;当(2.22)有非零解时,我们引入下列概念.

定义 2.18　设$\boldsymbol{\eta}_1,\boldsymbol{\eta}_2,\cdots,\boldsymbol{\eta}_t$是齐次线性方程组(2.22)的一组解,如果

(1) $\boldsymbol{\eta}_1,\boldsymbol{\eta}_2,\cdots,\boldsymbol{\eta}_t$线性无关;

(2) 方程组(2.22)的任一个解都能表示成$\boldsymbol{\eta}_1,\boldsymbol{\eta}_2,\cdots,\boldsymbol{\eta}_t$的线性组合.则$\boldsymbol{\eta}_1,\boldsymbol{\eta}_2,\cdots,\boldsymbol{\eta}_t$称为方程组(2.22)的一个**基础解系**.

定义中的条件(2)保证了方程组(2.22)的全部解都可以由$\boldsymbol{\eta}_1,\boldsymbol{\eta}_2,\cdots,\boldsymbol{\eta}_t$线

性表出. 而条件(1)是为了保证基础解系中没有多余的解. 否则,若$\boldsymbol{\eta}_1,\boldsymbol{\eta}_2,\cdots,\boldsymbol{\eta}_t$是线性相关的话,那么其中有一个可以表示成其他解的线性组合,譬如说,$\boldsymbol{\eta}_t$可以表示成$\boldsymbol{\eta}_1,\boldsymbol{\eta}_2,\cdots,\boldsymbol{\eta}_{t-1}$的线性组合,于是$\boldsymbol{\eta}_1,\boldsymbol{\eta}_2,\cdots,\boldsymbol{\eta}_{t-1}$也满足条件(2).

事实上,如果用线性空间的语言来刻画的话,基础解系就是解空间的**基**. 从理论上讲,它一定是存在的. 但是,解空间的维数是多少? 如何求出它的基也就是如何求出基础解系呢? 下述定理的证明解决了这个问题.

定理 2.11 如果齐次线性方程组(2.22)有非零解,那么它一定有基础解系,并且基础解系所含解的个数等于$n-r$,这里r表示系数矩阵的秩.

证明 设方程组(2.22)的系数矩阵的秩为r,不妨假设方程组(2.22)经过初等变换后化为阶梯方程组

$$\begin{cases} c_{11}x_1+c_{12}x_2+\cdots+c_{1r}x_r+c_{1r+1}x_{r+1}+\cdots+c_{1n}x_n=0, \\ \qquad c_{22}x_2+\cdots+c_{2r}x_r+c_{2r+1}x_{r+1}+\cdots+c_{2n}x_n=0, \\ \qquad\qquad \vdots \\ \qquad\qquad c_{rr}x_r+c_{rr+1}x_{r+1}+\cdots+c_{rn}x_n=0, \end{cases}$$

其中$c_{ii}\neq 0(i=1,2,\cdots,r)$. 将$x_{r+1},\cdots,x_n$移到右边,改写成

$$\begin{cases} c_{11}x_1+c_{12}x_2+\cdots+c_{1r}x_r=-c_{1r+1}x_{r+1}-\cdots-c_{1n}x_n, \\ \qquad c_{22}x_2+\cdots+c_{2r}x_r=-c_{2r+1}x_{r+1}-\cdots-c_{2n}x_n, \\ \qquad \vdots \\ \qquad\qquad c_{rr}x_r=-c_{rr+1}x_{r+1}-\cdots-c_{rn}x_n. \end{cases} \tag{2.23}$$

如果$r=n$,那么方程组有唯一解,即只有零解. 当然没有基础解系(即解空间为零子空间的情形). 如果方程组有非零解,则必有$r<n$. 此时有$n-r$个自由未知量:$x_{r+1},\cdots,x_n$. 把自由未知量的任意一组值$(c_{r+1},c_{r+2},\cdots,c_n)$代入方程组(2.23),就可解出唯一的$x_1,x_2,\cdots,x_r$,从而得到方程组(2.22)的一个解. 而且只要在方程组(2.22)的两个解中自由未知量的取值一样,这两个解就完全相同. 特别地,如果自由未知量的值全为零,那么这个解就一定是零解.

在方程组(2.23)中分别用$n-r$组数

$$(1,0,\cdots,0),(0,1,\cdots,0),\cdots,(0,0,\cdots,1) \tag{2.24}$$

代替自由未知量$(x_{r+1},\cdots,x_n)$,得出方程组(2.23),也就是方程组(2.22)的$n-r$个解:

$$\begin{cases} \boldsymbol{\eta}_1=(c_{11},\cdots,c_{1r},1,0,\cdots,0), \\ \boldsymbol{\eta}_2=(c_{21},\cdots,c_{2r},0,1,\cdots,0), \\ \qquad \vdots \\ \boldsymbol{\eta}_{n-r}=(c_{n-r,1},\cdots,c_{n-r,r},0,0,\cdots,1). \end{cases} \tag{2.25}$$

现在来证明(2.25)就是方程组(2.22)的一个基础解系. 首先证明$\boldsymbol{\eta}_1,\boldsymbol{\eta}_2,\cdots,\boldsymbol{\eta}_{n-r}$是线性无关的. 因为向量组(2.25)可以看成是由向量组(2.24)在每个向

量中添加 r 个分量而得到的，而向量组(2.24)是 $n-r$ 个 $n-r$ 维基本向量，所以是线性无关的，因此向量组(2.25)也是线性无关的.

下面来证明方程组(2.22)的任一个解都可以由 $\boldsymbol{\eta}_1,\boldsymbol{\eta}_2,\cdots,\boldsymbol{\eta}_{n-r}$ 线性表出. 设

$$\boldsymbol{\eta}=(c_1,\cdots,c_r,c_{r+1},\cdots,c_n) \tag{2.26}$$

是(2.22)的一个解. 由于 $\boldsymbol{\eta}_1,\boldsymbol{\eta}_2,\cdots,\boldsymbol{\eta}_{n-r}$ 都是方程组(2.22)的解，所以它们的线性组合

$$c_{r+1}\boldsymbol{\eta}_1+c_{r+2}\boldsymbol{\eta}_2+\cdots+c_n\boldsymbol{\eta}_{n-r} \tag{2.27}$$

也是方程组(2.22)的一个解. 比较(2.26)和(2.27)的最后 $n-r$ 个分量可知：这两个解的自由未知量有相同的值，因而这两个解完全一样，即

$$\boldsymbol{\eta}=c_{r+1}\boldsymbol{\eta}_1+c_{r+2}\boldsymbol{\eta}_2+\cdots+c_n\boldsymbol{\eta}_{n-r}.$$

这就是说，方程组(2.22)的任意一个解都可以表示成 $\boldsymbol{\eta}_1,\boldsymbol{\eta}_2,\cdots,\boldsymbol{\eta}_{n-r}$ 的线性组合. 以上两点说明 $\boldsymbol{\eta}_1,\boldsymbol{\eta}_2,\cdots,\boldsymbol{\eta}_{n-r}$ 确是方程组(2.22)的一个基础解系，也就是证明了齐次线性方程组的确有基础解系.

证明中给出的这个基础解系是由 $n-r$ 个解组成的. 至于方程组(2.22)其他的基础解系，由定义可知，都是与这个基础解系等价的，同时它们也都是线性无关的，因此包含的向量个数也是相同的. 这就证明了方程组(2.22)的基础解系所包含的解的个数都等于 $n-r$.

定理的证明给出了一个具体找基础解系的方法. 从证明中可以看出，$n-r$ 也就是自由未知量的个数，并且从基础解系的定义及齐次线性方程组解的性质可知齐次线性方程组(2.22)的全部解就是

$$\{k_1\boldsymbol{\eta}_1+k_2\boldsymbol{\eta}_2+\cdots+k_{n-r}\boldsymbol{\eta}_{n-r}\},$$

其中 $k_1,k_2,\cdots,k_{n-r}$ 是任意数.

从定义可知，基础解系就是解空间的一组基，解空间的维数就等于基础解系中解的个数 $n-r$. 如果 $\boldsymbol{\eta}_1,\boldsymbol{\eta}_2,\cdots,\boldsymbol{\eta}_{n-r}$ 是一个基础解系. 那么解空间就是

$$L(\boldsymbol{\eta}_1,\boldsymbol{\eta}_2,\cdots,\boldsymbol{\eta}_{n-r}),$$

其维数当然就是 $n-r$ 了. 反过来也可看到，解空间的任一组基，都可取作基础解系. 也就说，与某个基础解系等价的线性无关的向量组，都可取作基础解系.

下面举例来具体说明基础解系的求法.

例 2.16　求线性方程组

$$\begin{cases} x_1-x_2+x_3+x_4+x_5=0,\\ 3x_1-2x_2+x_3-3x_5=0,\\ -x_2+2x_3+3x_4+6x_5=0,\\ 5x_1-4x_2+3x_3+2x_4+6x_5=0 \end{cases}$$

的一个基础解系,并用基础解系表示出全部解.

解 应用初等行变换将系数矩阵化为阶梯形

$$\boldsymbol{A}=\begin{pmatrix}1&-1&1&1&1\\3&-2&1&0&-3\\0&-1&2&3&6\\5&-4&3&2&6\end{pmatrix}\rightarrow\begin{pmatrix}1&-1&1&1&1\\0&1&-2&-3&-6\\0&-1&2&3&6\\0&1&-2&-3&1\end{pmatrix}$$

$$\rightarrow\begin{pmatrix}1&-1&1&1&1\\0&1&-2&-3&-6\\0&0&0&0&1\\0&0&0&0&0\end{pmatrix}$$

得同解方程组

$$\begin{cases}x_1-x_2+x_3+x_4+x_5=0,\\ \qquad x_2-2x_3-3x_4-6x_5=0,\\ \qquad\qquad x_5=0.\end{cases}$$

取 x_3,x_4 为自由未知量,将方程组改写成

$$\begin{cases}x_1-x_2+x_5=-x_3-x_4,\\ \qquad x_2-6x_5=2x_3+3x_4,\\ \qquad\qquad x_5=0.\end{cases}$$

求得一般解

$$\begin{cases}x_1=x_3+2x_4,\\x_2=2x_3+3x_4,\\x_5=0,\end{cases}$$

其中 x_3,x_4 为自由未知量.

将 $x_3=1,x_4=0$ 代入,得一个解

$$\boldsymbol{\eta}_1=(1,2,1,0,0).$$

将 $x_3=0,x_4=1$ 代入,得另一个解

$$\boldsymbol{\eta}_2=(2,3,0,1,0).$$

由此得到线性方程组的一个基础解系 $\boldsymbol{\eta}_1,\boldsymbol{\eta}_2$. 而这个齐次线性方程组的全部解为

$$\{k_1\boldsymbol{\eta}_1+k_2\boldsymbol{\eta}_2 \mid k_1,k_2 \text{ 为任意数}\}.$$

还可知道,这个齐次线性方程组的解空间为

$$L(\boldsymbol{\eta}_1,\boldsymbol{\eta}_2)$$

其维数为 2; $\boldsymbol{\eta}_1,\boldsymbol{\eta}_2$ 是它的一组基.

用解空间的看法来讨论齐次线性方程组的解集合,在处理某些问题时,

有其方便之处.

例 2.17 设 V_1 是齐次线性方程组

$$\begin{cases} a_{11}x_1+a_{12}x_2+\cdots+a_{1n}x_n=0, \\ a_{21}x_1+a_{22}x_2+\cdots+a_{2n}x_n=0, \\ \qquad\vdots \\ a_{s1}x_1+a_{s2}x_2+\cdots+a_{sn}x_n=0 \end{cases} \tag{2.28}$$

的解空间；V_2 是齐次线性方程组

$$\begin{cases} c_{11}x_1+c_{12}x_2+\cdots+c_{1n}x_n=0, \\ c_{21}x_1+c_{22}x_2+\cdots+c_{2n}x_n=0, \\ \qquad\vdots \\ c_{t1}x_1+c_{t2}x_2+\cdots+c_{tn}x_n=0 \end{cases} \tag{2.29}$$

的解空间. 求证：齐次线性方程组

$$\begin{cases} a_{11}x_1+a_{12}x_2+\cdots+a_{1n}x_n=0, \\ \qquad\vdots \\ a_{s1}x_1+a_{s2}x_2+\cdots+a_{sn}x_n=0, \\ c_{11}x_1+c_{12}x_2+\cdots+c_{1n}x_n=0, \\ \qquad\vdots \\ c_{t1}x_1+c_{t2}x_2+\cdots+c_{tn}x_n=0 \end{cases} \tag{2.30}$$

的解空间是 $V_1\cap V_2$.

证明 首先 $V_1\cap V_2$ 中的向量都是(2.28)的解，也都是(2.29)的解. 因此是(2.30)的解，反之，凡是(2.30)的解一定满足前 s 个方程，故是(2.28)的解，因此属于 V_1；(2.30)的解还满足后 t 个方程，因此是(2.29)的解，属于 V_2. 所以(2.30)的解属于 $V_1\cap V_2$. 由此可知(2.30)的解空间就是 $V_1\cap V_2$.

下面来讨论一般线性方程组的解的结构.

如果把一般线性方程组

$$\begin{cases} a_{11}x_1+a_{12}x_2+\cdots+a_{1n}x_n=b_1, \\ a_{21}x_1+a_{22}x_2+\cdots+a_{2n}x_n=b_2, \\ \qquad\vdots \\ a_{s1}x_1+a_{s2}x_2+\cdots+a_{sn}x_n=b_s \end{cases} \tag{2.31}$$

的常数项都换成 0，就得到齐次线性方程组(2.22). 方程组(2.22)称为方程组(2.31)的**导出组**. 一般线性方程组的解与其导出组的解之间有密切的关系.

(1) 线性方程组(2.31)的两个解的差是它的导出组(2.22)的解.

证明 设 $\boldsymbol{\alpha}=(k_1,k_2,\cdots,k_n)$，$\boldsymbol{\beta}=(l_1,l_2,\cdots,l_n)$ 是(2.31)的两个解：

$$a_{i1}k_1+a_{i2}k_2+\cdots+a_{in}k_n=b_i \quad (i=1,2,\cdots,s),$$
$$a_{i1}l_1+a_{i2}l_2+\cdots+a_{in}l_n=b_i \quad (i=1,2,\cdots,s),$$

于是

$$\begin{aligned}&a_{i1}(k_1-l_1)+a_{i2}(k_2-l_2)+\cdots+a_{in}(k_n-l_n)\\&\quad=b_i-b_i=0 \quad (i=1,2,\cdots,s).\end{aligned}$$

这说明$\boldsymbol{\alpha}-\boldsymbol{\beta}=(k_1-l_1,k_2-l_2,\cdots,k_n-l_n)$是方程组(2.22)的解.

(2) 线性方程组(2.31)的一个解与它的导出组(2.22)的一个解的和是方程组(2.31)的一个解.

证明 设$\boldsymbol{\alpha}=(k_1,k_2,\cdots,k_n)$是方程组(2.31)的一个解,即

$$a_{i1}k_1+a_{i2}k_2+\cdots+a_{in}k_n=b_i \quad (i=1,2,\cdots,s).$$

再设$\boldsymbol{\beta}=(l_1,l_2,\cdots,l_n)$是导出组(2.22)的一个解,即

$$a_{i1}l_1+a_{i2}l_2+\cdots+a_{in}l_n=0 \quad (i=1,2,\cdots,s).$$

于是

$$\begin{aligned}&a_{i1}(k_1+l_1)+a_{i2}(k_2+l_2)+\cdots+a_{in}(k_2+l_2)\\&=(a_{i1}k_1+a_{i2}k_2+\cdots+a_{in}k_n)+(a_{i1}l_1+a_{i2}l_2+\cdots+a_{in}l_n)\\&=b_i+0=b_i \quad (i=1,2,\cdots,s).\end{aligned}$$

这说明$\boldsymbol{\alpha}+\boldsymbol{\beta}$是(2.31)的一个解.

根据上述两点很容易证明:

定理 2.12 如果$\boldsymbol{\gamma}_0$是方程组(2.31)的一个解,那么方程组(2.31)的任一个解都可以表示成

$$\boldsymbol{\gamma}=\boldsymbol{\gamma}_0+\boldsymbol{\eta} \tag{2.32}$$

的形式,其中$\boldsymbol{\eta}$是方程组(2.31)的导出组(2.22)的一个解.

证明 $\boldsymbol{\gamma}$与$\boldsymbol{\gamma}_0$的差是导出组(2.22)的一个解.令

$$\boldsymbol{\eta}=\boldsymbol{\gamma}-\boldsymbol{\gamma}_0,$$

即得

$$\boldsymbol{\gamma}=\boldsymbol{\gamma}_0+\boldsymbol{\eta}.$$

既然方程组(2.31)的任一个解都能表示成(2.32)的形式,而且形如(2.32)的向量当然都是方程组(2.31)的解.那么当$\boldsymbol{\eta}$取遍导出组(2.22)的全部解的时候,

$$\boldsymbol{\gamma}=\boldsymbol{\gamma}_0+\boldsymbol{\eta}$$

就取遍方程组(2.31)的全部解.因此,要找出一个线性方程组的全部解,只要找出它的一个解及它的导出组的全部解就行了.由于导出组是一个齐次线性方程组,所以它的解的全体可以用基础解系来表出.于是,可以用导出组的基础解系来表示出一般线性方程组的全部解:取定方程组(2.31)的一个解$\boldsymbol{\gamma}_0$,再找出导出组的一个基础解系$\boldsymbol{\eta}_1,\boldsymbol{\eta}_2,\cdots,\boldsymbol{\eta}_{n-r}$,那么方程组(2.31)的任一个解

$\boldsymbol{\gamma}$都可以表示成

$$\boldsymbol{\gamma}=\boldsymbol{\gamma}_0+k_1\boldsymbol{\eta}_1+k_2\boldsymbol{\eta}_2+\cdots+k_{n-r}\boldsymbol{\eta}_{n-r},$$

其中$\boldsymbol{\gamma}_0$称为线性方程组(2.31)的一个特解(方程组(2.31)的任一个解都可取作特解).

因此,线性方程组(2.31)的解集合就是

$$\{\gamma_0+k_1\eta_1+k_2\eta_2+\cdots+k_{n-r}\eta_{n-r}\}.$$

其中$k_1,k_2,\cdots,k_{n-r}$是任意数.

为了方便,将线性方程组的导出组的基础解系称为这个线性方程组的基础解系.

推论2.4　在线性方程组(2.31)有解的前提下,解唯一的充分必要条件是它的导出组(2.22)只有零解.

证明　充分性:如果方程组(2.31)有两个不同的解,那么它们的差就是导出组的一个非零解.因此,如果导出组只有零解,那么方程组(2.31)只有唯一解.

必要性:如果导出组有非零解,那么这个解与方程组(2.31)的一个解的和就是方程组(2.31)的另一个解,这说明方程组(2.31)不只一个解.因此,如果方程组(2.31)有唯一解,那么它的导出组只有零解.

例2.18　求方程组

$$\begin{cases}x_1-2x_2+x_3+x_4+x_5=2,\\2x_1+x_2-x_3-2x_4-3x_5=4,\\3x_1-2x_2-x_3-x_4-2x_5=5,\\2x_1-5x_2+x_3+2x_4+2x_5=3\end{cases}$$

的全部解.

解　用初等变换把增广矩阵化为阶梯形

$$\bar{\boldsymbol{A}}=\begin{pmatrix}1&-2&1&1&1&2\\2&1&-1&-2&-3&4\\3&-2&-1&-1&-2&5\\2&-5&1&2&2&3\end{pmatrix}\to\begin{pmatrix}1&-2&1&1&1&2\\0&5&-3&-4&-5&0\\0&4&-4&-4&-5&-1\\0&-1&-1&0&0&-1\end{pmatrix}$$

$$\to\begin{pmatrix}1&-2&1&1&1&2\\0&1&1&0&0&1\\0&0&-8&-4&-5&-5\\0&0&-8&-4&-5&-5\end{pmatrix}\to\begin{pmatrix}1&-2&1&-1&1&2\\0&1&1&0&0&1\\0&0&8&4&5&5\\0&0&0&0&0&0\end{pmatrix}$$

得同解方程组

$$\begin{cases} x_1 - 2x_2 + x_3 + x_4 + x_5 = 2, \\ x_2 + x_3 = 1, \\ 8x_3 + 4x_4 + 5x_5 = 5. \end{cases}$$

取 x_4, x_5 作为自由未知量,将方程组改写成

$$\begin{cases} x_1 - 2x_2 + x_3 = 2 - x_4 - x_5, \\ x_2 + x_3 = 1, \\ 8x_3 = 5 - 4x_4 - 5x_5. \end{cases}$$

求得方程组的一般解为

$$\begin{cases} x_1 = \dfrac{17}{8} + \dfrac{1}{2}x_4 + \dfrac{7}{8}x_5, \\ x_2 = \dfrac{3}{8} + \dfrac{1}{2}x_4 + \dfrac{5}{8}x_5, \\ x_3 = \dfrac{5}{8} - \dfrac{1}{2}x_4 - \dfrac{5}{8}x_5. \end{cases}$$

其中 x_4, x_5 为自由未知量.

将 $x_4 = x_5 = 0$ 代入,得到一个特解

$$\boldsymbol{\gamma}_0 = \left(\frac{17}{8}, \frac{3}{8}, \frac{5}{8}, 0, 0\right).$$

下面求其导出组的基础解系.因为导出组是由原方程组把常数项改成 0 而得到的,而它的系数矩阵和原方程组仍是一样的,因此,用和上面同样的初等变换可以得到与导出组同解的方程组

$$\begin{cases} x_1 - 2x_2 + x_3 + x_4 + x_5 = 0, \\ x_2 + x_3 = 0, \\ 8x_3 + 4x_4 + 5x_5 = 0. \end{cases}$$

仍取 x_4, x_5 为自由未知量,得一般解为

$$\begin{cases} x_1 = \dfrac{1}{2}x_4 + \dfrac{7}{8}x_5, \\ x_2 = \dfrac{1}{2}x_4 + \dfrac{5}{8}x_5, \\ x_3 = -\dfrac{1}{2}x_4 - \dfrac{5}{8}x_5. \end{cases}$$

其中 x_4, x_5 为自由变量.

分别用(1,0),(0,1)代替自由未知量(x_4, x_5)得到一个基础解系

$$\boldsymbol{\eta}_1 = \left(\frac{1}{2}, \frac{1}{2}, -\frac{1}{2}, 1, 0\right), \quad \boldsymbol{\eta}_2 = \left(\frac{7}{8}, \frac{5}{8}, -\frac{5}{8}, 0, 1\right).$$

所以,原方程组的全部解为

$$\{\boldsymbol{\gamma}_0 + k_1\boldsymbol{\eta}_1 + k_2\boldsymbol{\eta}_2\}$$

$$=\left\{\left(\frac{17}{8},\frac{3}{8},\frac{5}{8},0,0\right)+k_1\left(\frac{1}{2},\frac{1}{2},-\frac{1}{2},1,0\right)+k_2\left(\frac{7}{8},\frac{5}{8},-\frac{5}{8},0,1\right)\right\},$$

其中，k_1,k_2 可以是任意数.

读者可以总结一下，如何根据线性方程组与导出组的关系，从原方程组的一般解直接写出其导出组的一般解.

习题 2.6

1. 求下列各次线性方程组的解空间：

(1) $\begin{cases} x_1+2x_2+x_3-x_4=0, \\ 2x_1+x_2+2x_3+x_4=0, \\ 2x_1-3x_2+x_3+5x_4=0, \\ x_1+x_3+x_4=0; \end{cases}$

(2) $\begin{cases} 4x_1+x_2-3x_4-4x_5=0, \\ 2x_1-x_2-2x_3-x_4=0, \\ 3x_1+x_2+3x_3-5x_4-6x_5=0, \\ 3x_1-x_2-5x_3+x_4+2x_5=0; \end{cases}$

(3) $\begin{cases} 2x_1+x_2+3x_3-7x_4=0, \\ x_1-x_2+2x_3-3x_4=0, \\ x_1+3x_2-3x_4=0, \\ 2x_1-x_2+3x_3-4x_4=0. \end{cases}$

2. 用导出组的基础解系表出下列线性方程组的全部解：

(1) $\begin{cases} x_1+3x_2+5x_3+5x_4=2, \\ x_1+x_2+x_3+x_4=0, \\ x_2+2x_3+2x_4=1, \\ 5x_1+3x_2+x_3+x_4=-2; \end{cases}$

(2) $\begin{cases} 2x_1+x_2-x_3-x_4=-1, \\ 5x_1+4x_2-4x_3+5x_4=11, \\ x_1+2x_2-2x_3+3x_4=7, \\ 4x_1+5x_2-5x_3+5x_4=13; \end{cases}$

(3) $\begin{cases} 2x_1+x_2-x_3+x_4=1, \\ 3x_1-2x_2+2x_3-3x_4=6, \\ 5x_1+x_2-x_3+2x_4=3, \\ 2x_1-x_2+x_3-3x_4=5. \end{cases}$

3. 设$\boldsymbol{\eta}_1,\boldsymbol{\eta}_2,\cdots,\boldsymbol{\eta}_t$ 都是某个线性方程组的解，并设常数 $u_1,u_2,\cdots,u_t$ 的和等于 1，求证：$u_1\boldsymbol{\eta}_1+u_2\boldsymbol{\eta}_2+\cdots+u_t\boldsymbol{\eta}_t$ 也是这个线性方程组的解.

4. 设$\boldsymbol{\eta}_1,\boldsymbol{\eta}_2$ 是某个非齐次线性方程组的两个不同的解，证明：

(1) $\boldsymbol{\eta}_1,\boldsymbol{\eta}_2$ 线性无关；

(2) $\boldsymbol{\eta}_1+k(\boldsymbol{\eta}_1-\boldsymbol{\eta}_2)$也是这个线性方程组的解.

总习题 2

1. 设

$$\begin{aligned}\boldsymbol{\alpha}_1 &= (1,0,0,\cdots,0,0),\\ \boldsymbol{\alpha}_2 &= (1,1,0,\cdots,0,0),\\ &\vdots\\ \boldsymbol{\alpha}_n &= (1,1,1,\cdots,1,1),\end{aligned}$$

证明：$\boldsymbol{\alpha}_1,\boldsymbol{\alpha}_2,\cdots,\boldsymbol{\alpha}_n$ 与基本向量组等价.

2. 证明：上题中的向量组$\boldsymbol{\alpha}_1,\boldsymbol{\alpha}_2,\cdots,\boldsymbol{\alpha}_n$ 是线性无关的.

3. 设

$$\begin{aligned}\boldsymbol{\alpha}_1 &= (a,1,1),\\ \boldsymbol{\alpha}_2 &= (1,a,1),\\ \boldsymbol{\alpha}_3 &= (1,1,a),\end{aligned}$$

对 a 讨论向量组$\boldsymbol{\alpha}_1,\boldsymbol{\alpha}_2,\boldsymbol{\alpha}_3$ 的秩.

4. 讨论下列齐次线性方程组的解的情况，并在有非零解时，求出基础解系.

$$\begin{cases}ax_1+x_2+x_3=0,\\ x_1+ax_2+x_3=0,\\ x_1+x_2+ax_3=0.\end{cases}$$

5. 讨论下列线性方程组的解的情况，并在有解时求出全部解.

$$\begin{cases}ax_1+x_2+x_3=1,\\ x_1+ax_2+x_3=a,\\ x_1+x_2+ax_3=a^2.\end{cases}$$

6. 设向量组$\boldsymbol{\alpha}_1,\boldsymbol{\alpha}_2,\cdots,\boldsymbol{\alpha}_s$ 满足

(1) $\boldsymbol{\alpha}_1\neq\boldsymbol{0}$；

(2) 每个$\boldsymbol{\alpha}_i(i=2,3,\cdots,s)$都不能由它前面的向量线性表出，即不能由$\boldsymbol{\alpha}_1,\boldsymbol{\alpha}_2,\cdots,\boldsymbol{\alpha}_{i-1}$线性表出.

证明：$\boldsymbol{\alpha}_1,\boldsymbol{\alpha}_2,\cdots,\boldsymbol{\alpha}_s$ 线性无关.

7. 设

$$\boldsymbol{\alpha}_1=(1,1,1,1),$$
$$\boldsymbol{\alpha}_2=(1,2,3,-1);$$
$$\boldsymbol{\beta}_1=(2,3,4,0),$$
$$\boldsymbol{\beta}_2=(3,4,5,1),$$
$$\boldsymbol{\beta}_3=(0,1,2,-2).$$

证明：$L(\boldsymbol{\alpha}_1,\boldsymbol{\alpha}_2)=L(\boldsymbol{\beta}_1,\boldsymbol{\beta}_2,\boldsymbol{\beta}_3)$.

8. 求上题中 $L(\boldsymbol{\alpha}_1,\boldsymbol{\alpha}_2)$的一组标准正交基.

9. 设$\boldsymbol{\alpha}_1,\boldsymbol{\alpha}_2\cdots,\boldsymbol{\alpha}_s$ 是$\mathbb{R}^n$ 中一组向量，并设 W 是由与$\boldsymbol{\alpha}_i(i=1,2,\cdots,s)$都正交的全部向量组成的集合，即

$$W=\{\alpha\in\mathbb{R}^n \mid (\boldsymbol{\alpha},\boldsymbol{\alpha}_i)=0,\quad i=1,2,\cdots,s\}.$$

(1) 证明 W 是$\mathbb{R}^n$ 的一个子空间.

(2) 设

$$\boldsymbol{\alpha}_1=(1,2,0,1),$$
$$\boldsymbol{\alpha}_2=(0,1,1,1),$$

求 W,W 的维数和一组基 .

10. 求 a 使线性方程组

$$\begin{cases} x_1+2x_2+x_3+x_4+2x_5=1,\\ x_1+2x_2+2x_3-x_4+x_5=-1,\\ x_1-2x_2-x_3+5x_4+4x_5=2,\\ 2x_1-4x_2+x_3+4x_4+5x_5=a\end{cases}$$

有解并求出全部解.

11. (1) 求上题中线性方程组的导出组的解空间 V.

(2) 求与 V 中向量都正交的全部向量构成的空间 W.

12. 设$\boldsymbol{\alpha}_1,\boldsymbol{\alpha}_2,\cdots,\boldsymbol{\alpha}_s\in\mathbb{R}^n$. W 是与$\boldsymbol{\alpha}_1,\boldsymbol{\alpha}_2,\cdots,\boldsymbol{\alpha}_s$ 都正交的向量构成的向量空间. 证明：

$$\mathrm{r}\{\boldsymbol{\alpha}_1,\boldsymbol{\alpha}_2,\cdots,\boldsymbol{\alpha}_s\}+\dim(W)=n.$$

第3章 行　列　式

行列式是线性代数中一个最基本的概念.它不仅是研究线性代数的重要工具,在其他数学分支及一些实际问题中也常常要用到.

在本书以后各章中都要用到行列式.而且,我们还要利用行列式来给出如何用线性方程组的系数及常数项来表示这个线性方程组的解的方法.

3.1 二阶和三阶行列式

前两章我们应用消元法解决了线性方程组是否有解以及在有解时如何求解的问题.在有些问题中,需要讨论解与原方程组的系数和常数项的直接关系.也就是说,需要把线性方程组的解用这个方程组的系数与常数项表示出来.可是,通过消元法,早就把原方程组的系数和常数项变得面目全非了.当然更没有办法把解与原方程组的系数及常数项的关系表示出来.我们在这一章应用行列式来解决这一问题.

当然,行列式的应用很多,行列式的定义方法也有好几种.本书结合对线性方程组的应用,从解的表法的需要来分析并引入行列式的定义.

行列式是一种特定的算式.首先通过二元,三元线性方程组的解来定义二阶、三阶行列式.

由两个方程式构成的二元线性方程组的一般形式为

$$\begin{cases} a_{11}x_1 + a_{12}x_2 = b_1, \\ a_{21}x_1 + a_{22}x_2 = b_2. \end{cases} \tag{3.1}$$

习题 1.1 第 2 题曾请读者求过这个线性方程组当 $a_{11}a_{22}-$

$a_{12}a_{21}\neq 0$ 时解的公式，并应用公式具体地算过这种线性方程组的解. 结果是：当 $a_{11}a_{22}-a_{12}a_{21}\neq 0$ 时，这个线性方程组有唯一解，解为

$$x_1=\frac{b_1a_{22}-b_2a_{12}}{a_{11}a_{22}-a_{12}a_{21}},\quad x_2=\frac{a_{11}b_2-a_{21}b_1}{a_{11}a_{22}-a_{12}a_{21}}. \tag{3.2}$$

就像中学代数中一元二次方程式的解的公式一样，上式中 x_1,x_2 的表示式也是一个普遍适用于二元线性方程组的公式，只是不好记忆也不便应用. 为了便于应用这个公式，我们引进二阶行列式的概念. 令

$$D=\begin{vmatrix} a_{11} & a_{12}\\ a_{21} & a_{22}\end{vmatrix}=a_{11}a_{22}-a_{12}a_{21}.$$

这样规定的 D 称为**二阶行列式**. 二阶行列式的定义可以用对角线法则来记忆：

$$D=\begin{vmatrix} a_{11} & & a_{12}\\ & \times & \\ a_{21} & & a_{22}\end{vmatrix},$$

即 D 等于主对角线上两个元素 a_{11},a_{22} 的乘积 $a_{11}a_{22}$ 减去副对角线上两个元素 a_{12},a_{21} 的乘积 $a_{12}a_{21}$.

根据这个规定，公式(3.2)中的分子也可以用二阶行列式来表示：

$$b_1a_{22}-b_2a_{12}=\begin{vmatrix} b_1 & a_{12}\\ b_2 & a_{22}\end{vmatrix}=D_1,$$

$$a_{11}b_2-a_{21}b_1=\begin{vmatrix} a_{11} & b_1\\ a_{21} & b_2\end{vmatrix}=D_2.$$

我们把方程组(3.1)的系数组成的行列式 D 称为方程组(3.1)的系数行列式. 于是，我们得到结论：当二元线性方程组(3.1)的系数行列式 $D\neq 0$ 时，这个方程组有唯一解，解为

$$x_1=\frac{D_1}{D},\quad x_2=\frac{D_2}{D}.$$

其中 D_1,D_2 的定义如上.

例 3.1　解线性方程组

$$\begin{cases}3x_1+4x_2=1,\\ 2x_1+5x_2=4.\end{cases}$$

解　这个方程组的系数行列式为

$$D=\begin{vmatrix} 3 & 4\\ 2 & 5\end{vmatrix}=15-8=7\neq 0,$$

所以这个方程有唯一解. 又因

$$D_1=\begin{vmatrix} 1 & 4\\ 4 & 5\end{vmatrix}=-11,$$

$$D_2=\begin{vmatrix}3 & 1\\2 & 4\end{vmatrix}=10,$$

故解为

$$x_1=\frac{D_1}{D}=\frac{-11}{7}=-1\,\frac{4}{7},$$

$$x_2=\frac{D_2}{D}=\frac{10}{7}=1\,\frac{3}{7}.$$

下面讨论三元线性方程组

$$\begin{cases}a_{11}x_1+a_{12}x_2+a_{13}x_3=b_1,\\a_{21}x_1+a_{22}x_2+a_{23}x_3=b_2,\\a_{31}x_1+a_{32}x_2+a_{33}x_3=b_3.\end{cases}\tag{3.3}$$

仍用消元法来解这个方程组.因为 a_{11},a_{21},a_{31} 不能全等于零,不妨设 $a_{11}\neq0$.于是原方程组经初等变换化为

$$\begin{cases}a_{11}x_1+a_{12}x_2+a_{13}x_3=b,\\\left(a_{22}-\dfrac{a_{21}}{a_{11}}a_{12}\right)x_2+\left(a_{23}-\dfrac{a_{21}}{a_{11}}a_{13}\right)x_3=b_2-\dfrac{a_{21}}{a_{11}}b_1,\\\left(a_{32}-\dfrac{a_{31}}{a_{11}}a_{12}\right)x_2+\left(a_{33}-\dfrac{a_{31}}{a_{11}}a_{13}\right)x_3=b_3-\dfrac{a_{31}}{a_{11}}b_1,\end{cases}$$

$$\rightarrow\begin{cases}a_{11}x_1+a_{12}x_2+a_{13}x_3=b_1,\\(a_{11}a_{22}-a_{12}a_{21})x_2+(a_{11}a_{23}-a_{13}a_{21})x_3=a_{11}b_2-a_{21}b_1,\\(a_{11}a_{32}-a_{12}a_{31})x_2+(a_{11}a_{33}-a_{13}a_{31})x_3=a_{11}b_3-a_{31}b_1.\end{cases}$$

其中第 2、第 3 两个方程都是两个未知量 x_2,x_3 的线性方程,因此可以应用有关二元线性方程组的结论,如果它的系数行列式 D 不等于 0,则可求出唯一的 x_2,x_3.此处

$$\begin{aligned}D&=\begin{vmatrix}a_{11}a_{22}-a_{12}a_{21} & a_{11}a_{23}-a_{13}a_{21}\\a_{11}a_{32}-a_{12}a_{31} & a_{11}a_{33}-a_{13}a_{31}\end{vmatrix}\\&=a_{11}(a_{11}a_{22}a_{33}+a_{12}a_{23}a_{31}+a_{13}a_{21}a_{32}-a_{11}a_{23}a_{32}-a_{12}a_{21}a_{33}-a_{13}a_{22}a_{31}).\\&=a_{11}a_{22}a_{33}+a_{12}a_{23}a_{31}+a_{13}a_{21}a_{32}\\&\quad-a_{11}a_{23}a_{32}-a_{12}a_{21}a_{33}-a_{13}a_{22}a_{31}\neq0\end{aligned}$$

因此当 $D\neq0$ 时,可解得 $x_2=\dfrac{D_2}{D},x_3=\dfrac{D_3}{D}$,其中

$$D_2=\begin{vmatrix}a_{11}b_2-a_{21}b_1 & a_{11}a_{23}-a_{13}a_{21}\\a_{11}b_3-a_{31}b_1 & a_{11}a_{33}-a_{13}a_{31}\end{vmatrix},$$

$$D_3=\begin{vmatrix} a_{11}a_{22}-a_{12}a_{21} & a_{11}b_2-a_{21}b_1 \\ a_{11}a_{32}-a_{12}a_{31} & a_{11}b_3-a_{31}b_1 \end{vmatrix}.$$

由此解得

$$x_2=\frac{1}{D}(a_{11}b_2a_{33}+b_1a_{23}a_{31}+a_{13}a_{21}b_3-a_{11}a_{23}b_3-b_1a_{21}a_{33}-a_{13}b_2a_{31}),$$

$$x_3=\frac{1}{D}(a_{11}a_{22}b_3+a_{12}b_2a_{31}+b_1a_{21}a_{32}-a_{11}b_2a_{32}-a_{12}a_{21}b_3-b_1a_{22}a_{31}),$$

代入第1个方程,可解出

$$x_1=\frac{1}{D}(b_1a_{22}a_{33}+a_{12}a_{23}b_3+a_{13}b_2a_{32}-b_1a_{23}a_{32}-a_{12}b_2a_{33}-a_{13}a_{22}b_3).$$

以上得到关于 x_1,x_2,x_3 的表达式.这是一个很繁杂,然而很有用的公式.为了便于记忆,我们引入三阶行列式的概念.

规定三阶行列式为

$$\begin{vmatrix} a_{11} & a_{12} & a_{13} \\ a_{21} & a_{22} & a_{23} \\ a_{31} & a_{32} & a_{33} \end{vmatrix}=a_{11}a_{22}a_{33}+a_{12}a_{23}a_{31}+a_{13}a_{21}a_{32}$$
$$-a_{11}a_{23}a_{32}-a_{12}a_{21}a_{33}-a_{13}a_{22}a_{31}.$$

从定义可见,一个三阶行列式是由不同行不同列的3个数相乘而得到的项的代数和,一共有6个项.每个项前面都带有一个正号或负号,从图3.1可看出,凡是实线(与主对角线平行)上3个元素相乘所得的项的前面带正号;虚线(与副对角线平行)上3个元素相乘所得的项的前面带负号.

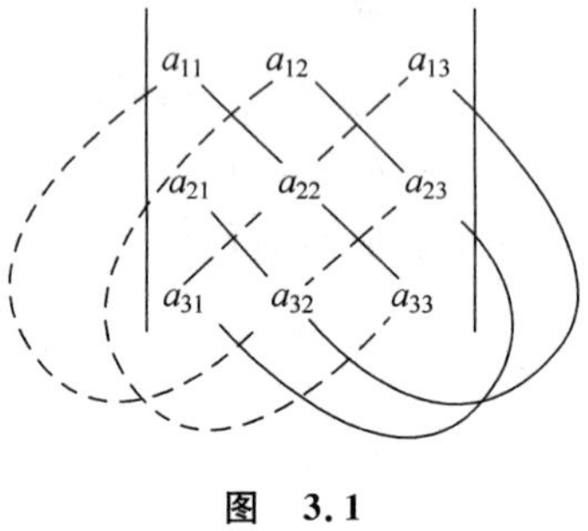

图 3.1

例3.2

$$\begin{vmatrix} 1 & 2 & 3 \\ 2 & -1 & 5 \\ 3 & 0 & -2 \end{vmatrix}=1\times(-1)\times(-2)+2\times5\times3+3\times2\times0-1\times5\times0$$
$$-2\times2\times(-2)-3\times(-1)\times3$$
$$=2+30+0-0+8+9=49.$$

例 3.3

$$\begin{vmatrix} 1 & -a & 2 \\ b & -1 & 3 \\ 1 & 0 & -2 \end{vmatrix} = 2-3a+0-0-2ab-(-2)=4-3a-2ab.$$

根据三阶行列式的定义,可以把线性方程组的解用三阶行列式来表示.

首先

$$D=\begin{vmatrix} a_{11} & a_{12} & a_{13} \\ a_{21} & a_{22} & a_{23} \\ a_{31} & a_{32} & a_{33} \end{vmatrix}.$$

就是三元线性方程组(3.3)的系数行列式. x_1,x_2,x_3 的分子分别用 D_1,D_2,D_3 表示,则

$$D_1=\begin{vmatrix} b_1 & a_{12} & a_{13} \\ b_2 & a_{22} & a_{23} \\ b_3 & a_{32} & a_{33} \end{vmatrix},\quad D_2=\begin{vmatrix} a_{11} & b_1 & a_{13} \\ a_{21} & b_2 & a_{23} \\ a_{31} & b_3 & a_{33} \end{vmatrix},\quad D_3=\begin{vmatrix} a_{11} & a_{12} & b_1 \\ a_{21} & a_{22} & b_2 \\ a_{31} & a_{32} & b_3 \end{vmatrix}.$$

于是得到三元线性组的解的公式,如果线性方程组(3.3)的系数行列式 $D\neq 0$,那么方程组(3.3)有唯一解,解为

$$x_j=\frac{D_i}{D}\quad (j=1,2,3).$$

其中 $D_j(j=1,2,3)$是把 D 的第 j 列换成常数项 b_1,b_2,b_3 所得的行列式.

例 3.4 解三元线性方程组

$$\begin{cases} x_1+2x_2+x_3=-2, \\ 2x_1-x_2-3x_3=1, \\ -x_1+x_2-x_3=-4. \end{cases}$$

解 这个方程组的系数行列式

$$D=\begin{vmatrix} 1 & 2 & 1 \\ 2 & -1 & -3 \\ -1 & 1 & -1 \end{vmatrix}=1+6+2-(-3)-(-4)-1=15\neq 0.$$

因此有唯一解.

由于

$$D_1=\begin{vmatrix} -2 & 2 & 1 \\ 1 & -1 & -3 \\ -4 & 1 & -1 \end{vmatrix}=15,$$

$$D_2=\begin{vmatrix} 1 & -2 & 1 \\ 2 & 1 & -3 \\ -1 & -4 & -1 \end{vmatrix}=-30,$$

$$D_3=\begin{vmatrix}1 & 2 & -2\\ 2 & -1 & 1\\ -1 & 1 & -4\end{vmatrix}=15,$$

所以解为(1,－2,1).

从上面的例子看到应用二阶、三阶行列式来解系数行列式不等于零的二元、三元线性方程组是很方便的，而且可直接把解用原方程组的系数及常数项表示出来.为了把这个结论推广到未知量更多的一般线性方程组，需要把二、三阶行列式的概念推广，引进 n 阶行列式的概念，为此我们先分析一下二、三阶行列式的定义.二阶(三阶)行列式是一些项的代数和，因此要分析每个项的构成以及每个项前面所带的正负号.从二、三阶行列式的定义看出：二阶(三阶)行列式的各个项是由 2 个(3 个)不同行不同列的元素构成的乘积.而且，包含了所有可能的这种项.为了决定各个项前面的正负号，要用到 n 阶排列的概念，所以下一节我们先介绍 n 阶排列及其有关的性质.

习题 3.1

1. 计算下列各行列式：

(1) $\begin{vmatrix}1 & 2\\ 3 & 4\end{vmatrix}$；　　(2) $\begin{vmatrix}a+b & a\\ 2a+b & a-b\end{vmatrix}$；

(3) $\begin{vmatrix}1 & 2 & 3\\ 2 & 3 & 1\\ 3 & 1 & 2\end{vmatrix}$；　　(4) $\begin{vmatrix}a & b & c\\ b & c & a\\ c & a & b\end{vmatrix}$.

2. 解下列线性方程组：

(1) $\begin{cases}2x_1-3x_2=5,\\ 3x_1-2x_2=4;\end{cases}$　　(2) $\begin{cases}x_1+2x_2+3x_3=2,\\ 2x_1+x_2-x_3=5,\\ x_1-x_2+2x_3=-3;\end{cases}$

(3) $\begin{cases}2x_1-x_2+3x_3=3,\\ x_1+2x_2+4x_3=4,\\ x_1-3x_2+5x_3=2;\end{cases}$　　(4) $\begin{cases}2x_1+3x_2+x_3=10,\\ x_1-4x_2-2x_3=-8,\\ 3x_1-2x_2-x_3=1.\end{cases}$

3.2　n 阶排列

这一节介绍 n 阶排列的概念和一些基本性质.这一方面为以后定义行列式作准备；另一方面，也因为排列本身就是一个重要的概念，在以后学习数学的其他分支时，如概率论等都要用到.

定义 3.1 由 1，2，…，n 组成的一个有序数组称为一个 **n 阶排列**.

这里的排列就是以前所说的 n 个不同元素的全排列. 所以 n 阶排列一共有 $n!$ 个.

例 3.5 写出所有的三阶排列.

解 自然数 1，2，3 组成的有序数组共有下列 6 个：

$$123,\quad 132,\quad 213,\quad 231,\quad 312,\quad 321.$$

它们就是全部三阶排列.

例 3.6 写出全部 4 阶排列.

解 4 阶排列一共有 $4!=24$ 个. 它们是：

1234，1243，1324，1342，
1423，1432，2134，2143，
2314，2341，2413，2431，
3124，3142，3214，3241，
3412，3421，4123，4132，
4213，4231，4312，4321.

4 阶排列 1234，它的各个数是按照由小到大的自然顺序排列的，称为 4 阶**自然序排列**. 一般地，$1234\cdots n$ 称为 n 阶自然序排列. 在其他的排列中，都可找到一个大数排在一个小数的前面. 例如在 4 阶排列 2143 中，2 排在 1 之前，4 排在 3 之前. 这样的排列顺序是与自然顺序相反的，我们称它为逆序. 这就是下述定义：

定义 3.2 在一个 n 阶排列中，如果一个大数排在一个小数之前，就称这两个数组成一个**逆序**. 一个 n 阶排列中逆序的总数称为这个排列的**逆序数**. 反之，在一个排列中，如果一个小数排在一个大数之前，就称这两个数组成一个**顺序**.

例 3.7 求 4 阶排列 2413 的逆序数.

解 在排列 2413 中共有 21，41，43 等 3 个逆序，所以 2413 的逆序数等于 3.

我们用 τ 表示排列的逆序数，例如在例 3.6 中，$\tau(2413)=3$.

例 3.8 求 $\tau(n\quad n-1\quad \cdots\quad 2\quad 1)$.

解 在 $n,n-1,\cdots,2,1$ 中，n 与后面 $n-1$ 个数都组成逆序；$n-1$ 与它后面的 $n-2$ 个数组成逆序；…. 一般地，$k(k>1)$ 与它后面 $k-1$ 个数组成逆序. 所以

$$\begin{aligned}\tau(n\quad n-1\quad \cdots\quad 2\quad 1)&=(n-1)+(n-2)+\cdots+2+1\\&=\frac{n(n-1)}{2}.\end{aligned}$$

例 3.8 中的方法也就是一般用来求排列的逆序数的方法.

下面介绍排列的奇偶性.

定义 3.3　设 $a_1a_2\cdots a_n$ 是一个 n 阶排列. 如果 $\tau(a_1a_2\cdots a_n)$ 是一个偶数,则称 $a_1a_2\cdots a_n$ 是一个**偶排列**；如果 $\tau(a_1a_2\cdots a_n)$ 是一个奇数,则称 $a_1a_2\cdots a_n$ 是一个**奇排列**.

也就是说,逆序数是偶数的排列称为偶排列,逆序数是奇数的排列称为奇排列.

例如,在例 3.7 中 $\tau(2\quad 4\quad 1\quad 3)=3$,所以 2413 是一个奇排列. 至于例 3.8 中的排列 $n\quad n-1\quad \cdots\quad 2\quad 1$,它的奇偶要根据 $\frac{1}{2}n(n-1)$ 的奇偶来决定. 例如,$n=3$ 时,$\tau(3\quad 2\quad 1)=3$,故 3　2　1 是一个奇排列,而当 $n=4$ 时,因为 $\tau(4\quad 3\quad 2\quad 1)=6$,故 4　3　2　1 是一个偶排列. 有以下的一般结论：

当 $n=4k$ 或 $4k+1$ 时,$n\quad n-1\quad \cdots\quad 2\quad 1$ 是偶排列. 而当 $n=4k+2$ 或 $4k+3$ 时,$n\quad n-1\quad \cdots\quad 2\quad 1$ 是奇排列. 这个结论我们不予证明. 有兴趣的读者可以自己推导一下.

把一个排列中的某两个数互换位置,而其他的数保持不动,就得到另一个排列,这样的一种变换称为一个**对换**. 例如,在排列 2 5 1 4 3 中将 3,5 两个数对换,得到排列 2 3 1 4 5. 再将排列 2 3 1 4 5 中 2,5 两个数对换得到排列 5 3 1 4 2.

下面讨论对换对于排列奇偶性的影响,考虑上面的例子：

$$\tau(2\quad 5\quad 1\quad 4\quad 3)=5,$$
$$\tau(2\quad 3\quad 1\quad 4\quad 5)=2,$$
$$\tau(5\quad 3\quad 1\quad 4\quad 2)=7.$$

因此 2　5　1　4　3 是奇排列,它经过一次对换变为 2　3　1　4　5 是一个偶排列；再经过一次对换又变为奇排列 5　3　1　4　2. 事实上,这是一个一般的规律. 即我们有下述定理.

定理 3.1　对换改变排列的奇偶性.

证明　考虑排列在对换前后的逆序数的关系.

设排列

$$a_1\cdots a_i\cdots a_j\cdots a_n \tag{3.4}$$

经 a_i 与 a_j 对换得到排列

$$a_1\cdots a_j\cdots a_i\cdots a_n, \tag{3.5}$$

可以看出,排列(3.4),(3.5)之中,不包含 a_i 或 a_j 的数对,其顺逆次序不变. 设 a_i,a_j 之间有 k 个数. 并设在(3.4)中 a_i 与这 k 个数组成 x 个逆序,$k-x$ 个顺序，a_j 与这 k 个数组成 y 个逆序，$k-y$ 个顺序，那么在(3.5)中，a_i 与这 k 个数组成 $k-x$ 个逆序，x 个顺序；a_j 与这 k 个数组成 $k-y$ 个逆序，y 个顺序，而 a_i，a_j 这对数在(3.4)，(3.5)中顺逆次序相反. 因此，用 τ_2，τ_1 分别表示排列(3.4)，(3.5)的逆序数，那么

$$\tau_2 = \tau_1 - x + (k-x) - y + (k-y) \pm 1.$$

式中当 $a_i<a_j$ 时取 1；当 $a_i>a_j$ 时取 -1. 所以

$$\tau_2 = \tau_1 - 2x - 2y + 2k \pm 1,$$

τ_1，τ_2 奇偶相反. 即排列(3.4)与(3.5)奇偶相反. 定理得证.

应用这个定理可以证明以下重要的事实：

定理 3.2 在全部 $n!$ 个 n 阶排列中，奇、偶排列的个数相等，各有$\frac{n!}{2}$个.

证明 假设在 $n!$ 个 n 阶排列中有 s 个奇排列，t 个偶排列，下面来证明 $s=t$.

将这 s 个奇排列的头两个数字都对换一下，即将 $a_1a_2\cdots a_n$ 变为 $a_2a_1\cdots a_n$，就得到 s 个偶排列. 而且这 s 个排列各不相同. 但是偶排列一共有 t 个，所以 $s\leqslant t$. 再将 t 个偶排列的头两个数字对换，得到 t 个不同的奇排列，因此 $t\leqslant s$. 由此得 $s=t$. 即奇排列的总数与偶排列的总数一样. 因为这两种排列一共有 $n!$ 个，所以它们各有$\frac{n!}{2}$个.

例 3.9 在例 3.6 的 24 个 4 级排列中，第 1 竖排和第 4 竖排的 12 个排列是偶排列，而其余 12 个排列是奇排列. 而且第 2(3)竖排的 12 个排列可以由第 1(4)竖排的排列经一个对换得到.

最后，我们来证明一个以后常常用到的结论.

定理 3.3 任意一个 n 阶排列都可以经过一些对换变成自然序排列，并且所作对换的个数与这个排列有相同的奇偶性.

证明 只要依次将 $1,2,\cdots,n-1$ 经对换换到第 $1,2,\cdots,n-1$ 个位置即可将任一排列变为自然序排列. 又因为自然顺序 $12\cdots n$ 是一个偶排列，而且对换改变排列的奇偶. 所以将一个奇(偶)排列变到自然排列序，需要经过奇(偶)数次对换.

例如，把排列 341562 经对换变为自然序排列

$$341562\rightarrow143562\rightarrow123564\rightarrow123465\rightarrow123456$$

对换的次数 4 与 $\tau(241562)=6$ 都是偶数.

推论 3.1 任意两个 n 阶排列都可经过一些对换互变，而且如果这两个排列奇偶相同，则所作的对换次数是偶数；如果这两个排列奇偶相反，则所作的对换次数是奇数.

习题 3.2

1. 求下列排列的逆序数并决定其奇偶性：

(1) 5327614；

(2) 2364175；

(3) 41287356.

2. 写出第 1,2 个位置是 3,5 的全部 5 阶排列，并判断它们的奇偶性.

3. (1) 用对换把第 1 题中排列(1)变为排列(2)；

(2) 用对换把第 1 题中排列(3)变为自然序排列. 并由此判断这个排列的奇偶.

4. 求 i,j 使

(1) $2186i5j74$ 为偶排列.

(2) $35i761j92$ 为奇排列.

3.3　n 阶行列式的定义

这一节介绍 n 阶行列式的定义.

$$\begin{vmatrix} a_{11} & a_{12} & \cdots & a_{1n} \\ a_{21} & a_{22} & \cdots & a_{2n} \\ \vdots & \vdots & & \vdots \\ a_{n1} & a_{n2} & \cdots & a_{nn} \end{vmatrix}$$

表示一个 n 阶行列式. 行列式中横排称为**行**，竖排称为**列**. 其中元素 a_{ij} 的第一个下标 i 表示这个元素位于第 i 行，称为**行标**；第二个下标 j 表示这个元素位于第 j 列，称为**列标**. 例如 a_{23} 表示行列式中第 2 行第 3 列处的元素；a_{ij} 表示第 i 行第 j 列处的元素.

从二阶和三阶行列式的定义可以看出：为了定义一个行列式，需要决定它有哪些项以及每个项前面所带的正负号.

在给出 n 阶行列式的定义之前，先来回顾一下二阶和三阶行列式的定义：

$$\begin{vmatrix} a_{11} & a_{12} \\ a_{21} & a_{22} \end{vmatrix} = a_{11}a_{22} - a_{12}a_{21}, \tag{3.6}$$

$$\begin{vmatrix} a_{11} & a_{12} & a_{13} \\ a_{21} & a_{22} & a_{23} \\ a_{31} & a_{32} & a_{33} \end{vmatrix} = a_{11}a_{22}a_{33} + a_{12}a_{23}a_{31} + a_{13}a_{21}a_{32} - a_{11}a_{23}a_{32} - a_{12}a_{21}a_{33} - a_{13}a_{22}a_{31}. \tag{3.7}$$

从二阶和三阶行列式的定义中可以看出，它们都是一些乘积的代数和，而每一项都是由行列式中位于不同行和不同列的元素构成的乘积，并且展开式恰恰就是由所有这种可能的乘积组成. 在 $n=2$ 时，由不同行不同列的元素构成的乘积只有 $a_{11}a_{22}$ 与 $a_{12}a_{21}$ 这两项，在 $n=3$ 时也不难看出，只有式(3.7)中的 6 项，这是二阶和三阶行列式的特征的一个方面；另一方面，每一项乘积都带有符号. 这符号是按什么原则决定的呢？在三阶行列式的展开式(3.7)中，项的一般形式可以写成

$$a_{1j_1}a_{2j_2}a_{3j_3}, \tag{3.8}$$

其中 $j_1j_2j_3$ 是 1,2,3 的一个排列. 可以看出，当 $j_1j_2j_3$ 是偶排列时，对应的项在式(3.7)中带有正号；当 $j_1j_2j_3$ 是奇排列时，对应的项在式(3.7)中带有负号. 二阶行列式显然也符合这个原则.

上面关于二阶和三阶行列式的分析对于我们理解一般行列式的定义是有帮助的. 下面给出 n 阶行列式的定义.

定义 3.4 n 阶行列式

$$\begin{vmatrix} a_{11} & a_{12} & \cdots & a_{1n} \\ a_{21} & a_{22} & \cdots & a_{2n} \\ \vdots & \vdots & & \vdots \\ a_{n1} & a_{n2} & \cdots & a_{nn} \end{vmatrix} \tag{3.9}$$

等于所有取自不同行不同列的 n 个元素的乘积

$$a_{1j_1}a_{2j_2}\cdots a_{nj_n} \tag{3.10}$$

的代数和，其中 $j_1j_2\cdots j_n$ 是一个 n 阶排列. 每个项(式(3.10))的前面带有正负号：当 $j_1j_2\cdots j_n$ 是偶排列时，带正号；当 $j_1j_2\cdots j_n$ 是奇排列时，带负号. 因此，行列式(3.9)可表示成

$$\begin{vmatrix} a_{11} & a_{12} & \cdots & a_{1n} \\ a_{21} & a_{22} & \cdots & a_{2n} \\ \vdots & \vdots & & \vdots \\ a_{n1} & a_{n2} & \cdots & a_{nn} \end{vmatrix} = \sum_{(j_1j_2\cdots j_n)} (-1)^{\tau(j_1j_2\cdots j_n)} a_{1j_1}a_{2j_2}\cdots a_{nj_n}, \tag{3.11}$$

式中 $\sum\limits_{(j_1j_2\cdots j_n)}$ 表示对所有 n 阶排列求和.

式(3.11)称为 n 阶行列式的展开式.

容易检验当$n=2,3$时，这个展开公式与前面二阶和三阶行列式的定义是一致的.

从定义可看出：n阶行列式是$n!$项的代数和，每项是不同行不同列的n个元素的乘积.为了不遗漏且不重复地找出这$n!$个项，可以利用n阶排列来写出各个项.下面用$n=4$的情形来说明.

例3.10 写出4阶行列式

$$\begin{vmatrix} a_{11} & a_{12} & a_{13} & a_{14} \\ a_{21} & a_{22} & a_{23} & a_{24} \\ a_{31} & a_{32} & a_{33} & a_{34} \\ a_{41} & a_{42} & a_{43} & a_{44} \end{vmatrix}$$

的展开式.

解 4阶排列一共有$4!=24$个，所以4阶行列式的展开式中共有24项，根据这24个排列的奇偶性(参考上节例3.6和例3.9)，可以写出4阶行列式的展开式为

$$\begin{aligned}\begin{vmatrix} a_{11} & a_{12} & a_{13} & a_{14} \\ a_{21} & a_{22} & a_{23} & a_{24} \\ a_{31} & a_{32} & a_{33} & a_{34} \\ a_{41} & a_{42} & a_{43} & a_{44} \end{vmatrix} &= a_{11}a_{22}a_{33}a_{44}+a_{11}a_{23}a_{34}a_{42}+a_{11}a_{24}a_{32}a_{43} \\ &\quad + a_{12}a_{21}a_{34}a_{43}+a_{12}a_{23}a_{31}a_{44}+a_{12}a_{24}a_{33}a_{41} \\ &\quad + a_{13}a_{21}a_{32}a_{44}+a_{13}a_{22}a_{34}a_{41}+a_{13}a_{24}a_{31}a_{42} \\ &\quad + a_{14}a_{21}a_{33}a_{42}+a_{14}a_{22}a_{31}a_{43}+a_{14}a_{23}a_{32}a_{41} \\ &\quad - a_{11}a_{22}a_{34}a_{43}-a_{11}a_{23}a_{32}a_{44}-a_{11}a_{24}a_{33}a_{42} \\ &\quad - a_{12}a_{21}a_{33}a_{44}-a_{12}a_{23}a_{34}a_{41}-a_{12}a_{24}a_{31}a_{43} \\ &\quad - a_{13}a_{21}a_{34}a_{42}-a_{13}a_{22}a_{31}a_{44}-a_{13}a_{24}a_{32}a_{41} \\ &\quad - a_{14}a_{21}a_{32}a_{43}-a_{14}a_{22}a_{33}a_{41}-a_{14}a_{23}a_{31}a_{42}.\end{aligned}$$

从这个例子看出：直接应用行列式的定义来计算行列式是一件很麻烦的事.当n较大时，甚至无法进行.以下几节将介绍行列式的一些重要性质，以及如何利用这些性质来简化行列式的计算.为了熟悉和记住行列式的定义，下面先来举一些比较简单的、可以直接应用定义来计算的行列式的例子.

例3.11 计算行列式

$$\begin{vmatrix} 0 & 0 & 0 & a \\ 0 & 0 & b & 0 \\ 0 & c & 0 & 0 \\ d & 0 & 0 & 0 \end{vmatrix}.$$

解 这是一个4阶行列式,其展开式中应该有24个项,但是由于行列式中有很多零,所以有很多项等于零,只要找出那些不等于零的项就可以了.因为行列式中一共只有4个元素不等于零,而且这4个元素刚好位于不同行不同列,所以这个行列式的展开式中只有一项 $abcd$,这个项前面所带的符号需要由这4个元素的位置决定.将 a,b,c,d 按行的顺序排好,它们所在的列依次是4,3,2,1.所以

$$\begin{vmatrix} 0 & 0 & 0 & a \\ 0 & 0 & b & 0 \\ 0 & c & 0 & 0 \\ d & 0 & 0 & 0 \end{vmatrix} = (-1)^{\tau(4321)} abcd = abcd.$$

在二阶和三阶行列式中,反对角线(从右上角到左下角这条对角线)上的元素连乘积所成的项前面是带负号的.这往往使我们得到一个印象,以为行列式中由反对角线上的元素所成的项总是带负号的.但是上面的例子告诉我们,在4阶行列式中反对角线上的元素所成的项前面却是带正号.读者不妨自己总结一下,n 阶行列式中由反对角线上的元素所成的项前面所带正负号的规律.

例 3.12 计算行列式

$$\begin{vmatrix} a_{11} & a_{12} & \cdots & a_{1n} \\ 0 & a_{22} & \cdots & a_{2n} \\ \vdots & \vdots & & \vdots \\ 0 & 0 & \cdots & a_{nn} \end{vmatrix}.$$

解 根据定义,n 阶行列式的项的一般形式是

$$a_{1j_1} a_{2j_2} \cdots a_{nj_n}.$$

由于在这个行列式的第 n 行中,除 a_{nn} 外,其他的元素都等于0,所以 $j_n \neq n$ 的项都等于零,因而只要考虑 $j_n = n$ 的项即可;再看第 $n-1$ 行,这一行中除去 $a_{n-1,n-1}$ 及 $a_{n-1,n}$ 外,其他的元素都等于零,因此,j_{n-1} 只有 $n-1,n$ 这两个可能.但因 $j_n = n$,而且 $j_{n-1} \neq j_n$,所以 $j_{n-1} = n-1$.这样逐步推上去,可知在展开式中,除去

$$a_{11} a_{22} \cdots a_{nn}$$

这一项外,其他的项都等于0.而这一项对应的列标所构成的排列成自然顺序,所以这一项带正号.于是

$$\begin{vmatrix} a_{11} & a_{12} & \cdots & a_{1n} \\ 0 & a_{22} & \cdots & a_{2n} \\ \vdots & \vdots & & \vdots \\ 0 & 0 & \cdots & a_{nn} \end{vmatrix} = a_{11} a_{22} \cdots a_{nn}.$$

这样的行列式叫做**上三角形行列式**. 这个例子说明,上三角形行列式等于**主对角线**(从左上角到右下角这条对角线)上的元素的乘积. 作为这种行列式的特殊情形,有

$$\begin{vmatrix} a_1 & 0 & \cdots & 0 \\ 0 & a_2 & \cdots & 0 \\ \vdots & \vdots & & \vdots \\ 0 & 0 & \cdots & a_n \end{vmatrix} = a_1 a_2 \cdots a_n.$$

其中主对角线以外的元素都是零,称为**对角行列式**,它也等于主对角线上的元素的乘积.

同样可以证明**下三角形行列式**也等于主对角线上元素的乘积,即

$$\begin{vmatrix} a_{11} & 0 & \cdots & 0 \\ a_{21} & a_{22} & \cdots & 0 \\ \vdots & \vdots & & \vdots \\ a_{n1} & a_{n2} & \cdots & a_{nn} \end{vmatrix} = a_{11} a_{22} \cdots a_{nn}.$$

例 3.13　计算行列式

$$\begin{vmatrix} 0 & a_1 & 0 & \cdots & 0 & 0 \\ 0 & 0 & a_2 & \cdots & 0 & 0 \\ \vdots & \vdots & \vdots & & \vdots & \vdots \\ 0 & 0 & 0 & \cdots & a_{n-1} & 0 \\ a_n & 0 & 0 & \cdots & 0 & 0 \end{vmatrix}.$$

解　这个行列式只有一个非零项 $a_1 a_2 \cdots a_n$. 将这 n 个元素按行排好,其列标为$(2\quad 3\quad \cdots\quad n\quad 1)$,而

$$\tau(2\quad 3\quad \cdots\quad n\quad 1) = n-1,$$

所以此行列式等于

$$(-1)^{n-1} a_1 a_2 \cdots a_n.$$

以上这些例子都可以作为公式应用.

下面介绍行列式的另一种展开式. 在行列式的定义中,为了决定每一项的正负,把 n 个元素按所在行的先后顺序排列起来,然后根据列标组成排列的奇偶性来决定这一项的正负. 如果给了一般的不同行不同列的 n 个元素的乘积

$$a_{i_1 j_1} a_{i_2 j_2} \cdots a_{i_n j_n},$$

其中 $i_1 i_2 \cdots i_n$; $j_1 j_2 \cdots j_n$ 都是 n 元排列. 在这种情况下,能不能根据这两个排列的奇偶性直接决定这一项前面所带的正负号呢? 事实上,为了根据定义来决定这一项前面的符号,先要把这一项的 n 个元素重新排列,使得它们的行标成

自然顺序,即排成

$$a_{i_1j_1}a_{i_2j_2}\cdots a_{i_nj_n}=a_{1k_1}a_{2k_2}\cdots a_{nk_n}.$$

于是这一项前面的符号就是

$$(-1)^{\tau(k_1k_2\cdots k_n)}.$$

那么,排列$(k_1k_2\cdots k_n)$的奇偶性又如何根据排列$(i_1i_2\cdots i_n)$及$(j_1j_2\cdots j_n)$的奇偶性来决定呢?当$a_{i_1j_1},a_{i_2j_2},\cdots,a_{i_nj_n}$重新排列时,$i_1$与$j_1$,$i_2$与$j_2$,$\cdots$,$i_n$与$j_n$这些数对必须进行相同的对换.如果排列$(i_1i_2\cdots i_n)$经过若干次对换变为自然序排列,那么排列$(j_1j_2\cdots j_n)$经过同样的对换变为排列$(k_1k_2\cdots k_n)$.因此有

$$(-1)^{\tau(i_1i_2\cdots i_n)+\tau(j_1j_2\cdots j_n)}=(-1)^{\tau(12\cdots n)+\tau(k_1k_2\cdots k_n)}=(-1)^{\tau(k_1k_2\cdots k_n)}.$$

所以$a_{i_1j_1}a_{i_2j_2}\cdots a_{i_nj_n}$这一项前面所带的符号是

$$(-1)^{\tau(i_1i_2\cdots i_n)+\tau(j_1j_2\cdots j_n)}.$$

例 3.14 决定 5 阶行列式中项$a_{23}a_{35}a_{51}a_{14}a_{42}$前所带的正负号.

解 因为

$$a_{23}a_{35}a_{51}a_{14}a_{42}=a_{14}a_{23}a_{35}a_{42}a_{51},$$

所以这一项前面所带的符号是$(-1)^{\tau(43521)}=(-1)^8=1$,即带正号.

也可以用前面的公式,这一项前面所带的符号是$(-1)^{\tau(23514)+\tau(35142)}=(-1)^{4+6}=1$,即带正号.

由此可知,如果n阶行列式的某一项按列的自然顺序将元素顺次排列

$$a_{i_11}a_{i_22}\cdots a_{i_nn},$$

那么,这项前面的符号是

$$(-1)^{\tau(i_1i_2\cdots i_n)}.$$

因此,行列式的定义又可以写成

$$\begin{vmatrix} a_{11} & a_{12} & \cdots & a_{1n} \\ a_{21} & a_{22} & \cdots & a_{2n} \\ \vdots & \vdots & & \vdots \\ a_{n1} & a_{n2} & \cdots & a_{nn} \end{vmatrix}=\sum_{(i_1i_2\cdots i_n)}(-1)^{\tau(i_1i_2\cdots i_n)}a_{i_11}a_{i_22}\cdots a_{i_nn}.$$

上面的结论说明行列式中行、列地位的对称性,这一事实在行列式的讨论中有重要的应用.

我们用D^{T}表示行列式D行列互换所得的行列式

$$D^{\mathrm{T}}=\begin{vmatrix} a_{11} & a_{21} & \cdots & a_{n1} \\ a_{21} & a_{22} & \cdots & a_{n2} \\ \vdots & \vdots & & \vdots \\ a_{1n} & a_{2n} & \cdots & a_{nn} \end{vmatrix}.$$

根据前面的分析,有下述行列式的基本性质.

基本性质　行列互换，行列式的值不变，即

$$D^{\mathrm{T}} = D.$$

D^{T} 称为 D 的**转置**行列式. 因此上述性质也可叙述为：行列式转置值不变.

基本性质使我们可以把行(列)的性质转移到列(行)上. 因此以后在讨论时，有些结论只要对行(列)来证明，关于列(行)的相应结论也是成立的，就不再重复说明了.

习题 3.3

1. 决定下列各项前面所带的正负号：

(1) $a_{13}a_{25}a_{31}a_{46}a_{52}a_{64}$；

(2) $a_{51}a_{32}a_{13}a_{64}a_{25}a_{46}$；

(3) $a_{53}a_{35}a_{11}a_{66}a_{22}a_{44}$.

2. 求 5 阶行列式中含有因子 $a_{13}a_{32}$ 的全部项，并决定各项前面所带的正负号.

3. 求 i,j 使

(1) $a_{12}a_{23}a_{5i}a_{41}a_{3j}$ 是 5 阶行列式中带正号的项；

(2) $a_{13}a_{i2}a_{j5}a_{54}a_{31}$ 是 5 阶行列式中带负号的项.

4. 计算下列各行列式：

(1) $\begin{vmatrix} 0 & 0 & a_1 & 0 & 0 \\ 0 & a_2 & 0 & 0 & 0 \\ a_3 & 0 & 0 & 0 & 0 \\ 0 & 0 & 0 & a_4 & 0 \\ 0 & 0 & 0 & 0 & a_5 \end{vmatrix}$；　(2) $\begin{vmatrix} 0 & 0 & 0 & 1 & 0 \\ 0 & 0 & 1 & 2 & 0 \\ 0 & 1 & 0 & 0 & 0 \\ 0 & 3 & 0 & 0 & 4 \\ 5 & 0 & 0 & 0 & 7 \end{vmatrix}$；

(3) $\begin{vmatrix} 0 & 0 & 0 & 1 & 0 \\ 0 & 0 & 2 & 0 & 0 \\ 0 & 3 & 0 & 0 & 0 \\ 4 & 0 & 0 & 0 & 0 \\ 0 & 0 & 0 & 0 & 5 \end{vmatrix}$；　(4) $\begin{vmatrix} 0 & 0 & \cdots & 0 & 1 & 0 \\ 0 & 0 & \cdots & 2 & 0 & 0 \\ \vdots & \vdots & & \vdots & \vdots & \\ n-1 & 0 & \cdots & 0 & 0 & 0 \\ 0 & 0 & \cdots & 0 & 0 & n \end{vmatrix}$.

3.4　行列式的性质与计算

应用行列式的定义计算一个 n 阶行列式，需要计算 $n!$ 个项，而每个项又是 n 个元素的乘积，需要作 $n-1$ 次乘法，所以一共需作 $n!(n-1)$ 次乘法，当

n 比较大时，$n!(n-1)$就是一个惊人的数目，即使用计算机来进行计算也是难以实现的. 因此，必须对行列式作进一步的研究，找出其他切实可行的计算方法.

下面介绍的一些行列式的性质，它们不仅可以用来简化行列式的计算，并且对行列式的一些理论研究，也是极为重要的.

从上节中的例 3.12 看出，上三角形行列式等于其对角线上 n 个元素的乘积. 我们以前曾学过一个矩阵可以通过初等行变换化为阶梯形矩阵. 因此，可以对行列式进行初等行变换把它化为上三角形行列式，通过上三角形行列式来计算原行列式. 初等行变换是不改变矩阵的秩的，但是它改变不改变行列式的值呢？我们通过下面的性质来说明三种初等变换对行列式的值的影响.

由于行列式的基本性质：其行、列具有对称性，因此我们可以对行列式的行作初等列变换；

(1) 互换行列式两行的位置；

(2) 用一个非零常数乘行列式的某一行；

(3) 行列式中某一行加上另一行的 k 倍.

矩阵的行、列两种初等变换统称初等变换，下面的讨论是针对行列式的行来进行的，对于列也有相应的结论，就不再重复了.

性质 3.1 互换行列式中两行的位置，行列式反号，即

$$\begin{vmatrix} a_{11} & a_{12} & \cdots & a_{1n} \\ \vdots & \vdots & & \vdots \\ a_{p1} & a_{p2} & \cdots & a_{pn} \\ \vdots & \vdots & & \vdots \\ a_{q1} & a_{q2} & \cdots & a_{qn} \\ \vdots & \vdots & & \vdots \\ a_{n1} & a_{n2} & \cdots & a_{nn} \end{vmatrix} \begin{matrix} \\ \\ (\text{第 } p \text{ 行}) \\ \\ (\text{第 } q \text{ 行}) \\ \\ \\ \end{matrix}$$

$$= -\begin{vmatrix} a_{11} & a_{12} & \cdots & a_{1n} \\ \vdots & \vdots & & \vdots \\ a_{q1} & a_{q2} & \cdots & a_{qn} \\ \vdots & \vdots & & \vdots \\ a_{p1} & a_{p2} & \cdots & a_{pn} \\ \vdots & \vdots & & \vdots \\ a_{n1} & a_{n2} & \cdots & a_{nn} \end{vmatrix} \begin{matrix} \\ \\ (\text{第 } p \text{ 行}) \\ \\ (\text{第 } q \text{ 行}) \\ \\ \\ \end{matrix}.$$

证明　已知

$$左端=\sum_{(j_1j_2\cdots j_n)}(-1)^{\tau(j_1\cdots j_p\cdots j_q\cdots j_n)}a_{1j_1}\cdots a_{pj_p}\cdots a_{qj_q}\cdots a_{nj_n}.$$

现在 $a_{1j_1},\cdots,a_{pj_p},\cdots,a_{qj_q},\cdots,a_{nj_n}$ 在右端的行列式中仍然是不同行不同列的. 所以它们的乘积 $a_{1j_1}\cdots a_{pj_p}\cdots a_{qj_q}\cdots a_{nj_n}$ 也是右端行列式的一个项. 但是 a_{pj_p} 在右端位于第 q 行第 j_p 列；a_{qj_q} 在右端位于第 p 行第 j_q 列. 所以这个项的因子在这种顺序下它们的行标与列标所成的排列分别是

$$\underset{\quad\quad\quad(\text{第}p\text{个})(\text{第}q\text{个})}{1\ \cdots\ q\ \cdots\ p\ \cdots\ n}$$

和

$$\underset{\quad\quad\quad(\text{第}p\text{个})(\text{第}q\text{个})}{j_1\ \cdots\ j_p\ \cdots\ j_q\ \cdots\ j_n.}$$

排列 $1\cdots q\cdots p\cdots n$ 是从自然顺序中将 p,q 对换而得的，所以这是一个奇排列. 因此这一项作为右端行列式的展开式中的一项，前面的符号应是

$$(-1)^{\tau(1\cdots q\cdots p\cdots n)}(-1)^{\tau(j_1\cdots j_p\cdots j_q\cdots j_n)}=-(-1)^{\tau(j_1\cdots j_p\cdots j_q\cdots j_n)},$$

从而

$$右端=左端.$$

推论 3.2　如果行列式有两行相同，则此行列式等于零.

证明　设行列式 D 中，有两行相同：

$$D=\begin{vmatrix} a_{11} & a_{12} & \cdots & a_{1n} \\ \vdots & \vdots & & \vdots \\ a_{p1} & a_{p2} & \cdots & a_{pn} \\ \vdots & \vdots & & \vdots \\ a_{p1} & a_{p2} & \cdots & a_{pn} \\ \vdots & \vdots & & \vdots \\ a_{n1} & a_{n2} & \cdots & a_{nn} \end{vmatrix}\begin{matrix} \\ \\ (\text{第}p\text{行}) \\ \\ (\text{第}q\text{行}) \\ \\ \\ \end{matrix}\quad(p\neq q),$$

根据性质 3.1，把第 p,q 两行互换，得

$$D=-\begin{vmatrix} a_{11} & a_{12} & \cdots & a_{1n} \\ \vdots & \vdots & & \vdots \\ a_{p1} & a_{p2} & \cdots & a_{pn} \\ \vdots & \vdots & & \vdots \\ a_{p1} & a_{p2} & \cdots & a_{pn} \\ \vdots & \vdots & & \vdots \\ a_{n1} & a_{n2} & \cdots & a_{nn} \end{vmatrix}\begin{matrix} \\ \\ (\text{第}p\text{行}) \\ \\ (\text{第}q\text{行}) \\ \\ \\ \end{matrix}=-D,$$

所以 $D=0$.

性质 3.2 行列式的某一行乘以数 k,所得行列式是原行列式的 k 倍:

$$\begin{vmatrix} a_{11} & a_{12} & \cdots & a_{1n} \\ \vdots & \vdots & & \vdots \\ ka_{p1} & ka_{p2} & \cdots & ka_{pn} \\ \vdots & \vdots & & \vdots \\ a_{n1} & a_{n2} & \cdots & a_{nn} \end{vmatrix} = k \begin{vmatrix} a_{11} & a_{12} & \cdots & a_{1n} \\ \vdots & \vdots & & \vdots \\ a_{p1} & a_{p2} & \cdots & a_{pn} \\ \vdots & \vdots & & \vdots \\ a_{n1} & a_{n2} & \cdots & a_{nn} \end{vmatrix}.$$

证明 上式左端$= \sum\limits_{(j_1 j_2 \cdots j_n)} (-1)^{\tau(j_1 j_2 \cdots j_n)} a_{1j_1} \cdots (ka_{pj_p}) \cdots a_{nj_n}$

$$= k \sum_{(j_1 j_2 \cdots j_n)} (-1)^{\tau(j_1 j_2 \cdots j_n)} a_{1j_1} \cdots a_{pj_p} \cdots a_{nj_n}$$

$=$ 右端.

这个性质说明,行列式中某一行的公因子可以提出来.或者说,用一数来乘行列式的某一行(即用此数乘这一行的每个元素)就等于用这个数乘此行列式.

推论 3.3 如果行列式中有两行成比例,那么行列式等于零,即

$$\begin{matrix} \\ \\ (\text{第 } p \text{ 行}) \\ \\ (\text{第 } q \text{ 行}) \\ \\ \\ \end{matrix} \begin{vmatrix} a_{11} & a_{12} & \cdots & a_{1n} \\ \vdots & \vdots & & \vdots \\ a_{p1} & a_{p2} & \cdots & a_{pn} \\ \vdots & \vdots & & \vdots \\ ka_{p1} & ka_{p2} & \cdots & ka_{pn} \\ \vdots & \vdots & & \vdots \\ a_{n1} & a_{n2} & \cdots & a_{nn} \end{vmatrix} = 0.$$

证明 根据性质 3.2 及性质 3.1 的推论 3.2,有

$$\begin{vmatrix} a_{11} & a_{12} & \cdots & a_{1n} \\ \vdots & \vdots & & \vdots \\ a_{p1} & a_{p2} & \cdots & a_{pn} \\ \vdots & \vdots & & \vdots \\ ka_{p1} & ka_{p2} & \cdots & ka_{pn} \\ \vdots & \vdots & & \vdots \\ a_{n1} & a_{n2} & \cdots & a_{nn} \end{vmatrix} = k \begin{vmatrix} a_{11} & a_{12} & \cdots & a_{1n} \\ \vdots & \vdots & & \vdots \\ a_{p1} & a_{p2} & \cdots & a_{pn} \\ \vdots & \vdots & & \vdots \\ a_{p1} & a_{p2} & \cdots & a_{pn} \\ \vdots & \vdots & & \vdots \\ a_{n1} & a_{n2} & \cdots & a_{nn} \end{vmatrix} = k \cdot 0 = 0.$$

推论 3.2 可作为此性质 $k=1$ 的特殊情况.

性质 3.3 某一行加上另一行的k倍,行列式不变,即

$$\begin{vmatrix} a_{11} & a_{12} & \cdots & a_{1n} \\ \vdots & \vdots & & \vdots \\ a_{p1} & a_{p2} & \cdots & a_{pn} \\ \vdots & \vdots & & \vdots \\ a_{q1} & a_{q2} & \cdots & a_{qn} \\ \vdots & \vdots & & \vdots \\ a_{n1} & a_{n2} & \cdots & a_{nn} \end{vmatrix} \begin{matrix} \\ \\ (\text{第 } p \text{ 行}) \\ \\ (\text{第 } q \text{ 行}) \\ \\ \\ \end{matrix}$$

$$= \begin{vmatrix} a_{11} & a_{12} & \cdots & a_{1n} \\ \vdots & \vdots & & \vdots \\ a_{p1} & a_{p2} & \cdots & a_{pn} \\ \vdots & \vdots & & \vdots \\ a_{q1}+ka_{p1} & a_{q2}+ka_{p2} & \cdots & a_{qn}+ka_{pn} \\ \vdots & \vdots & & \vdots \\ a_{n1} & a_{n2} & \cdots & a_{nn} \end{vmatrix} \begin{matrix} \\ \\ (\text{第 } p \text{ 行}) \\ \\ (\text{第 } q \text{ 行}) \\ \\ \\ \end{matrix}.$$

证明 将上式右边按行列式定义展开,得

$$\begin{aligned} \text{右边} &= \sum_{(j_1j_2\cdots j_n)} (-1)^{\tau(j_1j_2\cdots j_n)} a_{1j_1}\cdots(a_{qj_q}+ka_{pj_q})\cdots a_{nj_n} \\ &= \sum_{(j_1j_2\cdots j_n)} (-1)^{\tau(j_1j_2\cdots j_n)} a_{1j_1}\cdots a_{qj_q}\cdots a_{nj_n} \\ &\quad + \sum_{(j_1j_2\cdots j_n)} (-1)^{\tau(j_1j_2\cdots j_n)} a_{1j_1}\cdots(ka_{pj_q})\cdots a_{nj_n} \end{aligned}$$

其中第 1 个和号就是左边行列式的展开式,而第 2 个和号是下列行列式的展开式:

$$\begin{vmatrix} a_{11} & a_{12} & \cdots & a_{1n} \\ \vdots & \vdots & \vdots & \vdots \\ a_{p1} & a_{p2} & \cdots & a_{pn} \\ \vdots & \vdots & \vdots & \vdots \\ ka_{p1} & ka_{p2} & \cdots & ka_{pn} \\ \vdots & \vdots & \vdots & \vdots \\ a_{n1} & a_{n2} & \cdots & a_{nn} \end{vmatrix} \begin{matrix} \\ \\ (\text{第 } p \text{ 行}) \\ \\ (\text{第 } q \text{ 行}) \\ \\ \\ \end{matrix}.$$

根据性质 3.2 的推论 3.3,这个行列式等于 0.

因此左边=右边.

这个性质的证明用到从行列式的展开式找出原行列式.应用这个性质的

证明方法，还可得出下述行列式的性质：

推论 3.4 如

$$\begin{vmatrix} a_{11} & a_{12} & \cdots & a_{1n} \\ \vdots & \vdots & & \vdots \\ a_{p1}+a'_{p1} & a_{p2}+a'_{p2} & \cdots & a_{pn}+a'_{pn} \\ \vdots & \vdots & & \vdots \\ a_{n1} & a_{n2} & \cdots & a_{nn} \end{vmatrix} = \begin{vmatrix} a_{11} & a_{12} & \cdots & a_{1n} \\ \vdots & \vdots & & \vdots \\ a_{p1} & a_{p2} & \cdots & a_{pn} \\ \vdots & \vdots & & \vdots \\ a_{n1} & a_{n2} & \cdots & a_{nn} \end{vmatrix} + \begin{vmatrix} a_{11} & a_{12} & \cdots & a_{1n} \\ \vdots & \vdots & & \vdots \\ a'_{p1} & a'_{p2} & \cdots & a'_{pn} \\ \vdots & \vdots & & \vdots \\ a_{n1} & a_{n2} & \cdots & a_{nn} \end{vmatrix}.$$

这就是说，如果行列式中某一行（如第 p 行）是两组数的和，那么这个行列式就等于两个行列式的和. 这两个行列式分别以这两组数为这一行（第 p 行）的元素，而除去这一行以外，这两个行列式的其他各行与原来行列式的对应各行都是相同的.

这一性质可以推广到某一行为多组数的和的情形.

以上我们讨论了行列式的主要性质. 需要说明的是，上述所讲的性质，是对行而言的，根据行列式的基本性质，这些性质关于列也成立.

行列式的这三条性质说明三种初等变换对行列式的值的影响. 我们可以应用这三条性质，将行列式，特别是数字行列式通过初等行变换化为上三角形行列式. 每作一次初等行变换，将所发生的变化写上使之保持等值. 最后通过上三角形行列式算出原行列式的值. 我们通过例子来说明行列式的一般算法.

例 3.15 计算

$$\begin{vmatrix} 1 & 1 & -1 & 3 \\ -1 & -1 & 2 & 1 \\ 2 & 5 & 2 & 4 \\ 1 & 2 & 3 & 2 \end{vmatrix}.$$

解 我们把应用行列式性质的说明写在式子的推导和演算后面，请读者对照阅读.

$$\begin{vmatrix} 1 & 1 & -1 & 3 \\ -1 & -1 & 2 & 1 \\ 2 & 5 & 2 & 4 \\ 1 & 2 & 3 & 2 \end{vmatrix} \underset{①}{=} \begin{vmatrix} 1 & 1 & -1 & 3 \\ 0 & 0 & 1 & 4 \\ 0 & 3 & 4 & -2 \\ 0 & 1 & 4 & -1 \end{vmatrix}$$

$$\underset{②}{=} -\begin{vmatrix} 1 & 1 & -1 & 3 \\ 0 & 1 & 4 & -1 \\ 0 & 3 & 4 & -2 \\ 0 & 0 & 1 & 4 \end{vmatrix} \underset{③}{=} -\begin{vmatrix} 1 & 1 & -1 & 3 \\ 0 & 1 & 4 & -1 \\ 0 & 0 & -8 & 1 \\ 0 & 0 & 1 & 4 \end{vmatrix}$$

$$\underset{④}{=}\begin{vmatrix}1&1&-1&3\\0&1&4&-1\\0&0&1&4\\0&0&-8&1\end{vmatrix}\underset{⑤}{=}\begin{vmatrix}1&1&-1&3\\0&1&4&-1\\0&0&1&4\\0&0&0&33\end{vmatrix}=33.$$

① 根据性质 3.3：把第 1 行加到第 2 行上；第 1 行乘 −2 加到第 3 行上；第 1 行乘 −1 加到第 4 行上.

② 因为变化后的行列式的第 2 行第 2 列的元素等于零，所以必须先把这个位置的元素变成非零元素. 常用的方法，是将两行对换，或将某一行加到第 2 行上. 这里采用两行对换的方法，将第 2 行与第 4 行对换，第 2 行第 2 列位置的元素变为 1，不但以后计算简便，且可以避免出现分数.

③ 第 2 行乘 −3 加到第 3 行上.

④ 这里第 3 行第 3 列的元素原为 −8，本来可以将第 3 行的 $\frac{1}{8}$ 加到第 4 行上，使行列式化成上三角形. 但这样会出现分数，所以先将第 3，4 行对换一下，使得第 3 行第 3 列位置上的元素变成 1，下一步再将第 4 行第 3 列位置上的 −8 化为零，就不会出现分数了. 这个方法在一般情形下是很有用的.

⑤ 将第 3 行的 8 倍加到第 4 行上.

我们再来举一些例子说明如何应用行列式的性质来计算行列式.

例 3.16　证明

$$\begin{vmatrix}a+b&b+c&c+a\\a_1+b_1&b_1+c_1&c_1+a_1\\a_2+b_2&b_2+c_2&c_2+a_2\end{vmatrix}=2\begin{vmatrix}a&b&c\\a_1&b_1&c_1\\a_2&b_2&c_2\end{vmatrix}.$$

证明

$$\text{左端}=\begin{vmatrix}a&b+c&c+a\\a_1&b_1+c_1&c_1+a_1\\a_2&b_2+c_2&c_2+a_2\end{vmatrix}+\begin{vmatrix}b&b+c&c+a\\b_1&b_1+c_1&c_1+a_1\\b_2&b_2+c_2&c_2+a_2\end{vmatrix}$$

$$=\begin{vmatrix}a&b+c&c\\a_1&b_1+c_1&c_1\\a_2&b_2+c_2&c_2\end{vmatrix}+\begin{vmatrix}b&c&c+a\\b_1&c_1&c_1+a_1\\b_2&c_2&c_2+a_2\end{vmatrix}$$

$$=\begin{vmatrix}a&b&c\\a_1&b_1&c_1\\a_2&b_2&c_2\end{vmatrix}+\begin{vmatrix}b&c&a\\b_1&c_1&a_1\\b_2&c_2&a_2\end{vmatrix}=2\begin{vmatrix}a&b&c\\a_1&b_1&c_1\\a_2&b_2&c_2\end{vmatrix}.$$

例 3.17 计算

$$\begin{vmatrix} a & 1 & 1 & 1 \\ 1 & a & 1 & 1 \\ 1 & 1 & a & 1 \\ 1 & 1 & 1 & a \end{vmatrix}.$$

解 在这个行列式中，各行元素的和是相同的，都是 $a+3$. 因此，如果逐次把第 2 列、第 3 列、第 4 列都加到第 1 列上，则第 1 列的元素就全等于 $a+3$. 应用性质 3.2，把第 1 列的公因子 $a+3$ 提出来，就可以把这个行列式化为便于计算的形式. 这是一个常用的方法. 把第 2,3,4 列加到第 1 列的几个步骤可以一次写出来. 于是

$$\begin{vmatrix} a & 1 & 1 & 1 \\ 1 & a & 1 & 1 \\ 1 & 1 & a & 1 \\ 1 & 1 & 1 & a \end{vmatrix} = \begin{vmatrix} a+3 & 1 & 1 & 1 \\ a+3 & a & 1 & 1 \\ a+3 & 1 & a & 1 \\ a+3 & 1 & 1 & a \end{vmatrix} = (a+3)\begin{vmatrix} 1 & 1 & 1 & 1 \\ 1 & a & 1 & 1 \\ 1 & 1 & a & 1 \\ 1 & 1 & 1 & a \end{vmatrix}$$

$$= (a+3)\begin{vmatrix} 1 & 1 & 1 & 1 \\ 0 & a-1 & 0 & 0 \\ 0 & 0 & a-1 & 0 \\ 0 & 0 & 0 & a-1 \end{vmatrix}$$

$$= (a+3)(a-1)^3.$$

在上面的计算中，第 3 个等号也是把 3 个步骤一次写出的：把第 1 行乘 -1 后加到第 2,3,4 行上. 以后做习题时，也可这样写.

这个例子可以推广到 n 阶行列式的情形.

例 3.18 计算 n 阶行列式

$$\begin{vmatrix} a & 1 & \cdots & 1 \\ 1 & a & \cdots & 1 \\ \vdots & \vdots & & \vdots \\ 1 & 1 & \cdots & a \end{vmatrix}.$$

解

$$\begin{vmatrix} a & 1 & \cdots & 1 \\ 1 & a & \cdots & 1 \\ \vdots & \vdots & & \vdots \\ 1 & 1 & \cdots & a \end{vmatrix} = \begin{vmatrix} a+n-1 & 1 & \cdots & 1 \\ a+n-1 & a & \cdots & 1 \\ \vdots & \vdots & & \vdots \\ a+n-1 & 1 & \cdots & a \end{vmatrix}$$

$$=(a+n-1)\begin{vmatrix} 1 & 1 & \cdots & 1 \\ 1 & a & \cdots & 1 \\ \vdots & \vdots & & \vdots \\ 1 & 1 & \cdots & a \end{vmatrix}$$

$$=(a+n-1)\begin{vmatrix} 1 & 1 & \cdots & 1 \\ 0 & a-1 & \cdots & 0 \\ \vdots & \vdots & & \vdots \\ 0 & 0 & \cdots & a-1 \end{vmatrix}$$

$$=(a+n-1)(a-1)^{n-1}.$$

这个方法适用于各行或各列之和都相同的行列式.

习题 3.4

计算行列式：

(1) $\begin{vmatrix} x & y & x+y \\ y & x+y & x \\ x+y & x & y \end{vmatrix}$；　(2) $\begin{vmatrix} 1 & 2 & 3 & 4 \\ 2 & 3 & 4 & 1 \\ 3 & 4 & 1 & 2 \\ 4 & 1 & 2 & 3 \end{vmatrix}$；

(3) $\begin{vmatrix} 5 & 0 & 4 & 7 \\ 1 & -1 & 2 & 1 \\ 4 & 1 & 2 & 0 \\ 1 & 1 & 1 & 1 \end{vmatrix}$；　(4) $\begin{vmatrix} 0 & 1 & 2 & 4 & 1 \\ 2 & 0 & 1 & 1 & 3 \\ -1 & 3 & 5 & 2 & 6 \\ 3 & 4 & 3 & 5 & 0 \\ 1 & 1 & 1 & 6 & 6 \end{vmatrix}$；

(5) $\begin{vmatrix} a & b & \cdots & b \\ b & a & \cdots & b \\ \vdots & \vdots & & \vdots \\ b & b & \cdots & a \end{vmatrix}$　(n 阶).

3.5　行列式按一行(列)展开公式

从上节介绍的 n 阶行列式的性质及计算知道：行列式的阶数较低时，计算就比较容易.因此我们自然会想到，能否把一个阶数较高的行列式化成几个阶数较低的行列式来计算？由三阶行列式的展开式可以看到三阶行列式可以用二阶行列式表示：

$$\begin{vmatrix} a_{11} & a_{12} & a_{13} \\ a_{21} & a_{22} & a_{23} \\ a_{31} & a_{32} & a_{33} \end{vmatrix} = a_{11}\begin{vmatrix} a_{22} & a_{23} \\ a_{32} & a_{33} \end{vmatrix} - a_{12}\begin{vmatrix} a_{21} & a_{23} \\ a_{31} & a_{33} \end{vmatrix} + a_{13}\begin{vmatrix} a_{21} & a_{22} \\ a_{31} & a_{32} \end{vmatrix}.$$

对于一般的 n 阶行列式也可以做到这一点，也就是说，可以将一个 n 阶行列式用一些 $n-1$ 阶行列式来表示. 本节就论述这个问题.

首先引入下列定义：

定义 3.5 在 n 阶行列式

$$D=\begin{vmatrix} a_{11} & a_{12} & \cdots & a_{1n} \\ a_{21} & a_{22} & \cdots & a_{2n} \\ \vdots & \vdots & & \vdots \\ a_{n1} & a_{n2} & \cdots & a_{nn} \end{vmatrix}$$

中，划去元素 a_{ij} 所在的第 i 行第 j 列，剩下的元素按原来的排法，构成一个 $n-1$ 阶行列式

$$\begin{vmatrix} a_{11} & \cdots & a_{1,j-1} & a_{1,j+1} & \cdots & a_{1n} \\ \vdots & & \vdots & \vdots & & \vdots \\ a_{i-1,1} & \cdots & a_{i-1,j-1} & a_{i-1,j+1} & \cdots & a_{i-1,n} \\ a_{i+1,1} & \cdots & a_{i+1,j-1} & a_{i+1,j+1} & \cdots & a_{i+1,n} \\ \vdots & & \vdots & \vdots & & \vdots \\ a_{n1} & \cdots & a_{n,j-1} & a_{n,j+1} & \cdots & a_{nn} \end{vmatrix},$$

称其为元素 a_{ij} 的**余子式**，记为 M_{ij}.

例如，对于三阶行列式

$$D=\begin{vmatrix} a_{11} & a_{12} & a_{13} \\ a_{21} & a_{22} & a_{23} \\ a_{31} & a_{32} & a_{33} \end{vmatrix},$$

各个元素的余子式分别为

$$M_{11}=\begin{vmatrix} a_{22} & a_{23} \\ a_{32} & a_{33} \end{vmatrix},\quad M_{12}=\begin{vmatrix} a_{21} & a_{23} \\ a_{31} & a_{33} \end{vmatrix},\quad M_{13}=\begin{vmatrix} a_{21} & a_{22} \\ a_{31} & a_{32} \end{vmatrix},$$

$$M_{21}=\begin{vmatrix} a_{12} & a_{13} \\ a_{32} & a_{33} \end{vmatrix},\quad M_{22}=\begin{vmatrix} a_{11} & a_{13} \\ a_{31} & a_{33} \end{vmatrix},\quad M_{23}=\begin{vmatrix} a_{11} & a_{12} \\ a_{31} & a_{32} \end{vmatrix},$$

$$M_{31}=\begin{vmatrix} a_{12} & a_{13} \\ a_{22} & a_{23} \end{vmatrix},\quad M_{32}=\begin{vmatrix} a_{11} & a_{13} \\ a_{21} & a_{23} \end{vmatrix},\quad M_{33}=\begin{vmatrix} a_{11} & a_{12} \\ a_{21} & a_{22} \end{vmatrix}.$$

三阶行列式 D 可以通过各行的余子式来表示：

$$\begin{aligned} D &= a_{11}M_{11}-a_{12}M_{12}+a_{13}M_{13} \\ &= -a_{21}M_{21}+a_{22}M_{22}-a_{23}M_{23} \\ &= a_{31}M_{31}-a_{32}M_{32}+a_{33}M_{33}. \end{aligned}$$

也可以用各列的余子式来表示：

$$\begin{aligned} D &= a_{11}M_{11} - a_{21}M_{21} + a_{31}M_{31} \\ &= -a_{12}M_{12} + a_{22}M_{22} - a_{32}M_{32} \\ &= a_{13}M_{13} - a_{23}M_{23} + a_{33}M_{33}. \end{aligned}$$

从以上等式看出：M_{ij} 前面的符号，有时正，有时负. 为了弄清这个问题，引入下述定义：

定义 3.6　令

$$A_{ij} = (-1)^{i+j}M_{ij}.$$

A_{ij} 称为元素 a_{ij} 的**代数余子式**.

应用代数余子式的概念，三阶行列式可以表示成

$$D = a_{i1}A_{i1} + a_{i2}A_{i2} + a_{i3}A_{i3} \quad (i = 1,2,3)$$

或

$$D = a_{1j}A_{1j} + a_{2j}A_{2j} + a_{3j}A_{3j} \quad (j = 1,2,3).$$

在证明 n 阶行列式也可以用代数余子式来表示之前，为了熟悉与记住余子式和代数余子式的概念，先来举一些例子.

例 3.19　求

$$D = \begin{vmatrix} 1 & 0 & -1 \\ 1 & 2 & 0 \\ -1 & 3 & 2 \end{vmatrix}$$

的余子式 M_{11}, M_{12}, M_{13} 和代数余子式 A_{11}, A_{12}, A_{13}，并求 D.

解

$$M_{11} = \begin{vmatrix} 2 & 0 \\ 3 & 2 \end{vmatrix} = 4, \quad M_{12} = \begin{vmatrix} 1 & 0 \\ -1 & 2 \end{vmatrix} = 2, \quad M_{13} = \begin{vmatrix} 1 & 2 \\ -1 & 3 \end{vmatrix} = 5;$$

$$A_{11} = (-1)^{1+1}M_{11} = 4, \quad A_{12} = (-1)^{1+2}M_{12} = -2,$$

$$A_{13} = (-1)^{1+3}M_{13} = 5;$$

$$D = 1 \cdot A_{11} + 0 \cdot A_{12} + (-1) \cdot A_{13} = -1.$$

例 3.20　求

$$\begin{vmatrix} a & b & c \\ 1 & 2 & 0 \\ -1 & 3 & 2 \end{vmatrix}.$$

解　这个行列式与例 3.19 的行列式 D 除去第 1 行外，其他位置上的元素都是相同的. 因此，它的第 1 行的余子式与 D 的第 1 行的余子式也是相同的，因而它的第 1 行的代数余子式也与 D 的第 1 行的代数余子式相同，所以

$$\begin{vmatrix} a & b & c \\ 1 & 2 & 0 \\ -1 & 3 & 2 \end{vmatrix} = aA_{11} + bA_{12} + cA_{13} = 4a - 2b + 5c.$$

下面将证明如何用代数余子式表示 n 阶行列式的展开式.

定理 3.4 n 阶行列式

$$D = \begin{vmatrix} a_{11} & a_{12} & \cdots & a_{1n} \\ a_{21} & a_{22} & \cdots & a_{2n} \\ \vdots & \vdots & & \vdots \\ a_{n1} & a_{n2} & \cdots & a_{nn} \end{vmatrix}$$

等于它任意一行的所有元素与它们的对应代数余子式的乘积的和，即

$$D = a_{k1}A_{k1} + a_{k2}A_{k2} + \cdots + a_{kn}A_{kn} \quad (k = 1,2,\cdots,n).$$

证明 (1) 首先讨论第 n 行除 a_{nn} 外，其余元素全等于零，即 $a_{n1}=a_{n2}=\cdots=a_{n,n-1}=0$ 的情形，证明

$$D = \begin{vmatrix} a_{11} & a_{12} & \cdots & a_{1,n-1} & a_{1n} \\ \vdots & \vdots & & \vdots & \vdots \\ a_{n-1,1} & a_{n-1,2} & \cdots & a_{n-1,n-1} & a_{n-1,n} \\ 0 & 0 & \cdots & 0 & a_{nn} \end{vmatrix} = a_{nn}A_{nn}.$$

根据 n 阶行列式的定义，由于 $a_{n1}=a_{n2}=\cdots=a_{n,n-1}=0$，有

$$\begin{aligned} D &= \sum_{(j_1 j_2 \cdots j_n)} (-1)^{\tau(j_1 j_2 \cdots j_n)} a_{1j_1} a_{2j_2} \cdots a_{nj_n} \\ &= \sum_{(j_1 j_2 \cdots j_{n-1} n)} (-1)^{\tau(j_1 j_2 \cdots j_{n-1} n)} a_{1j_1} a_{2j_2} \cdots a_{n-1 j_{n-1}} a_{nn}, \end{aligned}$$

因为 $j_1 j_2 \cdots j_{n-1} n$ 是一个 n 阶排列，所以 $j_1 j_2 \cdots j_{n-1}$ 是一个 $n-1$ 阶排列，而且

$$\tau(j_1 j_2 \cdots j_{n-1} n) = \tau(j_1 j_2 \cdots j_{n-1}).$$

于是

$$D = a_{nn} \sum_{(j_1 j_2 \cdots j_{n-1})} (-1)^{\tau(j_1 j_2 \cdots j_{n-1})} a_{1j_1} a_{2j_2} \cdots a_{n-1 j_{n-1}},$$

式中 $\sum\limits_{(j_1 j_2 \cdots j_{n-1})}$ 表示对所有 $n-1$ 阶排列求和，因此

$$D = a_{nn}M_{nn} = a_{nn}A_{nn}.$$

(2) 讨论第 k 行除 a_{kj} $(k,j=1,2,\cdots,n)$ 外，其余元素全等于零的情形，证明

$$\begin{vmatrix} a_{11} & \cdots & a_{1,j-1} & a_{1j} & a_{1,j+1} & \cdots & a_{1n} \\ \vdots & & \vdots & \vdots & \vdots & & \vdots \\ a_{k-1,1} & \cdots & a_{k-1,j-1} & a_{k-1,j} & a_{k-1,j+1} & \cdots & a_{k-1,n} \\ 0 & \cdots & 0 & a_{kj} & 0 & \cdots & 0 \\ a_{k+1,1} & \cdots & a_{k+1,j-1} & a_{k+1,j} & a_{k+1,j+1} & \cdots & a_{k+1,n} \\ \vdots & & \vdots & \vdots & \vdots & & \vdots \\ a_{n1} & \cdots & a_{n,j-1} & a_{nj} & a_{n,j+1} & \cdots & a_{nn} \end{vmatrix} = a_{kj}A_{kj}.$$

我们设法改变行列式的行列次序，使 a_{kj} 位于第 n 行第 n 列的位置，并且保持 a_{kj} 的余子式不变，从而把情况(2)化为情况(1)．为此，把 D 的第 k 行依次与第 $k+1$ 行，第 $k+2$ 行，…，第 n 行对换．这样，一共进行了 $n-k$ 次两行互换的步骤，就把第 k 行换到第 n 行的位置．再将第 j 列依次与第 $j+1$ 列，第 $j+2$ 列，…，第 n 列对换，一共进行了 $n-j$ 次两列互换的步骤，就把 a_{kj} 换到第 n 行，第 n 列的位置上．因此

$$D=(-1)^{(n-k)+(n-j)}\begin{vmatrix} a_{11} & \cdots & a_{1,j-1} & a_{1,j+1} & \cdots & a_{1n} & a_{1j} \\ \vdots & & \vdots & \vdots & & \vdots & \vdots \\ a_{k-1,1} & \cdots & a_{k-1,j-1} & a_{k-1,j+1} & \cdots & a_{k-1,n} & a_{k-1,j} \\ a_{k+1,1} & \cdots & a_{k+1,j-1} & a_{k+1,j+1} & \cdots & a_{k+1,n} & a_{k+1,j} \\ \vdots & & \vdots & \vdots & & \vdots & \vdots \\ a_{11} & \cdots & a_{nj-1} & a_{nj+1} & \cdots & a_{nn} & a_{nj} \\ 0 & \cdots & 0 & 0 & \cdots & 0 & a_{kj} \end{vmatrix}$$

$$=(-1)^{(2n-k-j)}a_{kj}\begin{vmatrix} a_{11} & \cdots & a_{i,j-1} & a_{1,j+1} & \cdots & a_{1n} \\ \vdots & & \vdots & \vdots & & \vdots \\ a_{k-1,1} & \cdots & a_{k-1,j-1} & a_{k-1,j+1} & \cdots & a_{k-1,n} \\ a_{k+1,1} & \cdots & a_{k+1,j-1} & a_{k+1,j+1} & \cdots & a_{k+1,n} \\ \vdots & & \vdots & \vdots & & \vdots \\ a_{n1} & \cdots & a_{n,j-1} & a_{n,j+1} & \cdots & a_{nn} \end{vmatrix}$$

$$=(-1)^{k+j}a_{kj}M_{kj}=a_{kj}A_{kj}.$$

(3) 最后证明一般情形，把 D 表成

$$D=\begin{vmatrix} a_{11} & a_{12} & \cdots & a_{1n} \\ \vdots & \vdots & & \vdots \\ a_{k1}+0+\cdots+0 & 0+a_{k2}+0+\cdots+0 & \cdots & 0+\cdots+0+a_{kn} \\ \vdots & \vdots & & \vdots \\ a_{n1} & a_{n2} & \cdots & a_{nn} \end{vmatrix}$$

应用行列式的性质 3.3 推论 3.4，即得

$$D=\begin{vmatrix} a_{11} & a_{12} & \cdots & a_{1n} \\ \vdots & \vdots & & \vdots \\ a_{k1} & 0 & \cdots & 0 \\ \vdots & \vdots & & \vdots \\ a_{n1} & a_{n2} & \cdots & a_{nn} \end{vmatrix}+\begin{vmatrix} a_{11} & a_{12} & \cdots & a_{1n} \\ \vdots & \vdots & & \vdots \\ 0 & a_{k2} & \cdots & 0 \\ \vdots & \vdots & & \vdots \\ a_{n1} & a_{n2} & \cdots & a_{nn} \end{vmatrix}+\cdots+\begin{vmatrix} a_{11} & a_{12} & \cdots & a_{1n} \\ \vdots & \vdots & & \vdots \\ 0 & 0 & \cdots & a_{kn} \\ \vdots & \vdots & & \vdots \\ a_{n1} & a_{n2} & \cdots & a_{nn} \end{vmatrix}$$

$$= a_{k1}A_{k1}+a_{k2}A_{k2}+\cdots+a_{kn}A_{kn} \quad (k=1,2,\cdots,n).$$

这个定理今后时常会用到. 通常称其为行列式按一行(第 k 行)展开的公式.

由于行列式中行与列的对称性，所以，同样也可以将行列式按一列展开，即

定理 3.4′ n 阶行列式

$$D=\begin{vmatrix} a_{11} & a_{12} & \cdots & a_{1n} \\ a_{21} & a_{22} & \cdots & a_{2n} \\ \vdots & \vdots & & \vdots \\ a_{n1} & a_{n2} & \cdots & a_{nn} \end{vmatrix}$$

等于它任意一列的所有元素与它们的对应代数余子式的乘积的和，即

$$D=a_{1l}A_{1l}+a_{2l}A_{2l}+\cdots+a_{nl}A_{nl} \quad (l=1,2,\cdots,n).$$

从代数余子式的定义以及例题可以看到：a_{ij} 的代数余子式只与 a_{ij} 所在的位置有关，而与 a_{ij} 本身的数值无关. 利用这一点，可以证明关于代数余子式的另一个重要的性质. 即

定理 3.5 n 阶行列式

$$D=\begin{vmatrix} a_{11} & a_{12} & \cdots & a_{1n} \\ \vdots & \vdots & & \vdots \\ a_{i1} & a_{i2} & \cdots & a_{in} \\ \vdots & \vdots & & \vdots \\ a_{k1} & a_{k2} & \cdots & a_{kn} \\ \vdots & \vdots & & \vdots \\ a_{n1} & a_{n2} & \cdots & a_{nn} \end{vmatrix}$$

中某一行(列)的每个元素与另一行(列)相应元素的代数余子式的乘积的和等于零，即当 $k\neq i$ 时，

$$a_{k1}A_{i1}+a_{k2}A_{i2}+\cdots+a_{kn}A_{in}=0.$$

证明 在行列式

$$D=\begin{vmatrix} a_{11} & a_{12} & \cdots & a_{1n} \\ \vdots & \vdots & & \vdots \\ a_{i1} & a_{i2} & \cdots & a_{in} \\ \vdots & \vdots & & \vdots \\ a_{k1} & a_{k2} & \cdots & a_{kn} \\ \vdots & \vdots & & \vdots \\ a_{n1} & a_{n2} & \cdots & a_{nn} \end{vmatrix} \begin{matrix} \\ \\ (\text{第 } i \text{ 行}) \\ \\ (\text{第 } k \text{ 行}) \\ \\ \\ \end{matrix}$$

中将第 i 行的元素都换成第 $k(k\neq i)$行的元素，得到另一个行列式

$$D_0=\begin{vmatrix} a_{11} & a_{12} & \cdots & a_{1n} \\ \vdots & \vdots & & \vdots \\ a_{k1} & a_{k2} & \cdots & a_{kn} \\ \vdots & \vdots & & \vdots \\ a_{k1} & a_{k2} & \cdots & a_{kn} \\ \vdots & \vdots & & \vdots \\ a_{n1} & a_{n2} & \cdots & a_{nn} \end{vmatrix} \begin{matrix} \\ \\ (\text{第 } i \text{ 行}) \\ \\ (\text{第 } k \text{ 行}) \\ \\ \\ \end{matrix}$$

显然，D_0 的第 i 行的代数余子式与 D 的第 i 行的代数余子式是完全一样的. 将 D_0 按第 i 行展开，得

$$D_0=a_{k1}A_{i1}+a_{k2}A_{i2}+\cdots+a_{kn}A_{in}.$$

但是 D_0 中有两行元素相同，所以 $D_0=0$，因此

$$a_{k1}A_{i1}+a_{k2}A_{i2}+\cdots+a_{kn}A_{in}=0 \quad (i\neq k).$$

关于列也有相应的结果，即当 $l\neq j$ 时，

$$a_{1l}A_{1j}+a_{2l}A_{2j}+\cdots+a_{nl}A_{nj}=0.$$

将定理 3.4 与定理 3.5 归纳起来，应用连加号，可以简写成

$$\sum_{s=1}^{n}a_{ks}A_{is}=\begin{cases} D, & \text{当 } k=i \text{ 时；} \\ 0, & \text{当 } k\neq i \text{ 时.} \end{cases}$$

$$\sum_{s=1}^{n}a_{sl}A_{sj}=\begin{cases} D, & \text{当 } l=j \text{ 时；} \\ 0, & \text{当 } l\neq j \text{ 时.} \end{cases}$$

这两组公式是很重要的，下一节用行列式解线性方程组时就要用到.

行列式按一行(列)展开的公式可以用来计算 n 阶行列式，但是直接应用这两组公式只是把一个 n 阶行列式的计算换成计算 n 个 $n-1$ 阶行列式，计算量不一定减少许多. 而只有当行列式中某一行或某一列含有较多的零时，应用这两组公式才真正有意义.

以后我们将会看到关于行列式按一行(列)展开的公式不仅可用来简化

行列式的计算,在理论上也有很重要的应用.

下面我们通过例题来说明利用行列式的定义、性质和按一行(列)展开公式计算行列式的常用方法及主要技巧.行列式的计算是一个专门的课题,有很多理论和计算方法,这里只是结合本课程的要求,介绍一些基本的方法.

例 3.21 计算行列式

$$\begin{vmatrix} 1 & 0 & -1 & 2 \\ -2 & 1 & 3 & 1 \\ 0 & 1 & 0 & -1 \\ 1 & 3 & 4 & -2 \end{vmatrix}.$$

解

$$\begin{vmatrix} 1 & 0 & -1 & 2 \\ -2 & 1 & 3 & 1 \\ 0 & 1 & 0 & -1 \\ 1 & 3 & 4 & -2 \end{vmatrix} = \begin{vmatrix} 1 & 0 & -1 & 2 \\ -2 & 1 & 3 & 2 \\ 0 & 1 & 0 & 0 \\ 1 & 3 & 4 & 1 \end{vmatrix}$$

$$= (-1)^{3+2}\begin{vmatrix} 1 & -1 & 2 \\ -2 & 3 & 2 \\ 1 & 4 & 1 \end{vmatrix} = -\begin{vmatrix} 1 & -1 & 2 \\ 0 & 1 & 6 \\ 0 & 5 & -1 \end{vmatrix}$$

$$= -(-1)^{1+1}\begin{vmatrix} 1 & 6 \\ 5 & -1 \end{vmatrix} = 31.$$

例 3.22 证明

$$D = \begin{vmatrix} 1 & 1 & 1 & \cdots & 1 \\ a_1 & a_2 & a_3 & \cdots & a_n \\ a_1^2 & a_2^2 & a_3^2 & \cdots & a_n^2 \\ \vdots & \vdots & \vdots & & \vdots \\ a_1^{n-1} & a_2^{n-1} & a_3^{n-1} & \cdots & a_n^{n-1} \end{vmatrix} = \prod_{1 \leqslant j < i \leqslant n} (a_i - a_j).$$

这个行列式叫做范德蒙德(Van der monde)行列式.这个例题说明 n 阶范德蒙德行列式等于 $a_1, a_2, \cdots, a_n$ 这 n 个数的所有可能的差 $a_i - a_j$ $(1 \leqslant j < i \leqslant n)$ 的乘积.因此,当 $a_1, a_2, \cdots, a_n$ 各不相同时,$D \neq 0$.

证明 对 n 用归纳法来证明这个公式.

当 $n=2$ 时,

$$\begin{vmatrix} 1 & 1 \\ a_1 & a_2 \end{vmatrix} = a_2 - a_1,$$

结论是对的.假设对于 $n-1$ 阶的范德蒙德行列式结论成立,下面来看 n 阶的情形.

在 D 中,从第 n 行减去第 $n-1$ 行的 a_1 倍,再从第 $n-1$ 行减去第 $n-2$ 行

的 a_1 倍……依次由下而上地从每一行减去它上一行的 a_1 倍，得

$$D=\begin{vmatrix}1 & 1 & 1 & \cdots & 1\\ 0 & a_2-a_1 & a_3-a_1 & \cdots & a_n-a_1\\ 0 & a_2^2-a_1a_2 & a_3^2-a_1a_3 & \cdots & a_n^2-a_1a_n\\ \vdots & \vdots & \vdots & & \vdots\\ 0 & a_2^{n-1}-a_1a_2^{n-2} & a_3^{n-1}-a_1a_3^{n-2} & \cdots & a_n^{n-1}-a_1a_n^{n-2}\end{vmatrix}$$

$$=\begin{vmatrix}a_2-a_1 & a_3-a_1 & \cdots & a_n-a_1\\ a_2^2-a_1a_2 & a_3^2-a_1a_3 & \cdots & a_n^2-a_1a_n\\ \vdots & \vdots & & \vdots\\ a_2^{n-1}-a_1a_2^{n-2} & a_3^{n-1}-a_1a_3^{n-2} & \cdots & a_n^{n-1}-a_1a_n^{n-2}\end{vmatrix},$$

从第 1 列提出公因子 a_2-a_1，从第 2 列提出公因子 a_3-a_1，…，从最后一列提出公因子a_n-a_1，得

$$D=(a_2-a_1)(a_3-a_1)\cdots(a_n-a_1)\begin{vmatrix}1 & 1 & \cdots & 1\\ a_2 & a_3 & \cdots & a_n\\ a_2^2 & a_3^2 & \cdots & a_n^2\\ \vdots & \vdots & & \vdots\\ a_2^{n-2} & a_3^{n-2} & \cdots & a_n^{n-2}\end{vmatrix},$$

后面这个行列式是一个 $n-1$ 阶范德蒙德行列式，根据归纳法假设，它等于所有可能的差a_i-a_j（$2\leqslant j<i\leqslant n$）的乘积；而包含 a_1 的差全在前面出现了，从而

$$D=\prod_{1\leqslant j<i\leqslant n}(a_i-a_j),$$

即结论对 n 阶范德蒙德行列式也成立. 根据数学归纳法原理，等式普遍成立.

例 3.23 证明

$$\begin{vmatrix}x & -1 & \cdots & 0 & 0\\ 0 & x & \cdots & 0 & 0\\ \vdots & \vdots & & \vdots & \vdots\\ 0 & 0 & \cdots & x & -1\\ a_0 & a_1 & \cdots & a_{n-2} & x+a_{n-1}\end{vmatrix}=x^n+a_{n-1}x^{n-1}+\cdots+a_1x+a_0.$$

证明 对行列式的阶数作数学归纳法. 当 $n=2$ 时，

$$\begin{vmatrix}x & -1\\ a_0 & x+a_1\end{vmatrix}=x^2+a_1x+a_0,$$

等式成立.

假设对 $n-1$ 阶行列式等式成立，则对 n 阶行列式

$$\begin{vmatrix} x & -1 & \cdots & 0 & 0 \\ 0 & x & \cdots & 0 & 0 \\ \vdots & \vdots & & \vdots & \vdots \\ 0 & 0 & \cdots & x & -1 \\ a_0 & a_1 & \cdots & a_{n-2} & x+a_{n-1} \end{vmatrix} = x\begin{vmatrix} x & -1 & \cdots & 0 & 0 \\ 0 & x & \cdots & 0 & 0 \\ \vdots & \vdots & & \vdots & \vdots \\ 0 & 0 & \cdots & x & -1 \\ a_1 & a_2 & \cdots & a_{n-2} & x+a_{n-1} \end{vmatrix}$$

$$+a_0(-1)^{n+1}\begin{vmatrix} -1 & 0 & \cdots & 0 & 0 \\ x & -1 & \cdots & 0 & 0 \\ \vdots & \vdots & & \vdots & \vdots \\ 0 & 0 & \cdots & -1 & 0 \\ 0 & 0 & \cdots & x & -1 \end{vmatrix}$$

$$= x(x^{n-1}+a_{n-1}x^{n-2}+\cdots+a_2x+a_1)+a_0(-1)^{n+1}(-1)^{n-1}$$

$$= x^n+a_{n-1}x^{n-1}+\cdots+a_2x^2+a_1x+a_0,$$

等式也成立.

根据归纳法原理,等式普遍成立.

例 3.24 试证

$$\begin{vmatrix} a_{11} & \cdots & a_{1k} & 0 & \cdots & 0 \\ \vdots & & \vdots & \vdots & & \vdots \\ a_{k1} & \cdots & a_{kk} & 0 & \cdots & 0 \\ c_{11} & \cdots & c_{1k} & b_{11} & \cdots & b_{1l} \\ \vdots & & \vdots & \vdots & & \vdots \\ c_{l1} & \cdots & c_{lk} & b_{l1} & \cdots & b_{ll} \end{vmatrix} = \begin{vmatrix} a_{11} & \cdots & a_{1k} \\ \vdots & & \vdots \\ a_{k1} & \cdots & a_{kk} \end{vmatrix} \cdot \begin{vmatrix} b_{11} & \cdots & b_{1l} \\ \vdots & & \vdots \\ b_{l1} & \cdots & b_{ll} \end{vmatrix}.$$

证明 对 k 用数学归纳法证明.当 $k=1$ 时,上式左端成为

$$\begin{vmatrix} a_{11} & 0 & \cdots & 0 \\ c_{11} & b_{11} & \cdots & b_{1l} \\ \vdots & \vdots & & \vdots \\ c_{l1} & b_{l1} & \cdots & b_{ll} \end{vmatrix},$$

按第 1 行展开,就得到所需结论.

假设对于 $k=s-1$,即左端的左上角是一个 $s-1$ 阶行列式时等式成立.现在来看 $k=s$ 的情形,按第 1 行展开,得

$$\begin{vmatrix} a_{11} & \cdots & a_{1s} & 0 & \cdots & 0 \\ \vdots & & \vdots & \vdots & & \vdots \\ a_{s1} & \cdots & a_{ss} & 0 & \cdots & 0 \\ c_{11} & \cdots & c_{1s} & b_{11} & \cdots & b_{1l} \\ \vdots & & \vdots & \vdots & & \vdots \\ c_{l1} & \cdots & c_{ls} & b_{l1} & \cdots & b_{ll} \end{vmatrix} = a_{11}\begin{vmatrix} a_{22} & \cdots & a_{2s} & 0 & \cdots & 0 \\ \vdots & & \vdots & \vdots & & \vdots \\ a_{s2} & \cdots & a_{ss} & 0 & \cdots & 0 \\ c_{12} & \cdots & c_{1s} & b_{11} & \cdots & b_{1l} \\ \vdots & & \vdots & \vdots & & \vdots \\ c_{l2} & \cdots & c_{ls} & b_{l1} & \cdots & b_{ll} \end{vmatrix} + \cdots$$

$$
+(-1)^{1+i}a_{1i}\begin{vmatrix} a_{21} & \cdots & a_{2,i-1} & a_{2,i+1} & \cdots & a_{2s} & 0 & \cdots & 0 \\ \vdots & & \vdots & \vdots & & \vdots & \vdots & & \vdots \\ a_{s1} & \cdots & a_{s,i-1} & a_{s,i+1} & \cdots & a_{ss} & 0 & \cdots & 0 \\ c_{11} & \cdots & c_{1,i-1} & c_{1,i+1} & \cdots & c_{1s} & b_{11} & \cdots & b_{1l} \\ \vdots & & \vdots & \vdots & & \vdots & \vdots & & \vdots \\ c_{l1} & \cdots & c_{l,i-1} & c_{l,i+1} & \cdots & c_{ls} & b_{l1} & \cdots & b_{ll} \end{vmatrix}+\cdots
$$

$$
+(-1)^{1+s}a_{1s}\begin{vmatrix} a_{21} & \cdots & a_{2,s-1} & 0 & \cdots & 0 \\ \vdots & & \vdots & \vdots & & \vdots \\ a_{s1} & \cdots & a_{s,s-1} & 0 & \cdots & 0 \\ c_{11} & \cdots & c_{1,s-1} & b_{11} & \cdots & b_{1l} \\ \vdots & & \vdots & \vdots & & \vdots \\ c_{l1} & \cdots & c_{l,s-1} & b_{l1} & \cdots & b_{ll} \end{vmatrix}
$$

$$
=a_{11}\begin{vmatrix} a_{22} & \cdots & a_{2s} \\ \vdots & & \vdots \\ a_{s2} & \cdots & a_{ss} \end{vmatrix}\cdot\begin{vmatrix} b_{11} & \cdots & b_{1l} \\ \vdots & & \vdots \\ b_{l1} & \cdots & b_{ll} \end{vmatrix}+\cdots
$$

$$
+(-1)^{1+i}a_{1i}\begin{vmatrix} a_{21} & \cdots & a_{2,i-1} & a_{2,i+1} & \cdots & a_{2s} \\ \vdots & & \vdots & \vdots & & \vdots \\ a_{s1} & \cdots & a_{s,i-1} & a_{s,i+1} & \cdots & a_{ss} \end{vmatrix}\cdot\begin{vmatrix} b_{11} & \cdots & b_{1l} \\ \vdots & & \vdots \\ b_{l1} & \cdots & b_{ll} \end{vmatrix}+\cdots
$$

$$
+(-1)^{1+s}a_{1s}\begin{vmatrix} a_{21} & \cdots & a_{2,s-1} \\ \vdots & & \vdots \\ a_{s1} & \cdots & a_{s,s-1} \end{vmatrix}\cdot\begin{vmatrix} b_{11} & \cdots & b_{1l} \\ \vdots & & \vdots \\ b_{l1} & \cdots & b_{ll} \end{vmatrix}
$$

$$
=\left(a_{11}\begin{vmatrix} a_{22} & \cdots & a_{2s} \\ \vdots & & \vdots \\ a_{s2} & \cdots & a_{ss} \end{vmatrix}+\cdots+(-1)^{1+i}a_{1i}\begin{vmatrix} a_{21} & \cdots & a_{2,i-1} & a_{2,i+1} & \cdots & a_{2s} \\ \vdots & & \vdots & \vdots & & \vdots \\ a_{s1} & \cdots & a_{s,i-1} & a_{s,i+1} & \cdots & a_{ss} \end{vmatrix}+\cdots\right.
$$

$$
\left.+(-1)^{1+s}a_{1s}\begin{vmatrix} a_{21} & \cdots & a_{2,s-1} \\ \vdots & & \vdots \\ a_{s1} & \cdots & a_{s,s-1} \end{vmatrix}\right)\cdot\begin{vmatrix} b_{11} & \cdots & b_{1l} \\ \vdots & & \vdots \\ b_{l1} & \cdots & b_{ll} \end{vmatrix}
$$

$$
=\begin{vmatrix} a_{11} & \cdots & a_{1s} \\ \vdots & & \vdots \\ a_{s1} & \cdots & a_{ss} \end{vmatrix}\cdot\begin{vmatrix} b_{11} & \cdots & b_{1l} \\ \vdots & & \vdots \\ b_{l1} & \cdots & b_{ll} \end{vmatrix}.
$$

这里第 2 个等号是应用归纳法假设,最后一步是根据行列式按一行展开的公式.这说明当行列式的左上角是一个 s 阶行列式时,结论也成立.

由归纳法原理可知,命题普遍成立.

上面的一些例子,不仅介绍了一些常用的计算行列式的方法,有些例子还可作为公式应用.

习题 3.5

1. 设

$$D=\begin{vmatrix}1&1&0&1\\1&3&1&-1\\-1&0&2&1\\3&-1&0&1\end{vmatrix}.$$

(1) 计算 $M_{12}, M_{23}, A_{14}, A_{32}$;

(2) 计算 $A_{11}+A_{12}+A_{13}+A_{14}$.

2. 计算行列式:

(1) $\begin{vmatrix}1&2&3&4\\-2&1&-4&3\\3&-4&-1&2\\4&3&-2&-1\end{vmatrix}$;

(2) $\begin{vmatrix}0&1&2&-1&4\\-1&4&4&2&6\\3&3&1&2&1\\2&1&0&3&5\\-1&3&5&1&2\end{vmatrix}$;

(3) $\begin{vmatrix}1&1&1&1\\1&-1&2&-2\\1&1&4&4\\1&-1&8&-8\end{vmatrix}$;

(4) $\begin{vmatrix}1&1&1&1\\1&2&3&4\\1&4&9&16\\1&8&27&64\end{vmatrix}$;

(5) $\begin{vmatrix}1&2&3&0&0\\4&5&6&0&0\\7&9&8&0&0\\0&0&0&1&3\\0&0&0&5&7\end{vmatrix}$.

3. 计算

$$\begin{vmatrix}1&2&2&\cdots&2\\2&2&2&\cdots&2\\2&2&3&\cdots&2\\\vdots&\vdots&\vdots&&\vdots\\2&2&2&\cdots&n\end{vmatrix}.$$

4. 计算 n 阶行列式

$$\begin{vmatrix} 1 & 1 & \cdots & 0 & 0 \\ 0 & 1 & \cdots & 0 & 0 \\ \vdots & \vdots & & \vdots & \vdots \\ 0 & 0 & \cdots & 1 & 1 \\ 1 & 0 & \cdots & 0 & 1 \end{vmatrix}.$$

3.6　矩阵的秩与行列式

这一节讨论矩阵的秩与行列式的关系.

如果 $\boldsymbol{A}$ 是一个 n 阶方阵：

$$\boldsymbol{A} = \begin{pmatrix} a_{11} & a_{12} & \cdots & a_{1n} \\ a_{21} & a_{22} & \cdots & a_{2n} \\ \vdots & \vdots & & \vdots \\ a_{n1} & a_{n2} & \cdots & a_{nn} \end{pmatrix},$$

那么 $\boldsymbol{A}$ 中元素按原来的位置排成一个 n 阶行列式

$$D = \begin{vmatrix} a_{11} & a_{12} & \cdots & a_{1n} \\ a_{21} & a_{22} & \cdots & a_{2n} \\ \vdots & \vdots & & \vdots \\ a_{n1} & a_{n2} & \cdots & a_{nn} \end{vmatrix}.$$

行列式 D 称为矩阵 $\boldsymbol{A}$ 的行列式,记作 $\det(\boldsymbol{A})$ 或简单地记作 $|\boldsymbol{A}|$.

以前在求 $\boldsymbol{A}$ 的秩时,把 $\boldsymbol{A}$ 用初等行变换化为阶梯形矩阵. 阶梯形矩阵中非零行的个数就是 $\boldsymbol{A}$ 的秩. 用同样的初等行变换作用于行列式 D,设 D 经过这些初等行变换后变成 D_1,那么 D_1 与 D 有什么关系呢? 应用以前关于行列式的初等变换对行列式的值的影响,可知

$$D_1 = kD.$$

其中 k 是一个非零常数. 因此,D 与 D_1 都等于零或都不等于零. 把阶梯形矩阵写成一个对角形矩阵. 如果

$$\boldsymbol{A} \to \begin{pmatrix} c_1 & & & * \\ & c_2 & & \\ & & \ddots & \\ & & & c_n \end{pmatrix},$$

那么

$$D_1=\begin{vmatrix} c_1 & & * & \\ & c_2 & & \\ & & \ddots & \\ & & & c_n \end{vmatrix}.$$

当 $\boldsymbol{A}$ 的秩为 n 时，$c_i\neq 0(i=1,2,\cdots,n)$，因此 D_1 不等于零，D 也不等于零. 因此有下列结论.

定理 3.6 n 阶方阵 $\boldsymbol{A}$ 的秩等于 n 的充分必要条件是 $\boldsymbol{A}$ 的行列式不等于零.

$\boldsymbol{A}$ 的秩等于 n 就是 $\boldsymbol{A}$ 的行向量组

$$\begin{aligned}\boldsymbol{\alpha}_1&=(a_{11},a_{12},\cdots,a_{1n}),\\ \boldsymbol{\alpha}_2&=(a_{21},a_{22},\cdots,a_{2n}),\\ &\vdots\\ \boldsymbol{\alpha}_n&=(a_{n1},a_{n2},\cdots,a_{nn})\end{aligned}\tag{3.12}$$

线性无关.

$\boldsymbol{A}$ 的列向量组

$$\begin{aligned}\boldsymbol{\beta}_1&=(a_{11},a_{21},\cdots,a_{n1})^{\mathrm{T}},\\ \boldsymbol{\beta}_2&=(a_{12},a_{22},\cdots,a_{n2})^{\mathrm{T}},\\ &\vdots\\ \boldsymbol{\beta}_n&=(a_{1n},a_{2n},\cdots,a_{nn})^{\mathrm{T}}\end{aligned}$$

是 $\boldsymbol{A}$ 的转置 $\boldsymbol{A}^{\mathrm{T}}$ 的行向量组. 因此有：

推论 3.5 n 阶方阵 $\boldsymbol{A}$ 的秩等于 n 的充分必要条件是 $\boldsymbol{A}$ 的行(列)向量线性无关.

从定理 3.6 还可推出关于向量组的一个重要性质.

推论 3.6 n 个 n 维向量 $\boldsymbol{\alpha}_1,\boldsymbol{\alpha}_2,\cdots,\boldsymbol{\alpha}_n$(见式(3.12))线性无关的充分必要条件是以它们为行(或列)构成的 n 阶行列式 $D\neq 0$. 而 $\boldsymbol{\alpha}_1,\boldsymbol{\alpha}_2,\cdots,\boldsymbol{\alpha}_n$ 线性相关的充分必要条件是 $D=0$.

这个性质应用于判断 n 个 n 维向量是否线性相关是非常方便的.

把定理 3.6 应用于齐次线性方程组，可以得到定理 1.3 当 $s=n$ 的特殊情形的有非零解的条件.

推论 3.7 齐次线性方程组

$$\begin{cases}a_{11}x_1+a_{12}x_2+\cdots+a_{1n}x_n=0,\\ a_{21}x_1+a_{22}x_2+\cdots+a_{2n}x_n=0,\\ \qquad\qquad\vdots\\ a_{n1}x_1+a_{n2}x_2+\cdots+a_{nn}x_n=0\end{cases}$$

有非零解的充分必要条件是它的系数行列式

$$\begin{vmatrix} a_{11} & a_{12} & \cdots & a_{1n} \\ a_{21} & a_{22} & \cdots & a_{2n} \\ \vdots & \vdots & & \vdots \\ a_{n1} & a_{n2} & \cdots & a_{nn} \end{vmatrix} = 0.$$

如果 n 阶方阵 $\boldsymbol{A}$ 的行列式不等于零就称 $\boldsymbol{A}$ 是**非退化**的，否则称 $\boldsymbol{A}$ 为**退化**的. 如果 n 阶方阵 $\boldsymbol{A}$ 的秩等于 n，则称 $\boldsymbol{A}$ 为**满秩**矩阵. 上面的讨论说明：$\boldsymbol{A}$ 是非退化矩阵；$\boldsymbol{A}$ 是满秩矩阵；$\boldsymbol{A}$ 的行(列)向量组线性无关这三个条件是彼此等价的.

如果 $\boldsymbol{A}$ 的行列式等于零，那么 $\boldsymbol{A}$ 的秩小于 n. 如何应用行列式来决定 $\boldsymbol{A}$ 的秩呢？这个问题将在下面讨论一般矩阵的秩时一起解决.

当 $\boldsymbol{A}$ 是一个 $s\times n$ 矩阵，而 $s\neq n$ 时，$\boldsymbol{A}$ 的元素全体就不能构成一个行列式. 那么如何应用行列式来解决矩阵的秩的问题呢？需要用到矩阵的 k 阶子式的概念.

以下的讨论对 $\boldsymbol{A}$ 是方阵即 $s=n$ 时也是适用的.

定义 3.7　在一个 $s\times n$ 矩阵 $\boldsymbol{A}$ 中，任意取定 k 行和 k 列，由位于这些行与列的交点上的 k^2 个元素按原来的次序组成的 k 阶行列式，称为 $\boldsymbol{A}$ 的一个 **k 阶子式**.

定义中的 k 当然必须满足 $k\leqslant \min(s,n)$.

例 3.25　在矩阵

$$\boldsymbol{A}=\begin{pmatrix} 1 & 2 & 3 & -1 & 2 \\ 0 & 4 & -1 & 1 & 2 \\ 1 & 0 & -3 & 2 & -1 \\ 2 & -2 & 1 & 0 & -1 \end{pmatrix}$$

中取定第 1,3 行，第 2,4 列，位于这些行与列交点上的 4 个元素组成的二阶行列式

$$\begin{vmatrix} 2 & -1 \\ 0 & 2 \end{vmatrix} = 4$$

就是 $\boldsymbol{A}$ 的一个二阶子式. 另外，如果选定第 1,2,4 行，第 2,4,5 列，就得到 $\boldsymbol{A}$ 的一个三阶子式

$$\begin{vmatrix} 2 & -1 & 2 \\ 4 & 1 & 2 \\ -2 & 0 & -1 \end{vmatrix} = 2.$$

因为行与列的选法很多，所以 k 阶子式也是很多的. 特别是，$\boldsymbol{A}$ 的每个元素都是 $\boldsymbol{A}$ 的一个一阶子式. 只有零矩阵的一阶子式全为零.

定理 3.7　矩阵 $\boldsymbol{A}$ 的秩等于 $\boldsymbol{A}$ 的不等于零的子式的最高阶数.

证明 不妨设矩阵 $\boldsymbol{A}\neq\boldsymbol{0}$. 设

$$\boldsymbol{A}=\begin{pmatrix}a_{11}&a_{12}&\cdots&a_{1n}\\a_{21}&a_{22}&\cdots&a_{2n}\\\vdots&\vdots&&\vdots\\a_{s1}&a_{s2}&\cdots&a_{sn}\end{pmatrix}$$

的秩为 r. 即 $\boldsymbol{A}$ 的行向量组的秩为 r. 那么 $\boldsymbol{A}$ 的任意 $r+1$ 个行都是线性相关的. 所以 $\boldsymbol{A}$ 的任一个 $r+1$ 阶子式都等于零. 因此 $\boldsymbol{A}$ 的阶数大于 r 的子式都等于零.

下面证明 $\boldsymbol{A}$ 有一个 r 阶子式不等于零. 因为 $\boldsymbol{A}$ 的秩等于 r,所以 $\boldsymbol{A}$ 有 r 个线性无关的行向量,不妨设 $\boldsymbol{A}$ 的前 r 个行向量

$$\begin{aligned}\boldsymbol{\alpha}_1&=(a_{11},a_{12},\cdots,a_{1n}),\\\boldsymbol{\alpha}_2&=(a_{21},a_{22},\cdots,a_{2n}),\\&\vdots\\\boldsymbol{\alpha}_r&=(a_{r1},a_{r2},\cdots,a_{rn}).\end{aligned}$$

线性无关,于是从

$$k_1\boldsymbol{\alpha}_1+k_2\boldsymbol{\alpha}_2+\cdots+k_r\boldsymbol{\alpha}_r=\boldsymbol{0}$$

可推出

$$k_1=k_2=\cdots=k_r=0,$$

即齐次线性方程组

$$\begin{cases}a_{11}x_1+a_{21}x_2+\cdots+a_{r1}x_r=0,\\a_{12}x_1+a_{22}x_2+\cdots+a_{r2}x_r=0,\\\qquad\vdots\\a_{1n}x_1+a_{2n}x_2+\cdots+a_{rn}x_r=0.\end{cases}$$

只有零解. 因此这个方程组的系数矩阵

$$\boldsymbol{A}_1=\begin{pmatrix}a_{11}&a_{21}&\cdots&a_{r1}\\a_{12}&a_{22}&\cdots&a_{r2}\\\vdots&\vdots&&\vdots\\a_{1n}&a_{2n}&\cdots&a_{rn}\end{pmatrix}$$

的秩等于未知量的个数 r,所以 $\boldsymbol{A}_1$ 中有 r 个行线性无关,即 $\boldsymbol{A}_1$ 有一个 r 阶子式不等于零. 这个子式当然也是 $\boldsymbol{A}$ 的一个子式. 这就证明了 $\boldsymbol{A}$ 有一个 r 阶子式不等于零.

因为在行列式中,行与列的对称性,我们考虑矩阵

$$\boldsymbol{A}=\begin{pmatrix}a_{11}&a_{12}&\cdots&a_{1n}\\a_{21}&a_{22}&\cdots&a_{2n}\\\vdots&\vdots&&\vdots\\a_{s1}&a_{s2}&\cdots&a_{sn}\end{pmatrix}$$

的列向量，$\boldsymbol{A}$ 的列向量可以看成 s 维向量

$$\boldsymbol{\beta}_1=(a_{11},a_{21},\cdots,a_{s1}),$$
$$\boldsymbol{\beta}_2=(a_{12},a_{22},\cdots,a_{s2}),$$
$$\vdots$$
$$\boldsymbol{\beta}_n=(a_{1n},a_{2n},\cdots,a_{sn}).$$

$\boldsymbol{\beta}_1,\boldsymbol{\beta}_2,\cdots,\boldsymbol{\beta}_n$ 称为 $\boldsymbol{A}$ 的**列向量组**. 矩阵 $\boldsymbol{A}$ 的秩也可以用列向量组来刻画. 为了叙述方便起见，我们把 $\boldsymbol{A}$ 的行向量组的秩称为 $\boldsymbol{A}$ 的**行秩**；$\boldsymbol{A}$ 的列向量组的秩称为 $\boldsymbol{A}$ 的**列秩**；$\boldsymbol{A}$ 的不等于零的子式的最高阶数称为 $\boldsymbol{A}$ 的**行列式秩**.

定理 3.8　矩阵 $\boldsymbol{A}$ 的行秩与列秩、行列式秩都相等.

证明　只要证明 $\boldsymbol{A}$ 的行秩等于列秩.

把 $\boldsymbol{A}$ 的行写成列，得到另一个矩阵

$$\boldsymbol{A}^{\mathrm{T}}=\begin{pmatrix} a_{11} & a_{21} & \cdots & a_{s1} \\ a_{12} & a_{22} & \cdots & a_{s2} \\ \vdots & \vdots & & \vdots \\ a_{1n} & a_{2n} & \cdots & a_{sn} \end{pmatrix}.$$

根据 $\boldsymbol{A}$ 与 $\boldsymbol{A}^{\mathrm{T}}$ 的关系，把 $\boldsymbol{A}$ 的一个 k 阶子式行列互换，就得到 $\boldsymbol{A}^{\mathrm{T}}$ 的一个 k 阶子式；把 $\boldsymbol{A}^{\mathrm{T}}$ 的一个 k 阶子式行列互换，就得到 $\boldsymbol{A}$ 的一个 k 阶子式. 因此，$\boldsymbol{A}$ 和 $\boldsymbol{A}^{\mathrm{T}}$ 有相同的子式. 所以 $\boldsymbol{A}$ 的行列式秩等于 $\boldsymbol{A}^{\mathrm{T}}$ 的行列式秩.

因为 $\boldsymbol{A}^{\mathrm{T}}$ 的行向量组就是 $\boldsymbol{A}$ 的列向量组，所以 $\boldsymbol{A}$ 的列秩就等于 $\boldsymbol{A}$ 的行列式秩，即等于 $\boldsymbol{A}$ 的秩.

因此矩阵的秩可以看成行秩，也可以看成列秩或行列式秩.

既然矩阵 $\boldsymbol{A}$ 的秩也等于 $\boldsymbol{A}$ 的列秩，所以也可以通过初等列变换化简矩阵的列向量组来计算矩阵的秩.

有时候，同时施用初等行变换及初等列变换来计算矩阵的秩是很方便的.

例 3.26　计算矩阵

$$\boldsymbol{A}=\begin{pmatrix} 1 & 2 & 3 & -1 & 2 \\ 0 & 4 & -1 & 1 & 2 \\ 1 & 0 & -3 & 2 & -1 \\ 2 & -2 & 1 & 0 & -1 \end{pmatrix}$$

的秩.

解　用初等变换把矩阵 $\boldsymbol{A}$ 化简

$$\boldsymbol{A}\to\begin{pmatrix} 1 & 2 & 3 & -1 & 2 \\ 0 & 4 & -1 & 1 & 2 \\ 0 & -2 & -6 & 3 & -3 \\ 0 & -6 & -5 & 2 & -5 \end{pmatrix}\to\begin{pmatrix} 1 & 2 & 3 & -1 & 2 \\ 0 & -2 & -6 & 3 & -3 \\ 0 & 0 & -13 & 7 & -4 \\ 0 & 0 & 13 & -7 & 4 \end{pmatrix}$$

$$\rightarrow \begin{pmatrix} 1 & 2 & 3 & -1 & 2 \\ 0 & -2 & -6 & 3 & -3 \\ 0 & 0 & 13 & -7 & 4 \\ 0 & 0 & 0 & 0 & 0 \end{pmatrix}.$$

因此，$\boldsymbol{A}$ 的秩等于 3.

从例 3.25 知道，第 1,2,4 行及第 2,4,5 列组成的三阶子式不等于零. 因此，$\boldsymbol{A}$ 的第 1,2,4 行构成 $\boldsymbol{A}$ 的行向量组的一个极大线性无关组，而 $\boldsymbol{A}$ 的第 2，4,5 列构成 $\boldsymbol{A}$ 的列向量组的一个极大线性无关组.

习题 3.6

1. 设

$$\boldsymbol{A} = \begin{pmatrix} 1 & -1 & 2 & 1 & 0 \\ 2 & -2 & 4 & -2 & 0 \\ 3 & 0 & 6 & -1 & 1 \\ 2 & 1 & 4 & 2 & 1 \end{pmatrix}.$$

(1) 求 $\boldsymbol{A}$ 的行秩；

(2) 求 $\boldsymbol{A}$ 的列秩；

(3) 求 $\boldsymbol{A}$ 的行列式秩.

2. 设 n 阶行列式

$$\begin{vmatrix} a_{11} & a_{12} & \cdots & a_{1n} \\ a_{21} & a_{22} & \cdots & a_{2n} \\ \vdots & \vdots & & \vdots \\ a_{n1} & a_{n2} & \cdots & a_{nn} \end{vmatrix} \neq 0.$$

求证：下列线性方程组无解：

$$\begin{cases} a_{11}x_1 + a_{12}x_2 + \cdots + a_{1n-1}x_{n-1} = a_{1n}; \\ a_{21}x_1 + a_{22}x_2 + \cdots + a_{2n-1}x_{n-1} = a_{2n}; \\ \qquad \vdots \\ a_{n1}x_1 + a_{n2}x_2 + \cdots + a_{n,n-1}x_{n-1} = a_{nn}. \end{cases}$$

3. 设

$$\boldsymbol{A} = \begin{pmatrix} a & 1 & 1 & 1 \\ 1 & a & 1 & 1 \\ 1 & 1 & a & 1 \\ 1 & 1 & 1 & a \end{pmatrix},$$

求 a 使矩阵 $\boldsymbol{A}$ 非退化.

3.7 克拉默法则

这一节介绍当线性方程组有解时，如何通过线性方程组的系数及常数项把解表示出来.

首先讨论方程的个数与未知量的个数相等(即 $s=n$)的情形. 这种情形虽然是特殊的，但却是很重要的，在讨论一般情形时，也需要用到这里的结果.

我们来证明下述定理，它与二元、三元线性方程组的结论是相仿的.

定理 3.9(克拉默(Cramer)法则) 如果线性方程组

$$\begin{cases} a_{11}x_1+a_{12}x_2+\cdots+a_{1n}x_n=b_1, \\ a_{21}x_1+a_{22}x_2+\cdots+a_{2n}x_n=b_2, \\ \qquad\vdots \\ a_{n1}x_1+a_{n2}x_2+\cdots+a_{nn}x_n=b_n. \end{cases} \tag{3.13}$$

的系数行列式

$$D=\begin{vmatrix} a_{11} & a_{12} & \cdots & a_{1n} \\ a_{21} & a_{22} & \cdots & a_{2n} \\ \vdots & \vdots & & \vdots \\ a_{n1} & a_{n2} & \cdots & a_{nn} \end{vmatrix}\neq 0,$$

那么，这个方程组有解，并且解是唯一的，这个解可表示成

$$x_1=\frac{D_1}{D},x_2=\frac{D_2}{D},\cdots,x_n=\frac{D_n}{D}. \tag{3.14}$$

其中 D_j 是把 D 中第 j 列换成常数项 $b_1,b_2,\cdots,b_n$ 所得的行列式，即

$$D_j=\begin{vmatrix} a_{11} & \cdots & a_{1,j-1} & b_1 & a_{1,j+1} & \cdots & a_{1n} \\ a_{21} & \cdots & a_{2,j-1} & b_2 & a_{2,j+1} & \cdots & a_{2n} \\ \vdots & & \vdots & \vdots & \vdots & & \vdots \\ a_{n1} & \cdots & a_{n,j-1} & b_n & a_{n,j+1} & \cdots & a_{nn} \end{vmatrix} \quad (j=1,2,\cdots,n).$$

证明 首先，证明式(3.14)确是方程组(3.13)的解，把 $x_j=\frac{D_j}{D}$ $(j=1,2,\cdots,n)$代入第 k 个方程的左端，得

$$a_{k1}\frac{D_1}{D}+a_{k2}\frac{D_2}{D}+\cdots+a_{kn}\frac{D_n}{D}=\frac{1}{D}(a_{k1}D_1+a_{k2}D_2+\cdots+a_{kn}D_n). \tag{3.15}$$

因为

$$D_j=b_1A_{1j}+b_2A_{2j}+\cdots+b_kA_{kj}+\cdots+b_nA_{nj} \quad (j=1,2,\cdots,n),$$

所以

$$
\begin{aligned}
\text{式}(3.15) =& \frac{1}{D}[a_{k1}(b_1A_{11}+b_2A_{21}+\cdots+b_kA_{k1}+\cdots+b_nA_{n1}) \\
&+a_{k2}(b_1A_{12}+b_2A_{22}+\cdots+b_kA_{k2}+\cdots+b_nA_{n2})+\cdots \\
&+a_{kn}(b_1A_{1n}+b_2A_{2n}+\cdots+b_kA_{kn}+\cdots+b_nA_{nn})] \\
=& \frac{1}{D}[b_1(a_{k1}A_{11}+a_{k2}A_{12}+\cdots+a_{kn}A_{1n}) \\
&+b_2(a_{k1}A_{21}+a_{k2}A_{22}+\cdots+a_{kn}A_{2n})+\cdots \\
&+b_k(a_{k1}A_{k1}+a_{k2}A_{k2}+\cdots+a_{kn}A_{kn})+\cdots \\
&+b_n(a_{k1}A_{n1}+a_{k2}A_{n2}+\cdots+a_{kn}A_{nn})].
\end{aligned}
$$

根据行列式按一行展开的公式,可以看出,上式的方括号中只有 b_k 的系数是 D,而其他$b_s(s\neq k)$的系数全为 0,因此得

$$a_{k1}\frac{D_1}{D}+a_{k2}\frac{D_2}{D}+\cdots+a_{kn}\frac{D_n}{D}=\frac{1}{D}b_kD=b_k.$$

这说明将式(3.14)代入第 $k(k=1,2,\cdots,n)$个方程后,得到了一个恒等式,所以式(3.14)是方程组(3.13)的一个解.

其次,设 $x_1=c_1,x_2=c_2,\cdots,x_n=c_n$ 是方程组(3.13)的一个解.那么,将 $x_j=c_j$ 代入(3.13)后,得到 n 个恒等式

$$
\begin{cases}
a_{11}c_1+a_{12}c_2+\cdots+a_{1n}c_n=b_1, \\
a_{21}c_1+a_{22}c_2+\cdots+a_{2n}c_n=b_2, \\
\quad\vdots \\
a_{n1}c_1+a_{n2}c_2+\cdots+a_{nn}c_n=b_n.
\end{cases}
\tag{3.16}
$$

用系数行列式的第 j 列的代数余子式 $A_{1j},A_{2j},\cdots,A_{nj}$ 依次去乘(3.16)中 n 个恒等式,得

$$
\begin{cases}
a_{11}A_{1j}c_1+a_{12}A_{1j}c_2+\cdots+a_{1n}A_{1j}c_n=b_1A_{1j}, \\
a_{21}A_{2j}c_1+a_{22}A_{2j}c_2+\cdots+a_{2n}A_{2j}c_n=b_2A_{2j}, \\
\quad\vdots \\
a_{n1}A_{nj}c_1+a_{n2}A_{nj}c_2+\cdots+a_{nn}A_{nj}c_n=b_nA_{nj}.
\end{cases}
$$

将此 n 个等式相加,得

$$
\begin{aligned}
&(a_{11}A_{1j}+a_{21}A_{2j}+\cdots+a_{n1}A_{nj})c_1 \\
&+(a_{12}A_{1j}+a_{22}A_{2j}+\cdots+a_{n2}A_{nj})c_2+\cdots \\
&+(a_{1n}A_{1j}+a_{2n}A_{2j}+\cdots+a_{nn}A_{nj})c_n \\
=&b_1A_{1j}+b_2A_{2j}+\cdots+b_nA_{nj}=D_j.
\end{aligned}
$$

利用行列式按一列展开的公式,即

$$\sum_{s=1}^{n}a_{sl}A_{sj}=\begin{cases}D, & \text{当 } l=j \text{ 时}; \\ 0, & \text{当 } l\neq j.\end{cases}$$

得
$$c_j D = D_j,$$
因此
$$c_j = \frac{D_j}{D}.$$

这就是说,如果$(c_1, c_2, \cdots, c_n)$是方程组(3.14)的一个解,那么一定有 $c_j = \frac{D_j}{D}(j=1,2,\cdots,n)$,所以方程组只有一个解.

例 3.27 解线性方程组

$$\begin{cases} 2x_1 + x_2 + 2x_3 + 3x_4 = 0, \\ x_1 + 2x_2 - x_3 + 2x_4 = 7, \\ x_1 + x_2 + x_3 + 2x_4 = 1, \\ 3x_1 + 2x_2 + x_3 + x_4 = 5. \end{cases}$$

解 方程组的系数行列式

$$D = \begin{vmatrix} 2 & 1 & 2 & 3 \\ 1 & 2 & -1 & 2 \\ 1 & 1 & 1 & 2 \\ 3 & 2 & 1 & 1 \end{vmatrix} = -6 \neq 0.$$

根据克拉默法则,这个线性方程组有唯一解.又因

$$D_1 = \begin{vmatrix} 0 & 1 & 2 & 3 \\ 7 & 2 & -1 & 2 \\ 1 & 1 & 1 & 2 \\ 5 & 2 & 1 & 1 \end{vmatrix} = -6,$$

$$D_2 = \begin{vmatrix} 2 & 0 & 2 & 3 \\ 1 & 7 & -1 & 2 \\ 1 & 1 & 1 & 2 \\ 3 & 5 & 1 & 1 \end{vmatrix} = -12,$$

$$D_3 = \begin{vmatrix} 2 & 1 & 0 & 3 \\ 1 & 2 & 7 & 2 \\ 1 & 1 & 1 & 2 \\ 3 & 2 & 5 & 1 \end{vmatrix} = 12,$$

$$D_4 = \begin{vmatrix} 2 & 1 & 2 & 0 \\ 1 & 2 & -1 & 7 \\ 1 & 1 & 1 & 1 \\ 3 & 2 & 1 & 5 \end{vmatrix} = 0,$$

所以解为$\left(\frac{D_1}{D}, \frac{D_2}{D}, \frac{D_3}{D}, \frac{D_4}{D}\right) = (1, 2, -2, 0)$.

克拉默法则讨论的是未知数个数与方程个数相同的线性方程组，而且要求系数行列式不等于零. 这是在应用时必须要注意的. 但是当一般线性方程组有解时，我们可以把这个线性方程组改写成可以用克拉默法则求解的情形，从而把一般线性方程组的解通过它的系数及常数项表示出来. 所应用的是矩阵的行列式秩的概念，不经过初等变换，直接从矩阵的元素来计算它的秩的方法.

设线性方程组

$$\begin{cases} a_{11}x_1 + a_{12}x_2 + \cdots + a_{1n}x_n = b_1, \\ a_{21}x_1 + a_{22}x_2 + \cdots + a_{2n}x_n = b_2, \\ \quad\vdots \\ a_{s1}x_1 + a_{s2}x_2 + \cdots + a_{sn}x_n = b_s \end{cases} \tag{3.17}$$

有解，其系数矩阵 $\boldsymbol{A}$ 及增广矩阵 $\overline{\boldsymbol{A}}$ 的秩都等于 r. 那么，$\boldsymbol{A}$ 有一个 r 级子式（也是 $\overline{\boldsymbol{A}}$ 的一个 r 级子式）D 不等于零. 为了方便起见，不妨设 D 位于 $\boldsymbol{A}$ 的左上角，于是 $\overline{\boldsymbol{A}}$ 的前 r 行就是 $\overline{\boldsymbol{A}}$ 的行向量组的一个极大线性无关组，$\overline{\boldsymbol{A}}$ 的第 $r+1,\cdots,s$ 行都可以由它线性表出，因此方程组(3.17)与

$$\begin{cases} a_{11}x_1 + a_{12}x_2 + \cdots + a_{1n}x_n = b_1, \\ a_{21}x_1 + a_{22}x_2 + \cdots + a_{2n}x_n = b_2, \\ \quad\vdots \\ a_{r1}x_1 + a_{r2}x_2 + \cdots + a_{rn}x_n = b_r \end{cases} \tag{3.18}$$

同解.

当 $r=n$ 时，根据克拉默法则，方程组(3.18)有唯一解，这个解也是方程组(3.17)的唯一解，可以由其系数及常数项表出.

当 $r<n$ 时，将方程组(3.18)改写成

$$\begin{cases} a_{11}x_1 + \cdots + a_{1r}x_r = b_1 - a_{1,r+1}x_{r+1} - \cdots - a_{1n}x_n, \\ a_{21}x_1 + \cdots + a_{2r}x_r = b_2 - a_{2,r+1}x_{r+1} - \cdots - a_{2n}x_n, \\ \quad\vdots \\ a_{r1}x_1 + \cdots + a_{rr}x_r = b_r - a_{r,r+1}x_{r+1} - \cdots - a_{rn}x_n. \end{cases} \tag{3.19}$$

方程组(3.19)作为 $x_1,x_2,\cdots,x_r$ 的一个线性方程组，它的系数行列式 $D\neq 0$，可以由克拉默法则解出

$$\begin{cases} x_1 = d_1 + c_{1,r+1}x_{r+1} + \cdots + c_{1n}x_n, \\ x_2 = d_2 + c_{2,r+1}x_{r+1} + \cdots + c_{2n}x_n, \\ \quad\vdots \\ x_r = d_r + c_{r,r+1}x_{r+1} + \cdots + c_{rn}x_n. \end{cases}$$

这就是(3.17)的一般解，其中 $d_1,d_2,\cdots,d_r,c_{1,r+1},\cdots,c_{1n},\cdots,c_{r,r+1},\cdots,c_{rn}$ 都可由(3.17)的系数及常数项表出. 当 $b_1=b_2=\cdots=b_r=0$ 时，得到 $d_1=d_2=\cdots=d_r=0$，这就是齐次线性方程组的情形.

克拉默法则证明了用线性方程组的系数和常数项来表示解的公式，是一个很有理论价值的结果. 但是解的计算量很大. 因此在具体计算线性方程组特别是计算数字系数的线性方程组时，还是用初等变换的方法较方便. 有时可以两者配合应用.

例 3.28　设 a,b 是二个非零数，对 a,b 讨论下列线性方程组解的情况，并在有解时求解：

$$\begin{cases} ax_1+bx_2+bx_3=1, \\ bx_1+ax_2+bx_3=1, \\ bx_1+bx_2+ax_3=-2. \end{cases}$$

解　线性方程组的系数行列式为

$$D=\begin{vmatrix} a & b & b \\ b & a & b \\ b & b & a \end{vmatrix}=(a+2b)(a-b)^2.$$

因此

(1) 当 $(a+2b)(a-b)^2\neq 0$ 时，根据克拉默法则，这个线性方程组有唯一解，由

$$D_1=\begin{vmatrix} 1 & b & b \\ 1 & a & b \\ -2 & b & a \end{vmatrix}=(a-b)(a+2b),$$

$$D_2=\begin{vmatrix} a & 1 & b \\ b & 1 & b \\ b & -2 & a \end{vmatrix}=(a-b)(a+2b),$$

$$D_3=\begin{vmatrix} a & b & 1 \\ b & a & 1 \\ b & b & -2 \end{vmatrix}=-2(a-b)(a+2b),$$

得解为 $\left(\dfrac{1}{a-b},\dfrac{1}{a-b},\dfrac{-2}{a-b}\right)$.

(2) 当 $a+2b=0$ 时，

$\mathrm{r}(\boldsymbol{A})=\mathrm{r}(\bar{\boldsymbol{A}})=2$. 而且原方程与

$$\begin{cases} ax_1+bx_2+bx_3=1, \\ bx_1+ax_2+bx_3=1 \end{cases}$$

同解.改写成

$$\begin{cases} ax_1+bx_2=1-bx_3, \\ bx_1+ax_2=1-bx_3. \end{cases}$$

其系数行列式为

$$\begin{vmatrix} a & b \\ b & a \end{vmatrix} = a^2-b^2 \neq 0.$$

因此 x_1, x_r 可唯一地由 x_3 表出：

$$\begin{cases} x_1=\dfrac{1}{a^2-b^2}\begin{vmatrix} 1-bx_3 & b \\ 1-bx_3 & a \end{vmatrix}=\dfrac{(a-b)(1-bx_3)}{a^2-b^2}=\dfrac{1}{a+b}-\dfrac{b}{a+b}x_3, \\ x_2=\dfrac{1}{a^2-b^2}\begin{vmatrix} a & 1-bx_3 \\ b & 1-bx_3 \end{vmatrix}=\dfrac{1}{a+b}-\dfrac{b}{a+b}x_3, \end{cases}$$

其中 x_3 为自由未知量,因此解集合为

$$\left\{\left(\frac{1}{a+b},\frac{1}{a+b},0\right)+k\left(\frac{b}{a+b},\frac{b}{a+b},-1\right),k\ 为任意数\right\}.$$

(3) 当 $a-b=0$ 时,原方程组成为

$$\begin{cases} ax_1+ax_2+ax_3=1 \\ ax_1+ax_2+ax_3=1 \\ ax_1+ax_2+ax_3=-2 \end{cases}$$

此时 $\mathrm{r}(\boldsymbol{A})=1, \mathrm{r}(\bar{\boldsymbol{A}})=2$. 无解.

例 3.29 a,b 都是非零解,讨论下列齐次线性方程组解的情况,并求解:

$$\begin{cases} ax_1+bx_2+bx_3=0, \\ bx_1+ax_2+bx_3=0, \\ bx_1+bx_2+ax_3=0. \end{cases}$$

解 由上题,系数行列式

$$D=(a+2b)(a-b)^2.$$

因此

(1) 当$(a+2b)(a-b)\neq 0$ 时,只有零解.

(2) 当 $a+2b=0$ 时,解空间为

$$L((b,b,-(a+b))).$$

(3) 当 $a-b=0$ 时,解空间为

$$L((1,-1,0),(1,0,-1)).$$

习题 3.7

1. 用克拉默法则求下列线性方程组的解：

(1) $\begin{cases} x_1+2x_2+3x_3=1, \\ 2x_1+3x_2+x_3=2, \\ 3x_1+x_2+2x_3=-3; \end{cases}$

(2) $\begin{cases} x_1+x_2+x_3+x_4=1, \\ x_1+x_2-x_3-x_4=2, \\ x_1-x_2+x_3-x_4=3, \\ x_1-x_2-x_3+x_4=-4. \end{cases}$

2. 设 $a_1,a_2,\cdots,a_{n+1}$ 是 $n+1$ 个各不相同的数，$b_1,b_2,\cdots,b_{n+1}$ 是 $n+1$ 个任意数. 证明：存在一个次数不超过 n 的多项式 $f(x)$ 使

$$f(a_i)=b_i \quad (i=1,2,\cdots,n+1).$$

3. 求一个次数不超过 3 的多项式 $f(x)$，使 $f(-1)=1, f(0)=1, f(1)=3, f(2)=19$.

总习题 3

1. 计算下列各行列式：

(1) $\begin{vmatrix} 2 & 1 & 5 & 2 \\ 1 & 0 & 2 & 3 \\ 1 & 1 & 4 & 5 \\ -2 & 1 & 3 & 2 \end{vmatrix}$；　(2) $\begin{vmatrix} 1 & -2 & 1 & 1 \\ \frac{3}{2} & -4 & -\frac{1}{2} & \frac{5}{2} \\ 1 & -7 & -7 & -\frac{1}{3} \\ \frac{1}{3} & \frac{4}{3} & \frac{7}{3} & 1 \end{vmatrix}$；

(3) $\begin{vmatrix} 3 & 6 & 5 & 6 & 4 \\ 5 & 9 & 7 & 8 & 6 \\ 6 & 12 & 13 & 9 & 7 \\ 4 & 6 & 6 & 5 & 4 \\ 2 & 5 & 4 & 5 & 3 \end{vmatrix}$.

2. 计算下列行列式：

(1) $\begin{vmatrix} a & 1 & 0 & 0 \\ -1 & b & 1 & 0 \\ 0 & -1 & c & 1 \\ 0 & 0 & -1 & d \end{vmatrix}$；　　(2) $\begin{vmatrix} a & b & c & 1 \\ b & c & a & 1 \\ c & a & b & 1 \\ \frac{b+c}{2} & \frac{a+c}{2} & \frac{a+b}{2} & 1 \end{vmatrix}$.

3. 计算 n 阶行列式：

$$\begin{vmatrix} a & b & \cdots & 0 & 0 \\ 0 & a & \cdots & 0 & 0 \\ \vdots & \vdots & & \vdots & \vdots \\ 0 & 0 & \cdots & a & b \\ b & 0 & \cdots & 0 & a \end{vmatrix}.$$

4. 计算行列式：

$$\begin{vmatrix} 1 & -2 & -2 & \cdots & -2 & -2 \\ 2 & 2 & -2 & \cdots & -2 & -2 \\ 2 & 2 & 3 & \cdots & -2 & -2 \\ \vdots & \vdots & \vdots & & \vdots & \vdots \\ 2 & 2 & 2 & \cdots & n-1 & -2 \\ 2 & 2 & 2 & \cdots & 2 & n \end{vmatrix}.$$

5. 用克拉默法则解下列线性方程组：

(1) $\begin{cases} 3x_1+x_2-x_3+x_4=-3, \\ x_1-x_2+x_3+2x_4=4, \\ 2x_1+x_2+2x_3-x_4=7, \\ x_1+2x_3+x_4=6; \end{cases}$

(2) $\begin{cases} 2x_1+x_2+x_3+x_4=2, \\ x_1+2x_2+x_3+x_4=-1, \\ x_1+x_2+3x_3+x_4=7, \\ x_1+x_2+x_3+4x_4=-2. \end{cases}$

6. 证明下列齐次线性方程组只有零解：

(1) $\begin{cases} x_1-3x_2+4x_3-5x_4=0, \\ x_1-x_2-x_3+2x_4=0, \\ x_1+2x_2+5x_4=0, \\ 2x_1-x_2+3x_3-2x_4=0; \end{cases}$

$$(2)\begin{cases} x_1+ax_2+a^2x_3+a^3x_4=0, \\ x_1+bx_2+b^2x_3+b^3x_4=0, \\ x_1+cx_2+c^2x_3+c^3x_4=0, \\ x_1+dx_2+d^2x_3+d^3x_4=0, \end{cases}$$

其中 a,b,c,d 是各不相同的数.

7. 讨论 a 取什么值时,线性方程组

$$\begin{cases} ax_1+x_2+2x_3=1, \\ x_1+ax_2+2x_3=a, \\ x_1+2x_2+ax_3=a^2 \end{cases}$$

有解,并求解.

8. 线性方程组

$$\begin{cases} a_{11}x_1+a_{12}x_2+\cdots+a_{1n}x_n=0, \\ a_{21}x_1+a_{22}x_2+\cdots+a_{2n}x_n=0, \\ \quad\vdots \\ a_{n-1,1}x_1+a_{n-1,2}x_2+\cdots+a_{n-1,n}x_n=0 \end{cases}$$

的系数矩阵为

$$\boldsymbol{A}=\begin{pmatrix} a_{11} & a_{12} & \cdots & a_{1n} \\ a_{21} & a_{22} & \cdots & a_{2n} \\ \vdots & \vdots & & \vdots \\ a_{n-1,1} & a_{n-1,2} & \cdots & a_{n-1,n} \end{pmatrix}.$$

设 $M_j(j=1,2,\cdots,n)$ 是在矩阵 $\boldsymbol{A}$ 中划去第 j 列所得到的 $n-1$ 阶子式,试证:

(1) $(M_1,-M_2,\cdots,(-1)^{n-1}M_n)$是方程组的一个解;

(2) 如果 $\boldsymbol{A}$ 的秩为 $n-1$,那么方程组的解全是$(M_1,-M_2,\cdots,(-1)^{n-1}M_n)$的倍数.

9. 讨论 a 取什么值时,线性方程组

$$\begin{cases} 3ax_1+(2a+1)x_2+(a+1)x_3=a, \\ (2a-1)x_1+(2a-1)x_2+(a-2)x_3=a+1, \\ (4a-1)x_1+3ax_2+2ax_3=1 \end{cases}$$

有解,并在有解时求出全部解.

10. λ 取何值时,齐次线性方程组

$$\begin{cases} (\lambda-2)x_1-3x_2-2x_3=0, \\ -x_1+(\lambda-8)x_2-2x_3=0, \\ 2x_1+14x_2+(\lambda+3)x_3=0 \end{cases}$$

有非零解？并且在有非零解时求出它的基础解系及解空间.

矩　　阵

第4章

在讨论线性方程组的时候,曾经引入了矩阵的概念.从中已经知道,不仅线性方程组可以用矩阵来表示,而且线性方程组的一些重要性质也可以通过它的系数矩阵和增广矩阵的性质来反映,甚至解方程组的过程也是通过变换矩阵来进行的.以后还可以看到:除了线性方程组以外,还有许多问题不但可以用矩阵来表现,而且还可以利用矩阵来研究和解决这些问题;有些性质完全不同的、表面上毫无联系的问题,归结成矩阵问题以后,就可能是相同的了.这就使矩阵成为数学中一个极其重要而且应用广泛的工具,因而矩阵就成为代数特别是线性代数的一个主要研究对象.

这一章介绍矩阵的运算,并讨论矩阵运算的一些基本性质.这些性质在以后各章中都要用到.

4.1　矩阵的运算

首先来定义矩阵的运算,即矩阵的加法、矩阵与数的乘法、矩阵的乘法以及矩阵的转置.

1. 矩阵的加法

定义 4.1　设

$$\boldsymbol{A}=\begin{pmatrix} a_{11} & a_{12} & \cdots & a_{1n} \\ a_{21} & a_{22} & \cdots & a_{2n} \\ \vdots & \vdots & & \vdots \\ a_{s1} & a_{s2} & \cdots & a_{sn} \end{pmatrix},\quad \boldsymbol{B}=\begin{pmatrix} b_{11} & b_{12} & \cdots & b_{1n} \\ b_{21} & b_{22} & \cdots & b_{2n} \\ \vdots & \vdots & & \vdots \\ b_{s1} & b_{s2} & \cdots & b_{sn} \end{pmatrix}$$

是两个 $s\times n$ 矩阵,则 $s\times n$ 矩阵

$$C=\begin{pmatrix} a_{11}+b_{11} & a_{12}+b_{12} & \cdots & a_{1n}+b_{1n} \\ a_{21}+b_{21} & a_{22}+b_{22} & \cdots & a_{2n}+b_{2n} \\ \vdots & \vdots & & \vdots \\ a_{s1}+b_{s1} & a_{s2}+b_{s2} & \cdots & a_{sn}+b_{sn} \end{pmatrix}$$

称为 A 与 B 的**和**，记作

$$\boldsymbol{C}=\boldsymbol{A}+\boldsymbol{B}.$$

从定义可以看出：两个矩阵必须在行数与列数分别相同的情况下才能相加.

例 4.1

$$\begin{pmatrix} 1 & 2 & 3 & 1 \\ 1 & -1 & 2 & 0 \\ 3 & 1 & 2 & -2 \end{pmatrix}+\begin{pmatrix} 0 & 1 & 2 & 3 \\ -1 & 2 & 4 & 1 \\ -3 & 2 & 0 & 1 \end{pmatrix}$$

$$=\begin{pmatrix} 1+0 & 2+1 & 3+2 & 1+3 \\ 1+(-1) & (-1)+2 & 2+4 & 0+1 \\ 3+(-3) & 1+2 & 2+0 & (-2)+1 \end{pmatrix}$$

$$=\begin{pmatrix} 1 & 3 & 5 & 4 \\ 0 & 1 & 6 & 1 \\ 0 & 3 & 2 & -1 \end{pmatrix}.$$

例 4.2

$$\begin{pmatrix} a_1 \\ a_2 \\ \vdots \\ a_n \end{pmatrix}+\begin{pmatrix} b_1 \\ b_2 \\ \vdots \\ b_n \end{pmatrix}=\begin{pmatrix} a_1+b_1 \\ a_2+b_2 \\ \vdots \\ a_n+b_n \end{pmatrix}.$$

由于矩阵的加法就是把矩阵对应的元素相加，因此，矩阵的加法满足交换律

$$\boldsymbol{A}+\boldsymbol{B}=\boldsymbol{B}+\boldsymbol{A},$$

与结合律

$$\boldsymbol{A}+(\boldsymbol{B}+\boldsymbol{C})=(\boldsymbol{A}+\boldsymbol{B})+\boldsymbol{C}.$$

元素都是零的矩阵称为**零矩阵**，记为 $\boldsymbol{0}_{s\times n}$. 在不至于混淆的情况下，可以简单地记为 $\boldsymbol{0}$. 显然，对任意矩阵 $\boldsymbol{A}$，都有

$$\boldsymbol{A}+\boldsymbol{0}=\boldsymbol{A}.$$

当然，这里的 $\boldsymbol{0}$ 是表示与 $\boldsymbol{A}$ 的行数与列数都相同的那个零矩阵.

矩阵

$$\begin{pmatrix} -a_{11} & -a_{12} & \cdots & -a_{1n} \\ -a_{21} & -a_{22} & \cdots & -a_{2n} \\ \vdots & \vdots & & \vdots \\ -a_{s1} & -a_{s2} & \cdots & -a_{sn} \end{pmatrix}$$

称为矩阵 $\boldsymbol{A}$ 的**负矩阵**，记作 $-\boldsymbol{A}$. 显然有

$$\boldsymbol{A}+(-\boldsymbol{A})=\boldsymbol{0}.$$

两个行数与列数相同的矩阵可以相减. 设 $\boldsymbol{A},\boldsymbol{B}$ 如上述，那么

$$\boldsymbol{A}-\boldsymbol{B}=\begin{pmatrix} a_{11}-b_{11} & a_{12}-b_{12} & \cdots & a_{1n}-b_{1n} \\ a_{21}-b_{21} & a_{22}-b_{22} & \cdots & a_{2n}-b_{2n} \\ \vdots & \vdots & & \vdots \\ a_{s1}-b_{s1} & a_{s2}-b_{s2} & \cdots & a_{sn}-b_{sn} \end{pmatrix}.$$

矩阵的减法可以用负矩阵表示为

$$\boldsymbol{A}-\boldsymbol{B}=\boldsymbol{A}+(-\boldsymbol{B}).$$

于是，矩阵方程 $\boldsymbol{X}+\boldsymbol{A}=\boldsymbol{B}$ 总有唯一解 $\boldsymbol{X}=\boldsymbol{B}-\boldsymbol{A}$.

例 4.3 求矩阵 $\boldsymbol{X}$，使

$$\begin{pmatrix} 1 & 2 & 3 & -1 \\ 2 & 0 & 1 & 2 \\ -1 & 1 & 0 & -1 \end{pmatrix}+\boldsymbol{X}=\begin{pmatrix} 0 & -1 & 2 & 3 \\ 3 & 0 & 1 & -1 \\ 1 & 2 & -2 & 0 \end{pmatrix}.$$

解

$$\boldsymbol{X}=\begin{pmatrix} 0 & -1 & 2 & 3 \\ 3 & 0 & 1 & -1 \\ 1 & 2 & -2 & 0 \end{pmatrix}-\begin{pmatrix} 1 & 2 & 3 & -1 \\ 2 & 0 & 1 & 2 \\ -1 & 1 & 0 & -1 \end{pmatrix}$$

$$=\begin{pmatrix} -1 & -3 & -1 & 4 \\ 1 & 0 & 0 & -3 \\ 2 & 1 & -2 & 1 \end{pmatrix}.$$

2. 矩阵与数的乘法

定义 4.2 设 $\boldsymbol{A}$ 是一个 $s\times n$ 矩阵，$\boldsymbol{A}=(a_{ij})_{sn}$；$k$ 是一个数，矩阵

$$\begin{pmatrix} ka_{11} & ka_{12} & \cdots & ka_{1n} \\ ka_{21} & ka_{22} & \cdots & ka_{2n} \\ \vdots & \vdots & & \vdots \\ ka_{s1} & ka_{s2} & \cdots & ka_{sn} \end{pmatrix}$$

称为 $\boldsymbol{A}$ 与 k 的**数量乘积**，记作 $k\boldsymbol{A}$.

也就是说，用数 k 乘矩阵 $\boldsymbol{A}$，就是把 $\boldsymbol{A}$ 的每个元素都乘上 k. 根据定义可以直接验证矩阵与数的乘法(简称**数乘**)满足下列规律：

$$(k+l)\boldsymbol{A}=k\boldsymbol{A}+l\boldsymbol{A};$$

$$k(\boldsymbol{A}+\boldsymbol{B})=k\boldsymbol{A}+k\boldsymbol{B};$$

$$k(l\boldsymbol{A})=(kl)\boldsymbol{A};$$

$$1\cdot\boldsymbol{A}=\boldsymbol{A};$$

矩阵的加法及矩阵与数的乘法称为矩阵的线性运算. 容易看出,这两种运算与 n 维向量的线性运算有很多相同的地方,其实当 $\boldsymbol{A},\boldsymbol{B}$ 是行矩阵的时候,这里定义的矩阵的线性运算与以前定义的 n 维向量的线性运算是一致的.

3. 矩阵的乘法

定义 4.3 设 $\boldsymbol{A}$ 是一个 $s\times n$ 矩阵,即

$$\boldsymbol{A}=\begin{pmatrix} a_{11} & a_{12} & \cdots & a_{1n} \\ a_{21} & a_{22} & \cdots & a_{2n} \\ \vdots & \vdots & & \vdots \\ a_{s1} & a_{s2} & \cdots & a_{sn} \end{pmatrix};$$

$\boldsymbol{B}$ 是一个 $n\times m$ 矩阵,即

$$\boldsymbol{B}=\begin{pmatrix} b_{11} & b_{12} & \cdots & b_{1m} \\ b_{21} & b_{22} & \cdots & b_{2m} \\ \vdots & \vdots & & \vdots \\ b_{n1} & b_{n2} & \cdots & b_{nm} \end{pmatrix}.$$

作 $s\times m$ 矩阵

$$\boldsymbol{C}=\begin{pmatrix} c_{11} & c_{12} & \cdots & c_{1m} \\ c_{21} & c_{22} & \cdots & c_{2m} \\ \vdots & \vdots & & \vdots \\ c_{s1} & c_{s2} & \cdots & c_{sm} \end{pmatrix},$$

其中

$$c_{ij}=a_{i1}b_{1j}+a_{i2}b_{2j}+\cdots+a_{in}b_{nj}=\sum_{k=1}^{n}a_{ik}b_{kj}$$
$$(i=1,2,\cdots,s;\ j=1,2,\cdots,m). \tag{4.1}$$

矩阵 $\boldsymbol{C}$ 称为矩阵 $\boldsymbol{A}$ 与 $\boldsymbol{B}$ 的**乘积**,记为

$$\boldsymbol{C}=\boldsymbol{AB}.$$

在矩阵乘积的定义中,要求第一个矩阵的列数必须等于第二个矩阵的行数. 公式(4.1)说明乘积 $\boldsymbol{C}$ 的第 i 行第 j 列的元素等于 $\boldsymbol{A}$ 的第 i 行与 $\boldsymbol{B}$ 的第 j 列的对应元素的乘积的和.

例 4.4 设

$$\boldsymbol{A}=\begin{pmatrix} 1 & 0 & 2 & -1 \\ 0 & 1 & -1 & 3 \\ -1 & 2 & 0 & 1 \end{pmatrix},\quad \boldsymbol{B}=\begin{pmatrix} 1 & 2 \\ 2 & 1 \\ 0 & 3 \\ 1 & 4 \end{pmatrix},$$

那么

$$AB=\begin{pmatrix}1\times1+0\times2+2\times0+(-1)\times1 & 1\times2+0\times1+2\times3+(-1)\times4\\0\times1+1\times2+(-1)\times0+3\times1 & 0\times2+1\times1+(-1)\times3+3\times4\\(-1)\times1+2\times2+0\times0+1\times1 & (-1)\times2+2\times1+0\times3+1\times4\end{pmatrix}$$

$$=\begin{pmatrix}0 & 4\\5 & 10\\4 & 4\end{pmatrix}.$$

例 4.5 设 x_1,x_2,x_3；y_1,y_2,y_3；z_1,z_2,z_3 是三组变量，且 x_1,x_2,x_3 与 y_1,y_2,y_3 之间的关系为

$$\begin{cases}x_1=a_{11}y_1+a_{12}y_2+a_{13}y_3,\\x_2=a_{21}y_1+a_{22}y_2+a_{23}y_3,\\x_3=a_{31}y_1+a_{32}y_2+a_{33}y_3.\end{cases}\tag{4.2}$$

显然，这个关系是由系数 a_{ij} 完全确定的，把系数写成一个矩阵

$$A=\begin{pmatrix}a_{11} & a_{12} & a_{13}\\a_{21} & a_{22} & a_{23}\\a_{31} & a_{32} & a_{33}\end{pmatrix}.$$

则 x_1,x_2,x_3 与 y_1,y_2,y_3 之间的关系(4.2)可以用矩阵的乘法表示为

$$\begin{pmatrix}x_1\\x_2\\x_3\end{pmatrix}=\begin{pmatrix}a_{11} & a_{12} & a_{13}\\a_{21} & a_{22} & a_{23}\\a_{31} & a_{32} & a_{33}\end{pmatrix}\begin{pmatrix}y_1\\y_2\\y_3\end{pmatrix}.$$

引入 X,Y，

$$X=\begin{pmatrix}x_1\\x_2\\x_3\end{pmatrix},\quad Y=\begin{pmatrix}y_1\\y_2\\y_3\end{pmatrix},$$

则上式可表成

$$X=AY.$$

再设 y_1,y_2,y_3；z_1,z_2,z_3 之间的关系为

$$\begin{cases}y_1=b_{11}z_1+b_{12}z_2+b_{13}z_3,\\y_2=b_{21}z_1+b_{22}z_2+b_{23}z_3,\\y_3=b_{31}z_1+b_{32}z_2+b_{33}z_3.\end{cases}\tag{4.3}$$

把系数写成一个矩阵

$$B=\begin{pmatrix}b_{11} & b_{12} & b_{13}\\b_{21} & b_{22} & b_{23}\\b_{31} & b_{32} & b_{33}\end{pmatrix},$$

则式(4.3)可表示为

$$\begin{pmatrix} y_1 \\ y_2 \\ y_3 \end{pmatrix} = \begin{pmatrix} b_{11} & b_{12} & b_{13} \\ b_{21} & b_{22} & b_{23} \\ b_{31} & b_{32} & b_{33} \end{pmatrix} \begin{pmatrix} z_1 \\ z_2 \\ z_3 \end{pmatrix}.$$

再引入 $\boldsymbol{Z}$,

$$\boldsymbol{Z} = \begin{pmatrix} z_1 \\ z_2 \\ z_3 \end{pmatrix},$$

则上一式可表成

$$\boldsymbol{Y} = \boldsymbol{BZ}.$$

最后,设 x_1, x_2, x_3 与 z_1, z_2, z_3 之间的关系为

$$\begin{cases} x_1 = c_{11}z_1 + c_{12}z_2 + c_{13}z_3, \\ x_2 = c_{21}z_1 + c_{22}z_2 + c_{23}z_3, \\ x_3 = c_{31}z_1 + c_{32}z_2 + c_{33}z_3. \end{cases} \tag{4.4}$$

其系数所成的矩阵为

$$\boldsymbol{C} = \begin{pmatrix} c_{11} & c_{12} & c_{13} \\ c_{21} & c_{22} & c_{23} \\ c_{31} & c_{32} & c_{33} \end{pmatrix}.$$

那么,式(4.4)可表成

$$\boldsymbol{X} = \boldsymbol{CZ}.$$

但是 x_1, x_2, x_3 与 z_1, z_2, z_3 之间的关系由式(4.2)和(4.3)所决定,将式(4.3)代入(4.2),得

$$\begin{aligned} x_i &= \sum_{k=1}^{3} a_{ik} y_k = \sum_{k=1}^{3} a_{ik} \left(\sum_{j=1}^{3} b_{kj} z_j \right) = \sum_{k=1}^{3} \sum_{j=1}^{3} a_{ik} b_{kj} z_j \\ &= \sum_{j=1}^{3} \sum_{k=1}^{3} a_{ik} b_{kj} z_j = \sum_{j=1}^{3} \left(\sum_{k=1}^{3} a_{ik} b_{kj} \right) z_j \quad (i = 1,2,3). \end{aligned}$$

与式(4.4)比较,得

$$c_{ij} = \sum_{k=1}^{3} a_{ik} b_{kj} \quad (i, j = 1,2,3).$$

即

$$\boldsymbol{C} = \boldsymbol{AB}.$$

这个例子给出矩阵乘法的一个具体背景.

矩阵的乘法与数的乘法有一个极不相同的地方,就是矩阵的乘法不满足交换律,也就是说:矩阵的乘积 $\boldsymbol{AB}$ 与 $\boldsymbol{BA}$ 不一定相等.看下面的例子.

例 4.6 设

$$A=\begin{pmatrix}1&2&3\\2&-1&1\\0&2&4\end{pmatrix},\quad B=\begin{pmatrix}2&1&-1\\0&2&1\\1&0&-2\end{pmatrix}.$$

那么

$$AB=\begin{pmatrix}5&5&-5\\5&0&-5\\4&4&-6\end{pmatrix};$$

$$BA=\begin{pmatrix}4&1&3\\4&0&6\\1&-2&-5\end{pmatrix}.$$

例 4.7 设

$$A=\begin{pmatrix}a_1\\a_2\\\vdots\\a_n\end{pmatrix},\quad B=(b_1,b_2,\cdots,b_n).$$

那么

$$AB=\begin{pmatrix}a_1b_1&a_1b_2&\cdots&a_1b_n\\a_2b_1&a_2b_2&\cdots&a_2b_n\\\vdots&\vdots&&\vdots\\a_nb_1&a_nb_2&\cdots&a_nb_n\end{pmatrix};$$

$$BA=\left(\sum_{i=1}^{n}a_ib_i\right).$$

例 4.8 线性方程组

$$\begin{cases}a_{11}x_1+a_{12}x_2+\cdots+a_{1n}x_n=b_1,\\a_{21}x_1+a_{22}x_2+\cdots+a_{2n}x_n=b_2,\\\qquad\vdots\\a_{s1}x_1+a_{s2}x_2+\cdots+a_{sn}x_n=b_s\end{cases}$$

的系数矩阵为

$$A=\begin{pmatrix}a_{11}&a_{12}&\cdots&a_{1n}\\a_{21}&a_{22}&\cdots&a_{2n}\\\vdots&\vdots&&\vdots\\a_{s1}&a_{s2}&\cdots&a_{sn}\end{pmatrix}.$$

再令

$$X = \begin{pmatrix} x_1 \\ x_2 \\ \vdots \\ x_n \end{pmatrix}; \quad B = \begin{pmatrix} b_1 \\ b_2 \\ \vdots \\ b_s \end{pmatrix}.$$

那么线性方程组就可以写成一个矩阵方程

$$AX = B.$$

由于矩阵的乘法不满足交换律，所以作矩阵乘法时必须注意以下几点. 首先，当 **AB** 有意义时，**BA** 却不一定有意义，例 4.4 就是这种情形. 其次，即使 **AB** 与 **BA** 都有意义，它们的级数也不一定相等，例 4.7 就是这种情形. 最后，即使 **A**，**B** 都是 $n\times n$ 矩阵，**AB** 与 **BA** 都有意义，而且都是 $n\times n$ 矩阵，但是它们也不一定相等，如例 4.6 中 **A** 与 **B** 都是 3×3 矩阵，但是 $AB\neq BA$.

如果 $AB=BA$，就称矩阵 **A** 与 **B** **可交换**，此时，**A** 与 **B** 一定是同阶方阵. 例如，n 阶零矩阵就与任一个 n 阶矩阵都可交换.

矩阵的乘法还有一个特点：两个不等于零的矩阵之积可以是零矩阵.

例 4.9
$$\begin{pmatrix} 1 & 1 \\ -1 & -1 \end{pmatrix}\begin{pmatrix} 1 & -1 \\ -1 & 1 \end{pmatrix}=\begin{pmatrix} 0 & 0 \\ 0 & 0 \end{pmatrix}.$$

因此，在讨论矩阵的时候必须注意：从 $AB=0$，不能推出 $A=0$ 或 $B=0$. 由此还可知，矩阵乘法不满足消去律，即从 $AB=AC$，$A\neq 0$ 不能推出 $B=C$.

上面通过例子指出矩阵的乘法有一些与数的乘法不同的地方，这是需要经常注意的. 但是矩阵的乘法也有许多与数的乘法相类似的地方，即矩阵的乘法满足以下一些规律. 这些规律可以简化矩阵的运算.

(1) 矩阵乘法满足结合律，即

$$A(BC) = (AB)C.$$

当然，这里的 **AB** 与 **BC** 都被认为在乘法运算中是有意义的. 这一点以后就不再说明了.

证明　设

$$A = (a_{ij})_{sn}; \quad B = (b_{jk})_{nm}; \quad C = (c_{kl})_{mt}.$$

则 $A(BC)$ 及 $(AB)C$ 都是 $s\times t$ 矩阵. 令

$$U = BC = (u_{jl})_{nt};$$

$$V = AB = (v_{ik})_{sm}.$$

根据乘法公式，知

$$u_{jl} = \sum_{k=1}^{m} b_{jk}c_{kl} \quad (j = 1,2,\cdots,n;\ l = 1,2,\cdots,t);$$

$$v_{ik}=\sum_{j=1}^{n}a_{ij}b_{jk}\quad(j=1,2,\cdots,s;\ k=1,2,\cdots,m).$$

于是 $\boldsymbol{A}(\boldsymbol{BC})=\boldsymbol{AU}$ 的第 i 行第 l 列处的元素为

$$\sum_{j=1}^{n}a_{ij}u_{jl}=\sum_{j=1}^{n}a_{ij}\left(\sum_{k=1}^{m}b_{jk}c_{kl}\right)=\sum_{j=1}^{n}\sum_{k=1}^{m}a_{ij}b_{jk}c_{kl};$$

而$(\boldsymbol{AB})\boldsymbol{C}=\boldsymbol{VC}$ 的第 i 行第 l 列处的元素为

$$\sum_{k=1}^{m}v_{ik}c_{kl}=\sum_{k=1}^{m}\left(\sum_{j=1}^{n}a_{ij}b_{jk}\right)c_{kl}=\sum_{k=1}^{m}\sum_{j=1}^{n}a_{ij}b_{jk}c_{kl}.$$

由于双重连加号可以交换次序,所以

$$\sum_{j=1}^{n}\sum_{k=1}^{m}a_{ij}b_{jk}c_{kl}=\sum_{k=1}^{m}\sum_{j=1}^{n}a_{ij}b_{jk}c_{kl}.$$

这就证明了 $\boldsymbol{A}(\boldsymbol{BC})=(\boldsymbol{AB})\boldsymbol{C}$.

下面两条运算规律(见(2),(3))说明矩阵乘法与矩阵的加法、数量乘法的关系.

(2) 矩阵的乘法和加法满足分配律,即

$$\boldsymbol{A}(\boldsymbol{B}+\boldsymbol{C})=\boldsymbol{AB}+\boldsymbol{AC};$$

$$(\boldsymbol{B}+\boldsymbol{C})\boldsymbol{A}=\boldsymbol{BA}+\boldsymbol{CA}.$$

由于矩阵的乘法不满足交换律,所以这是两条不同的规律.请读者自行证明.

(3) 矩阵的乘法与矩阵的数量乘法满足以下规律:

$$k(\boldsymbol{AB})=(k\boldsymbol{A})\boldsymbol{B}=\boldsymbol{A}(k\boldsymbol{B}).$$

(4) **单位矩阵** 主对角线上的元素全是 1,其余的元素全是 0 的 n 阶方阵

$$\begin{pmatrix}1&0&\cdots&0\\0&1&\cdots&0\\\vdots&\vdots&&\vdots\\0&0&\cdots&1\end{pmatrix}$$

称为 **n 阶单位矩阵**,记作 $\boldsymbol{E}_n$. 在不致混淆的情况下,可以简单地写成 $\boldsymbol{E}$. 很容易检验

$$\boldsymbol{A}_{sn}\boldsymbol{E}_n=\boldsymbol{A}_{sn};$$

$$\boldsymbol{E}_s\boldsymbol{A}_{sn}=\boldsymbol{A}_{sn}.$$

即单位矩阵在矩阵的乘法中起着与数的乘法中和“1”相同的作用.

(5) **数量矩阵** 方阵

$$k\boldsymbol{E}=\begin{pmatrix}k&0&\cdots&0\\0&k&\cdots&0\\\vdots&\vdots&&\vdots\\0&0&\cdots&k\end{pmatrix}$$

称为**数量矩阵**. 对于 $s\times n$ 矩阵 $\boldsymbol{A}$，有

$$k\boldsymbol{A}=(k\boldsymbol{E}_s)\boldsymbol{A}=\boldsymbol{A}(k\boldsymbol{E}_n).$$

这说明数量矩阵与矩阵相乘起着矩阵与数相乘中数的作用. 特别地，如果 $\boldsymbol{A}$ 是一个 $n\times n$ 矩阵，$k\boldsymbol{E}$ 是一个 n 阶数量矩阵，那么

$$(k\boldsymbol{E})\boldsymbol{A}=\boldsymbol{A}(k\boldsymbol{E}).$$

这个式子说明：n 阶数量矩阵与所有的 n 阶矩阵是可交换的. 可以证明：与所有 n 阶矩阵都可交换的矩阵一定是 n 阶数量矩阵(总习题 4 第 5 题).

单位矩阵与零矩阵是数量矩阵 $k\boldsymbol{E}$ 当 $k=1$ 与 0 的特殊情形.

另外还有

$$k\boldsymbol{E}+l\boldsymbol{E}=(k+l)\boldsymbol{E};$$

$$(k\boldsymbol{E})\cdot(l\boldsymbol{E})=(kl)\boldsymbol{E}.$$

这就是说，数量矩阵的加法与乘法完全可以归结为数的加法与乘法.

(6) 矩阵的方幂

因为矩阵的乘法满足结合律，所以可以定义矩阵的方幂. 设 $\boldsymbol{A}$ 是一个 n 阶矩阵. 用 $\boldsymbol{A}^k(k>0)$ 表示 k 个 $\boldsymbol{A}$ 的连乘积，称为 **$\boldsymbol{A}$ 的 k 次方幂**，规定 $\boldsymbol{A}^0=\boldsymbol{E}$，容易看出

$$\boldsymbol{A}^k\cdot\boldsymbol{A}^l=\boldsymbol{A}^{k+l},\quad (\boldsymbol{A}^k)^l=\boldsymbol{A}^{kl}\quad (k,l\geqslant 0).$$

需要注意的是：由于矩阵的乘法不满足交换律，所以等式

$$(\boldsymbol{AB})^k=\boldsymbol{A}^k\boldsymbol{B}^k$$

一般不成立. 只有当 $\boldsymbol{A},\boldsymbol{B}$ 可交换时才成立.

4. 矩阵的转置

把一个矩阵 $\boldsymbol{A}$ 的行列互换，所得到的矩阵称为这个矩阵的转置.

定义 4.4　设 $\boldsymbol{A}$ 是一个 $s\times n$ 矩阵，即

$$\boldsymbol{A}=\begin{pmatrix} a_{11} & a_{12} & \cdots & a_{1n}\\ a_{21} & a_{22} & \cdots & a_{2n}\\ \vdots & \vdots & & \vdots\\ a_{s1} & a_{s2} & \cdots & a_{sn}\end{pmatrix},$$

那么，$n\times s$ 矩阵

$$\begin{pmatrix} a_{11} & a_{21} & \cdots & a_{s1}\\ a_{12} & a_{22} & \cdots & a_{s2}\\ \vdots & \vdots & & \vdots\\ a_{1n} & a_{2n} & \cdots & a_{sn}\end{pmatrix}$$

称为 $\boldsymbol{A}$ 的**转置矩阵**，简称 $\boldsymbol{A}$ 的转置，记作 $\boldsymbol{A}^{\mathrm{T}}$ 或 $\boldsymbol{A}'$.

矩阵的转置满足如下规律：

$$(\boldsymbol{A}^{\mathrm{T}})^{\mathrm{T}}=\boldsymbol{A};$$
$$(\boldsymbol{A}+\boldsymbol{B})^{\mathrm{T}}=\boldsymbol{A}^{\mathrm{T}}+\boldsymbol{B}^{\mathrm{T}};$$
$$(\boldsymbol{A}\boldsymbol{B})^{\mathrm{T}}=\boldsymbol{B}^{\mathrm{T}}\boldsymbol{A}^{\mathrm{T}};$$
$$(k\boldsymbol{A})^{\mathrm{T}}=k\boldsymbol{A}^{\mathrm{T}}.$$

下面只证明第三个等式,其余的留给读者验证.

设

$$\boldsymbol{A}=\begin{pmatrix}a_{11}&a_{12}&\cdots&a_{1n}\\a_{21}&a_{22}&\cdots&a_{2n}\\\vdots&\vdots&&\vdots\\a_{s1}&a_{s2}&\cdots&a_{sn}\end{pmatrix},\quad\boldsymbol{B}=\begin{pmatrix}b_{11}&b_{12}&\cdots&b_{1m}\\b_{21}&b_{22}&\cdots&b_{2m}\\\vdots&\vdots&&\vdots\\b_{n1}&b_{n2}&\cdots&b_{nm}\end{pmatrix},$$

首先$(\boldsymbol{A}\boldsymbol{B})^{\mathrm{T}}$与$\boldsymbol{B}^{\mathrm{T}}\boldsymbol{A}^{\mathrm{T}}$都是$m\times s$矩阵,而且$\boldsymbol{A}\boldsymbol{B}$中第$i$行第$j$列的元素为

$$\sum_{k=1}^{n}a_{ik}b_{kj}.$$

所以$(\boldsymbol{A}\boldsymbol{B})^{\mathrm{T}}$中第$i$行第$j$列的元素是

$$\sum_{k=1}^{n}a_{jk}b_{ki}.$$

其次,$\boldsymbol{B}^{\mathrm{T}}$的第$i$行第$k$列的元素是$b_{ki}$,$\boldsymbol{A}^{\mathrm{T}}$的第$k$行第$j$列的元素是$a_{jk}$,因此,$\boldsymbol{B}^{\mathrm{T}}\boldsymbol{A}^{\mathrm{T}}$中第$i$行第$j$列的元素是

$$\sum_{k=1}^{n}b_{ki}a_{jk}=\sum_{k=1}^{n}a_{jk}b_{ki}.$$

这就证明了$(\boldsymbol{A}\boldsymbol{B})^{\mathrm{T}}=\boldsymbol{B}^{\mathrm{T}}\boldsymbol{A}^{\mathrm{T}}$.

例 4.10 设

$$\boldsymbol{A}=\begin{pmatrix}1&-1&2\\1&0&3\\-1&2&-1\end{pmatrix},\quad\boldsymbol{B}=\begin{pmatrix}1&1\\2&-1\\3&2\end{pmatrix},$$

那么

$$\boldsymbol{A}\boldsymbol{B}=\begin{pmatrix}5&6\\10&7\\0&-5\end{pmatrix},$$

$$\boldsymbol{A}^{\mathrm{T}}=\begin{pmatrix}1&1&-1\\-1&0&2\\2&3&-1\end{pmatrix},\quad\boldsymbol{B}^{\mathrm{T}}=\begin{pmatrix}1&2&3\\1&-1&2\end{pmatrix},$$

$$\boldsymbol{B}^{\mathrm{T}}\boldsymbol{A}^{\mathrm{T}}=\begin{pmatrix}5&10&0\\6&7&-5\end{pmatrix}=(\boldsymbol{A}\boldsymbol{B})^{\mathrm{T}}.$$

习题 4.1

1. 计算：

(1) $\begin{pmatrix} 2 & -1 & 0 \\ 1 & 1 & 2 \\ -1 & 2 & 1 \end{pmatrix}+\begin{pmatrix} 3 & 1 & -2 \\ 5 & -2 & 1 \\ -3 & 1 & -1 \end{pmatrix}$；

(2) $\begin{pmatrix} 0 & 1 & 2 & 3 \\ 1 & 3 & -1 & 4 \\ 2 & 0 & 3 & 1 \end{pmatrix}+\begin{pmatrix} 3 & 2 & 1 & 0 \\ 2 & -1 & -1 & 1 \\ 0 & -1 & 3 & 2 \end{pmatrix}-\begin{pmatrix} -1 & 2 & 3 & -4 \\ 0 & 2 & 0 & -1 \\ -1 & 1 & 3 & 1 \end{pmatrix}$.

2. 求 $\boldsymbol{X}$,使

$$\begin{pmatrix} 1 & 1 & 1 \\ 3 & 1 & 2 \\ -1 & 0 & 1 \end{pmatrix}+\boldsymbol{X}-\begin{pmatrix} 2 & 3 & 0 \\ -1 & 0 & -1 \\ 2 & -1 & 1 \end{pmatrix}=\begin{pmatrix} 2 & 2 & 3 \\ 4 & -5 & 6 \\ -3 & -1 & 2 \end{pmatrix}.$$

3. 求下列矩阵的乘积：

(1) $\begin{pmatrix} 1 & 2 \\ 3 & 4 \end{pmatrix}\begin{pmatrix} 1 & -1 \\ 1 & 2 \end{pmatrix}$；　　(2) $\begin{pmatrix} 3 & 1 & 1 \\ 2 & -1 & 2 \\ 1 & 2 & -3 \end{pmatrix}\begin{pmatrix} -1 & 1 & 1 \\ 1 & 2 & -1 \\ 1 & 1 & 0 \end{pmatrix}$；

(3) $\begin{pmatrix} a & b & c \\ c & a & b \\ 1 & 1 & 1 \end{pmatrix}\begin{pmatrix} a & c & 1 \\ b & a & 1 \\ c & b & 1 \end{pmatrix}$.

4. 计算

$$\begin{pmatrix} 1 & 0 & 3 \\ -1 & 2 & 1 \\ 1 & -3 & 2 \end{pmatrix}\begin{pmatrix} 1 & -2 & 4 \\ 2 & -4 & 1 \\ -1 & 1 & 0 \end{pmatrix}+\begin{pmatrix} 2 & 4 & -5 \\ 5 & 1 & -1 \\ 3 & -2 & 7 \end{pmatrix}.$$

5. 设

$$\boldsymbol{A}=\begin{pmatrix} 2 & 4 \\ 1 & -1 \\ 3 & 1 \end{pmatrix},\quad \boldsymbol{B}=\begin{pmatrix} 2 & -3 & 1 \\ 2 & 1 & 0 \end{pmatrix},\quad \boldsymbol{C}=\begin{pmatrix} 2 & 1 & 3 \\ 4 & 1 & -2 \\ -1 & 0 & 1 \end{pmatrix}.$$

求 $\boldsymbol{AB}$,$(\boldsymbol{AB})\boldsymbol{C}$,$\boldsymbol{BC}$,$\boldsymbol{A}(\boldsymbol{BC})$.

6. 计算：

(1) $\begin{pmatrix} 2 & 1 & 1 \\ 3 & 1 & 0 \\ 0 & 1 & 2 \end{pmatrix}^2$；　　(2) $\begin{pmatrix} 1 & 2 \\ -2 & 1 \end{pmatrix}^5$；

(3) $\begin{pmatrix} 1 & -1 & -1 & -1 \\ -1 & 1 & -1 & -1 \\ -1 & -1 & 1 & -1 \\ -1 & -1 & -1 & 1 \end{pmatrix}^n \quad (n>0)$.

7. 设

$$\boldsymbol{A}=\begin{pmatrix} 1 & 2 & -1 \\ 2 & 3 & 2 \\ -1 & 0 & 2 \end{pmatrix},\quad \boldsymbol{B}=\begin{pmatrix} 0 & 1 & -2 \\ 2 & -1 & 0 \\ -1 & -1 & 3 \end{pmatrix}.$$

计算 $\boldsymbol{A}^{\mathrm{T}},\boldsymbol{B}^{\mathrm{T}},\boldsymbol{A}+\boldsymbol{B},\boldsymbol{A}^{\mathrm{T}}+\boldsymbol{B}^{\mathrm{T}},\boldsymbol{AB},\boldsymbol{BA},\boldsymbol{A}^{\mathrm{T}}\boldsymbol{B}^{\mathrm{T}},\boldsymbol{B}^{\mathrm{T}}\boldsymbol{A}^{\mathrm{T}},\boldsymbol{A}^2,(\boldsymbol{A}^{\mathrm{T}})^2$.

8. 用两种方法求$(\boldsymbol{ABC})^{\mathrm{T}}$,其中

$$\boldsymbol{A}=\begin{pmatrix} -1 & 3 & 1 \\ 0 & 4 & 2 \end{pmatrix},\quad \boldsymbol{B}=\begin{pmatrix} 4 & 1 \\ 2 & 5 \\ 3 & -4 \end{pmatrix},\quad \boldsymbol{C}=\begin{pmatrix} 2 & -1 \\ 4 & 2 \end{pmatrix}.$$

4.2 矩阵的分块

这一节介绍在处理阶数较高的矩阵时常用的一个方法,即矩阵的分块.把一个大矩阵看成是一些小矩阵组成的,就如矩阵是由数组成的一样,这就是所谓**矩阵的分块**.

先举一个例子来说明.假设有两个矩阵:

$$\boldsymbol{A}=\begin{pmatrix} 1 & 0 & 0 & 0 \\ 0 & 1 & 0 & 0 \\ -1 & 2 & 1 & 0 \\ 1 & 1 & 0 & 1 \end{pmatrix},\quad \boldsymbol{B}=\begin{pmatrix} 1 & 0 & 3 & 2 \\ -1 & 2 & 0 & 1 \\ 1 & 0 & 4 & 1 \\ -1 & -1 & 2 & 0 \end{pmatrix}.$$

将矩阵 $\boldsymbol{A}$ 分成一些小块,

$$\boldsymbol{A}=\left(\begin{array}{cc:cc} 1 & 0 & 0 & 0 \\ 0 & 1 & 0 & 0 \\ \hdashline -1 & 2 & 1 & 0 \\ 1 & 1 & 0 & 1 \end{array}\right)=\begin{pmatrix} \boldsymbol{E}_2 & \boldsymbol{0} \\ \boldsymbol{A}_1 & \boldsymbol{E}_2 \end{pmatrix},$$

其中 $\boldsymbol{E}_2$ 是 2 阶单位矩阵,$\boldsymbol{0}$ 是 2 阶零矩阵,而

$$\boldsymbol{A}_1=\begin{pmatrix} -1 & 2 \\ 1 & 1 \end{pmatrix}.$$

再将 $\boldsymbol{B}$ 分成一些小块,

$$
B = \left(\begin{array}{cc:cc} 1 & 0 & 3 & 2 \\ -1 & 2 & 0 & 1 \\ \hdashline 1 & 0 & 4 & 1 \\ -1 & -1 & 2 & 0 \end{array}\right) = \begin{pmatrix} B_{11} & B_{12} \\ B_{21} & B_{22} \end{pmatrix},
$$

其中

$$
B_{11} = \begin{pmatrix} 1 & 0 \\ -1 & 2 \end{pmatrix}, \quad B_{12} = \begin{pmatrix} 3 & 2 \\ 0 & 1 \end{pmatrix}, \quad B_{21} = \begin{pmatrix} 1 & 0 \\ -1 & -1 \end{pmatrix}, \quad B_{22} = \begin{pmatrix} 4 & 1 \\ 2 & 0 \end{pmatrix}.
$$

在计算 $A+B$ 及 AB 时，把 A,B 看成是由这些小矩阵组成的，于是可以按 2 阶矩阵来运算：

$$
\begin{aligned}
A+B &= \begin{pmatrix} E_2 & 0 \\ A_1 & E_2 \end{pmatrix} + \begin{pmatrix} B_{11} & B_{12} \\ B_{21} & B_{22} \end{pmatrix} = \begin{pmatrix} E_2+B_{11} & B_{12} \\ A_1+B_{21} & E_2+B_{22} \end{pmatrix} \\
&= \begin{pmatrix} 2 & 0 & 3 & 2 \\ -1 & 3 & 0 & 1 \\ 0 & 2 & 5 & 1 \\ 0 & 0 & 2 & 1 \end{pmatrix}, \\
AB &= \begin{pmatrix} E_2 & 0 \\ A_1 & E_2 \end{pmatrix} \begin{pmatrix} B_{11} & B_{12} \\ B_{21} & B_{22} \end{pmatrix} \\
&= \begin{pmatrix} B_{11} & B_{12} \\ A_1B_{11}+B_{21} & A_1B_{12}+B_{22} \end{pmatrix},
\end{aligned}
$$

其中 $A_1B_{11}+B_{21}$，$A_1B_{12}+B_{22}$ 可以按 2 阶矩阵计算：

$$
\begin{aligned}
A_1B_{11}+B_{21} &= \begin{pmatrix} -1 & 2 \\ 1 & 1 \end{pmatrix} \begin{pmatrix} 1 & 0 \\ -1 & 2 \end{pmatrix} + \begin{pmatrix} 1 & 0 \\ -1 & -1 \end{pmatrix} \\
&= \begin{pmatrix} -3 & 4 \\ 0 & 2 \end{pmatrix} + \begin{pmatrix} 1 & 0 \\ -1 & -1 \end{pmatrix} = \begin{pmatrix} -2 & 4 \\ -1 & 1 \end{pmatrix}; \\
A_1B_{12}+B_{22} &= \begin{pmatrix} -1 & 2 \\ 1 & 1 \end{pmatrix} \begin{pmatrix} 3 & 2 \\ 0 & 1 \end{pmatrix} + \begin{pmatrix} 4 & 1 \\ 2 & 0 \end{pmatrix} \\
&= \begin{pmatrix} -3 & 0 \\ 3 & 3 \end{pmatrix} + \begin{pmatrix} 4 & 1 \\ 2 & 0 \end{pmatrix} = \begin{pmatrix} 1 & 1 \\ 5 & 3 \end{pmatrix}.
\end{aligned}
$$

于是得

$$
AB = \begin{pmatrix} 1 & 0 & 3 & 2 \\ -1 & 2 & 0 & 1 \\ -2 & 4 & 1 & 1 \\ -1 & 1 & 5 & 3 \end{pmatrix}.
$$

读者可以验证一下，直接按矩阵乘法的定义来计算，结果是一样的.

需要注意的是，应用矩阵分块来进行运算，必须将矩阵分成可以作运算的一些小块.用分块矩阵来作矩阵加法时,必须将矩阵分成大小相同的小块.一般地,设 $\boldsymbol{A},\boldsymbol{B}$ 都是 $s\times n$ 矩阵.把 $\boldsymbol{A},\boldsymbol{B}$ 分成同样的小块矩阵,即

$$\boldsymbol{A}=\begin{array}{c} \\ s_1 \\ s_2 \\ \vdots \\ s_t \end{array}\begin{array}{c} \begin{array}{cccc} n_1 & n_2 & \cdots & n_l \end{array} \\ \begin{pmatrix} \boldsymbol{A}_{11} & \boldsymbol{A}_{12} & \cdots & \boldsymbol{A}_{1l} \\ \boldsymbol{A}_{21} & \boldsymbol{A}_{22} & \cdots & \boldsymbol{A}_{2l} \\ \vdots & \vdots & & \vdots \\ \boldsymbol{A}_{t1} & \boldsymbol{A}_{t2} & \cdots & \boldsymbol{A}_{tl} \end{pmatrix}\end{array},$$

$$\boldsymbol{B}=\begin{array}{c} \\ s_1 \\ s_2 \\ \vdots \\ s_t \end{array}\begin{array}{c} \begin{array}{cccc} n_1 & n_2 & \cdots & n_l \end{array} \\ \begin{pmatrix} \boldsymbol{B}_{11} & \boldsymbol{B}_{12} & \cdots & \boldsymbol{B}_{1l} \\ \boldsymbol{B}_{21} & \boldsymbol{B}_{22} & \cdots & \boldsymbol{B}_{2l} \\ \vdots & \vdots & & \vdots \\ \boldsymbol{B}_{t1} & \boldsymbol{B}_{t2} & \cdots & \boldsymbol{B}_{tl} \end{pmatrix}\end{array}$$

$$(s_1+s_2+\cdots+s_t=s;\ n_1+n_2+\cdots+n_l=n),$$

其中 $\boldsymbol{A}_{ij}$ 与 $\boldsymbol{B}_{ij}$ 都是 $s_i\times n_j$ 矩阵($i=1,2,\cdots,t;\ j=1,2,\cdots,l$),那么

$$\boldsymbol{A}+\boldsymbol{B}=\begin{pmatrix} \boldsymbol{A}_{11}+\boldsymbol{B}_{11} & \boldsymbol{A}_{12}+\boldsymbol{B}_{12} & \cdots & \boldsymbol{A}_{1l}+\boldsymbol{B}_{1l} \\ \boldsymbol{A}_{21}+\boldsymbol{B}_{21} & \boldsymbol{A}_{22}+\boldsymbol{B}_{22} & \cdots & \boldsymbol{A}_{2l}+\boldsymbol{B}_{2l} \\ \vdots & \vdots & & \vdots \\ \boldsymbol{A}_{t1}+\boldsymbol{B}_{t1} & \boldsymbol{A}_{t2}+\boldsymbol{B}_{t2} & \cdots & \boldsymbol{A}_{tl}+\boldsymbol{B}_{tl} \end{pmatrix}.$$

如果要用分块矩阵作乘法,由于两个矩阵相乘时,第 1 个矩阵的列数必须等于第 2 个矩阵的行数,所以用分块矩阵计算 $\boldsymbol{AB}$ 时,对矩阵 $\boldsymbol{A}$ 的列的分法必须与矩阵 $\boldsymbol{B}$ 的行的分法相一致.设 $\boldsymbol{A}$ 是一个 $s\times n$ 矩阵,$\boldsymbol{B}$ 是一个 $n\times m$ 矩阵,把 $\boldsymbol{A},\boldsymbol{B}$ 分成一些小矩阵,即

$$\boldsymbol{A}=\begin{array}{c} \\ s_1 \\ s_2 \\ \vdots \\ s_t \end{array}\begin{array}{c} \begin{array}{cccc} n_1 & n_2 & \cdots & n_l \end{array} \\ \begin{pmatrix} \boldsymbol{A}_{11} & \boldsymbol{A}_{12} & \cdots & \boldsymbol{A}_{1l} \\ \boldsymbol{A}_{21} & \boldsymbol{A}_{22} & \cdots & \boldsymbol{A}_{2l} \\ \vdots & \vdots & & \vdots \\ \boldsymbol{A}_{t1} & \boldsymbol{A}_{t2} & \cdots & \boldsymbol{A}_{tl} \end{pmatrix}\end{array}$$

$$(s_1+s_2+\cdots+s_t=s;\ n_1+n_2+\cdots+n_l=n),$$

$$\boldsymbol{B}=\begin{array}{c} \\ n_1 \\ n_2 \\ \vdots \\ n_l \end{array}\begin{array}{c} \begin{array}{cccc} m_1 & m_2 & \cdots & m_r \end{array} \\ \begin{pmatrix} \boldsymbol{B}_{11} & \boldsymbol{B}_{12} & \cdots & \boldsymbol{B}_{1r} \\ \boldsymbol{B}_{21} & \boldsymbol{B}_{22} & \cdots & \boldsymbol{B}_{2r} \\ \vdots & \vdots & & \vdots \\ \boldsymbol{B}_{l1} & \boldsymbol{B}_{l2} & \cdots & \boldsymbol{B}_{lr} \end{pmatrix}\end{array}$$

$$(n_1+n_2+\cdots+n_l=n;\ m_1+m_2+\cdots+m_r=m).$$

其中 $\boldsymbol{A}_{ij}$ 是 $s_i \times n_j$ 矩阵($i=1,2,\cdots,t$; $j=1,2,\cdots,l$), $\boldsymbol{B}_{jk}$ 是 $n_j \times m_k$ 矩阵($j=1,2,\cdots,l$; $k=1,2,\cdots,r$),于是

$$\boldsymbol{AB}=\begin{matrix} \\ s_1 \\ s_2 \\ \vdots \\ s_t \end{matrix}\begin{matrix} m_1 & m_2 & \cdots & m_r \\ \left(\begin{matrix} \boldsymbol{C}_{11} \\ \boldsymbol{C}_{21} \\ \vdots \\ \boldsymbol{C}_{t1} \end{matrix}\right. & \begin{matrix} \boldsymbol{C}_{12} \\ \boldsymbol{C}_{22} \\ \vdots \\ \boldsymbol{C}_{t2} \end{matrix} & \begin{matrix} \cdots \\ \cdots \\ \\ \cdots \end{matrix} & \left.\begin{matrix} \boldsymbol{C}_{1r} \\ \boldsymbol{C}_{2r} \\ \vdots \\ \boldsymbol{C}_{tr} \end{matrix}\right) \end{matrix},$$

其中

$$\boldsymbol{C}_{ij}=\boldsymbol{A}_{i1}\boldsymbol{B}_{1j}+\boldsymbol{A}_{i2}\boldsymbol{B}_{2j}+\cdots+\boldsymbol{A}_{il}\boldsymbol{B}_{lj}=\sum_{k=1}^{l}\boldsymbol{A}_{ik}\boldsymbol{B}_{kj}$$

$$(i=1,2,\cdots,t;\ j=1,2,\cdots,r).$$

以上用分块矩阵作加法和乘法运算的两个结果都可以用矩阵的加法与乘法的定义来验证,这里就不详细说明了.

以后会看到,矩阵分块运算有许多方便之处.因为在分块之后,矩阵间的相互关系可以看得更清楚.作为例子,下面应用分块矩阵来证明关于矩阵的秩的两个定理.

定理 4.1 两个矩阵的和的秩不超过这两个矩阵的秩的和,即

$$\mathrm{r}(\boldsymbol{A}+\boldsymbol{B})\leqslant \mathrm{r}(\boldsymbol{A})+\mathrm{r}(\boldsymbol{B}).$$

证明 设 $\boldsymbol{A},\boldsymbol{B}$ 是两个 $s\times n$ 矩阵.用 $\boldsymbol{\alpha}_1,\boldsymbol{\alpha}_2,\cdots,\boldsymbol{\alpha}_s$ 及 $\boldsymbol{\beta}_1,\boldsymbol{\beta}_2,\cdots,\boldsymbol{\beta}_s$ 分别表示 $\boldsymbol{A}$ 及 $\boldsymbol{B}$ 的行向量组.于是 $\boldsymbol{A}$ 与 $\boldsymbol{B}$ 都可以表成分块矩阵,即

$$\boldsymbol{A}=\begin{pmatrix} \boldsymbol{\alpha}_1 \\ \boldsymbol{\alpha}_2 \\ \vdots \\ \boldsymbol{\alpha}_s \end{pmatrix},\quad \boldsymbol{B}=\begin{pmatrix} \boldsymbol{\beta}_1 \\ \boldsymbol{\beta}_2 \\ \vdots \\ \boldsymbol{\beta}_s \end{pmatrix}.$$

从而

$$\boldsymbol{A}+\boldsymbol{B}=\begin{pmatrix} \boldsymbol{\alpha}_1+\boldsymbol{\beta}_1 \\ \boldsymbol{\alpha}_2+\boldsymbol{\beta}_2 \\ \vdots \\ \boldsymbol{\alpha}_s+\boldsymbol{\beta}_s \end{pmatrix}.$$

这说明 $\boldsymbol{A}+\boldsymbol{B}$ 的行向量组可以由向量组 $\boldsymbol{\alpha}_1,\boldsymbol{\alpha}_2,\cdots,\boldsymbol{\alpha}_s$ 及 $\boldsymbol{\beta}_1,\boldsymbol{\beta}_2,\cdots,\boldsymbol{\beta}_s$ 线性表出,因此

$$\begin{aligned}\mathrm{r}(\boldsymbol{A}+\boldsymbol{B})&\leqslant \mathrm{r}\{\boldsymbol{\alpha}_1,\boldsymbol{\alpha}_2,\cdots,\boldsymbol{\alpha}_s,\boldsymbol{\beta}_1,\boldsymbol{\beta}_2,\cdots,\boldsymbol{\beta}_s\} \\ &\leqslant \mathrm{r}\{\boldsymbol{\alpha}_1,\boldsymbol{\alpha}_2,\cdots,\boldsymbol{\alpha}_s\}+\mathrm{r}\{\boldsymbol{\beta}_1,\boldsymbol{\beta}_2,\cdots,\boldsymbol{\beta}_s\}\end{aligned}$$

$$= \mathrm{r}(\boldsymbol{A}) + \mathrm{r}(\boldsymbol{B}).$$

推论 4.1

$$\mathrm{r}(\boldsymbol{A}_1 + \boldsymbol{A}_2 + \cdots + \boldsymbol{A}_t) \leqslant \mathrm{r}(\boldsymbol{A}_1) + \mathrm{r}(\boldsymbol{A}_2) + \cdots + \mathrm{r}(\boldsymbol{A}_t).$$

定理 4.2 矩阵乘积的秩不超过各因子的秩，即

$$\mathrm{r}(\boldsymbol{AB}) \leqslant \min\{\mathrm{r}(\boldsymbol{A}), \mathrm{r}(\boldsymbol{B})\}.$$

证明 设

$$\boldsymbol{A} = \begin{pmatrix} a_{11} & a_{12} & \cdots & a_{1n} \\ a_{21} & a_{22} & \cdots & a_{2n} \\ \vdots & \vdots & & \vdots \\ a_{s1} & a_{s2} & \cdots & a_{sn} \end{pmatrix}, \quad \boldsymbol{B} = \begin{pmatrix} b_{11} & b_{12} & \cdots & b_{1m} \\ b_{21} & b_{22} & \cdots & b_{2m} \\ \vdots & \vdots & & \vdots \\ b_{n1} & b_{n2} & \cdots & b_{nm} \end{pmatrix},$$

用$\boldsymbol{\beta}_1, \boldsymbol{\beta}_2, \cdots, \boldsymbol{\beta}_n$ 表示 $\boldsymbol{B}$ 的行向量组，那么 $\boldsymbol{B}$ 可以表成分块矩阵，

$$\boldsymbol{B} = \begin{pmatrix} \boldsymbol{\beta}_1 \\ \boldsymbol{\beta}_2 \\ \vdots \\ \boldsymbol{\beta}_n \end{pmatrix}.$$

于是

$$\boldsymbol{AB} = \begin{pmatrix} a_{11} & a_{12} & \cdots & a_{1n} \\ a_{21} & a_{22} & \cdots & a_{2n} \\ \vdots & \vdots & & \vdots \\ a_{s1} & a_{s2} & \cdots & a_{sn} \end{pmatrix} \begin{pmatrix} \boldsymbol{\beta}_1 \\ \boldsymbol{\beta}_2 \\ \vdots \\ \boldsymbol{\beta}_n \end{pmatrix}$$

$$= \begin{pmatrix} a_{11}\boldsymbol{\beta}_1 + a_{12}\boldsymbol{\beta}_2 + \cdots + a_{1n}\boldsymbol{\beta}_n \\ a_{21}\boldsymbol{\beta}_1 + a_{22}\boldsymbol{\beta}_2 + \cdots + a_{2n}\boldsymbol{\beta}_n \\ \vdots \\ a_{s1}\boldsymbol{\beta}_1 + a_{s2}\boldsymbol{\beta}_2 + \cdots + a_{sn}\boldsymbol{\beta}_n \end{pmatrix}.$$

这说明 $\boldsymbol{AB}$ 的行向量组可以由 $\boldsymbol{B}$ 的行向量组线性表出，所以

$$\mathrm{r}(\boldsymbol{AB}) \leqslant \mathrm{r}(\boldsymbol{B}).$$

再用 $\gamma_1, \gamma_2, \cdots, \gamma_n$ 表示 $\boldsymbol{A}$ 的列向量组. 那么 $\boldsymbol{A}$ 可以表成分块矩阵，

$$\boldsymbol{A} = (\boldsymbol{\gamma}_1 \quad \boldsymbol{\gamma}_2 \quad \cdots \quad \boldsymbol{\gamma}_n).$$

于是

$$\boldsymbol{AB} = (\boldsymbol{\gamma}_1 \quad \boldsymbol{\gamma}_2 \quad \cdots \quad \boldsymbol{\gamma}_n) \begin{pmatrix} b_{11} & b_{12} & \cdots & b_{1m} \\ b_{21} & b_{22} & \cdots & b_{2m} \\ \vdots & \vdots & & \vdots \\ b_{n1} & b_{n2} & \cdots & b_{nm} \end{pmatrix}$$

$$= \left(\sum_{k=1}^{n} b_{k1}\boldsymbol{\gamma}_k \quad \sum_{k=1}^{n} b_{k2}\boldsymbol{\gamma}_k \quad \cdots \quad \sum_{k=1}^{n} b_{km}\boldsymbol{\gamma}_k \right).$$

这说明 $\boldsymbol{AB}$ 的列向量组可以由 $\boldsymbol{A}$ 的列向量组线性表出，所以

$$\mathrm{r}(\boldsymbol{AB}) \leqslant \mathrm{r}(\boldsymbol{A}).$$

综合以上两点，即得

$$\mathrm{r}(\boldsymbol{AB}) \leqslant \min\{\mathrm{r}(\boldsymbol{A}), \mathrm{r}(\boldsymbol{B})\}.$$

应用数学归纳法，可以将定理 4.2 推广到多个因子的情况.

推论 4.2　$\mathrm{r}(\boldsymbol{A}_1\boldsymbol{A}_2\cdots\boldsymbol{A}_t) \leqslant \min\{\mathrm{r}(\boldsymbol{A}_1), \mathrm{r}(\boldsymbol{A}_2), \cdots, \mathrm{r}(\boldsymbol{A}_t)\}$.

从定理 4.1,4.2 的证明可以看出矩阵的和、积的行与列与原矩阵的行列有以下关系.

命题 4.1　设矩阵 $\boldsymbol{A}$ 的行向量组是 $\boldsymbol{\alpha}_1, \boldsymbol{\alpha}_2, \cdots, \boldsymbol{\alpha}_s$，列向量组是 $\boldsymbol{\gamma}_1, \boldsymbol{\gamma}_2, \cdots, \boldsymbol{\gamma}_n$；$\boldsymbol{B}$ 的行向量组是 $\boldsymbol{\beta}_1, \boldsymbol{\beta}_2, \cdots, \boldsymbol{\beta}_s$，列向量组是 $\boldsymbol{\delta}_1, \boldsymbol{\delta}_2, \cdots, \boldsymbol{\delta}_n$；则 $\boldsymbol{A}+\boldsymbol{B}$ 的行向量组是 $\boldsymbol{\alpha}_1+\boldsymbol{\beta}_1, \boldsymbol{\alpha}_2+\boldsymbol{\beta}_2, \cdots, \boldsymbol{\alpha}_s+\boldsymbol{\beta}_s$，列向量组是 $\boldsymbol{\gamma}_1+\boldsymbol{\delta}_1, \boldsymbol{\gamma}_2+\boldsymbol{\delta}_2, \cdots, \boldsymbol{\gamma}_n+\boldsymbol{\delta}_n$.

命题 4.2　设

$$\boldsymbol{A} = \begin{pmatrix} a_{11} & a_{12} & \cdots & a_{1n} \\ a_{21} & a_{22} & \cdots & a_{2n} \\ \vdots & \vdots & & \vdots \\ a_{s1} & a_{s2} & \cdots & a_{sn} \end{pmatrix}, \quad \boldsymbol{B} = \begin{pmatrix} b_{11} & b_{12} & \cdots & b_{1m} \\ b_{21} & b_{22} & \cdots & b_{2m} \\ \vdots & \vdots & & \vdots \\ b_{n1} & b_{n2} & \cdots & b_{nm} \end{pmatrix},$$

则 $\boldsymbol{AB}$ 的行都是 $\boldsymbol{B}$ 的行向量组的线性组合，而且 $\boldsymbol{AB}$ 的第 i 行表成 $\boldsymbol{B}$ 的行向量的线性组合时系数为 $\boldsymbol{A}$ 的第 i 行，即 $a_{i1}, a_{i2}, \cdots, a_{in}$ $(i=1,2,\cdots,s)$. $\boldsymbol{AB}$ 的列都是 $\boldsymbol{A}$ 的列向量组的线性组合，而且 $\boldsymbol{AB}$ 的第 j 列表成 $\boldsymbol{A}$ 的列向量的线性组合时，系数为 $\boldsymbol{B}$ 的第 j 列，即 $b_{1j}, b_{2j}, \cdots, b_{nj}$ $(j=1,2,\cdots,m)$.

从定理 4.2 可以推出：当 $\boldsymbol{A}, \boldsymbol{B}$ 都是 n 阶矩阵时，如果矩阵 $\boldsymbol{A}, \boldsymbol{B}$ 的行列式中有一个等于零，那么这个矩阵的秩就小于 n. 因此，$\boldsymbol{AB}$ 的秩也就小于 n，$\boldsymbol{AB}$ 的行列式也等于零. 比这个结果更确切的关于矩阵乘积的行列式有下述定理.

定理 4.3　矩阵乘积的行列式等于矩阵因子的行列式的乘积，即

$$|\boldsymbol{AB}| = |\boldsymbol{A}| \cdot |\boldsymbol{B}|.$$

证明　设

$$\boldsymbol{A} = \begin{pmatrix} a_{11} & a_{12} & \cdots & a_{1n} \\ a_{21} & a_{22} & \cdots & a_{2n} \\ \vdots & \vdots & & \vdots \\ a_{n1} & a_{n2} & \cdots & a_{nn} \end{pmatrix}, \quad \boldsymbol{B} = \begin{pmatrix} b_{11} & b_{12} & \cdots & b_{1n} \\ b_{21} & b_{22} & \cdots & b_{2n} \\ \vdots & \vdots & & \vdots \\ b_{n1} & b_{n2} & \cdots & b_{nn} \end{pmatrix}.$$

它们的乘积

$$D = AB = \begin{pmatrix} d_{11} & d_{12} & \cdots & d_{1n} \\ d_{21} & d_{22} & \cdots & d_{2n} \\ \vdots & \vdots & & \vdots \\ d_{n1} & d_{n2} & \cdots & d_{nn} \end{pmatrix},$$

其中

$$d_{ij} = \sum_{k=1}^{n} a_{ik} b_{kj} \quad (i,j = 1,2,\cdots,n).$$

另作一个 $2n$ 阶矩阵

$$C = \begin{pmatrix} A & 0 \\ -E & B \end{pmatrix}.$$

3.5 节的例 3.24 曾证明

$$|C| = |A| \cdot |B|.$$

下面来证 $|C| = |D|$. 为此，对 C 进行初等列变换：将第 1 列的 b_{11} 倍，第 2 列的 b_{21} 倍，…，第 n 列的 b_{n1} 倍加到第 $n+1$ 列；再将第 1 列的 b_{12} 倍，第 2 列的 b_{22} 倍，…，第 n 列的 b_{n2} 倍加到第 $n+2$ 列；一般地，把第 1 列的 b_{1k} 倍，第 2 列的 b_{2k} 倍，…，第 n 列的 b_{nk} 倍加到第 $n+k$ 列；最后，把第 1 列的 b_{1n} 倍，第 2 列的 b_{2n} 倍，…，第 n 列的 b_{nn} 倍加到第 $2n$ 列. 这样就把矩阵 C 变成矩阵

$$C_1 = \begin{pmatrix} A & D \\ -E & 0 \end{pmatrix}.$$

因为所作的初等变换不改变矩阵的行列式，所以

$$|C| = |C_1|.$$

现在

$$\begin{aligned} |C_1| &= (-1)^n |D| \cdot |-E| \\ &= (-1)^n \cdot |D| \cdot (-1)^n = |D|. \end{aligned}$$

因此

$$|C| = |D|.$$

这就证明了

$$|AB| = |A| \cdot |B|.$$

这个定理也可以推广到多个因子的情形.

推论 4.3 $|A_1 A_2 \cdots A_t| = |A_1| \cdot |A_2| \cdots |A_t|$.

当然，这里的 $A_i (i=1,2,\cdots,t)$ 都是 n 阶方阵.

命题 4.3 设 A,B 都是 n 阶方阵，矩阵 AB 是非退化的充分必要条件是 A,B 都是非退化的.

习题 4.2

1. 用矩阵的分块方法计算 $\boldsymbol{AB}$，其中

$$\boldsymbol{A}=\begin{pmatrix}1&-2&4&0&0\\-1&3&6&0&0\\-3&2&-5&0&0\\0&0&0&1&2\\0&0&0&0&1\end{pmatrix},\quad \boldsymbol{B}=\begin{pmatrix}1&0&0&1&2\\0&2&0&3&4\\0&0&3&5&6\\0&0&0&3&4\\0&0&0&5&-1\end{pmatrix}.$$

2. 设

$$\boldsymbol{A}=\begin{pmatrix}\boldsymbol{A}_1&&&\\&\boldsymbol{A}_2&&\\&&\ddots&\\&&&\boldsymbol{A}_s\end{pmatrix},$$

其中 $\boldsymbol{A}_i$ 是 n_i 阶方阵，求证 $|\boldsymbol{A}|=|\boldsymbol{A}_1|\cdot|\boldsymbol{A}_2|\cdots|\boldsymbol{A}_s|$.

3. 设 $\boldsymbol{A}$ 是一个 n 阶矩阵. 试证：存在一个 n 阶非零矩阵 $\boldsymbol{B}$，使得 $\boldsymbol{AB}=\boldsymbol{0}$ 的充分必要条件是 $|\boldsymbol{A}|=0$.

4. 设 $\boldsymbol{A},\boldsymbol{B}$ 都是 n 阶矩阵. 试证：如果 $\boldsymbol{AB}=\boldsymbol{0}$，那么

$$\mathrm{r}(\boldsymbol{A})+\mathrm{r}(\boldsymbol{B})\leqslant n.$$

4.3　逆矩阵

以上两节介绍了矩阵的运算. 当两个矩阵的行数、列数适当的时候，可以相加、相减及相乘. 那么给了两个矩阵，能不能做除法呢？说得具体一些，就是如果给定两个矩阵 $\boldsymbol{A},\boldsymbol{B}$，能不能找到满足

$$\boldsymbol{AX}=\boldsymbol{B},\quad \boldsymbol{YA}=\boldsymbol{B}$$

的矩阵 $\boldsymbol{X}$ 与 $\boldsymbol{Y}$ 呢？这一节就是讨论这个问题.

根据矩阵乘积的秩的定理，我们知道不是对于任意的 $\boldsymbol{A},\boldsymbol{B}$ 都可找到满足上述方程的 $\boldsymbol{X}$ 与 $\boldsymbol{Y}$ 的. 那么需要 $\boldsymbol{A},\boldsymbol{B}$ 满足什么条件，$\boldsymbol{X}$ 与 $\boldsymbol{Y}$ 才存在呢？为此，首先讨论方程

$$\boldsymbol{AX}=\boldsymbol{E},\quad \boldsymbol{YA}=\boldsymbol{E}$$

的解.

这一节讨论的矩阵，如不特别说明，都是指 n 阶方阵.

定义 4.5 对于矩阵 $\boldsymbol{A}$,如果有矩阵 $\boldsymbol{B}$,使得

$$\boldsymbol{AB}=\boldsymbol{BA}=\boldsymbol{E}. \tag{4.5}$$

则 $\boldsymbol{A}$ 称为**可逆的**;$\boldsymbol{B}$ 称为 $\boldsymbol{A}$ 的**逆矩阵**,记作 $\boldsymbol{A}^{-1}$.

关于这个定义,应注意以下两点:

首先,满足式(4.5)的矩阵 $\boldsymbol{B}$ 是唯一的(如果存在的话). 这一点可以这样来证明:如果有 $\boldsymbol{B}_1,\boldsymbol{B}_2$ 两个满足条件(4.5)的矩阵,那么

$$\begin{aligned}\boldsymbol{B}_1\boldsymbol{A}\boldsymbol{B}_2&=\boldsymbol{B}_1(\boldsymbol{A}\boldsymbol{B}_2)=\boldsymbol{B}_1\boldsymbol{E}=\boldsymbol{B}_1\\&=(\boldsymbol{B}_1\boldsymbol{A})\boldsymbol{B}_2=\boldsymbol{E}\boldsymbol{B}_2=\boldsymbol{B}_2,\end{aligned}$$

即

$$\boldsymbol{B}_1=\boldsymbol{B}_2.$$

这就证明了 $\boldsymbol{A}$ 的逆矩阵是唯一的.

其次,以后可看到,如果矩阵 $\boldsymbol{B}$ 满足

$$\boldsymbol{BA}=\boldsymbol{E},$$

那么,$\boldsymbol{B}$ 一定也满足

$$\boldsymbol{AB}=\boldsymbol{E}.$$

由于矩阵的乘法一般是不可交换的,所以在定义 4.5 中,特地强调指出逆矩阵满足 $\boldsymbol{AB}=\boldsymbol{BA}=\boldsymbol{E}$.

例 4.11 单位矩阵 $\boldsymbol{E}$ 是可逆矩阵,而且

$$\boldsymbol{E}^{-1}=\boldsymbol{E}.$$

这是因为 $\boldsymbol{EE}=\boldsymbol{E}$ 的缘故.

例 4.12 因为对任意矩阵 $\boldsymbol{A}$,$\boldsymbol{0A}=\boldsymbol{A0}=\boldsymbol{0}$,所以零矩阵不是可逆矩阵.

例 4.13 设 $a_1,a_2,\cdots,a_n$ 都不等于零,求证:对角矩阵

$$\boldsymbol{A}=\begin{pmatrix}a_1&&&\\&a_2&&\\&&\ddots&\\&&&a_n\end{pmatrix}$$

是可逆矩阵,并且

$$\boldsymbol{A}^{-1}=\begin{pmatrix}a_1^{-1}&&&\\&a_2^{-1}&&\\&&\ddots&\\&&&a_n^{-1}\end{pmatrix}.$$

证明 因为

$$\begin{pmatrix} a_1 & & & \\ & a_2 & & \\ & & \ddots & \\ & & & a_n \end{pmatrix}\begin{pmatrix} a_1^{-1} & & & \\ & a_2^{-1} & & \\ & & \ddots & \\ & & & a_n^{-1} \end{pmatrix} = \boldsymbol{E},$$

$$\begin{pmatrix} a_1^{-1} & & & \\ & a_2^{-1} & & \\ & & \ddots & \\ & & & a_n^{-1} \end{pmatrix}\begin{pmatrix} a_1 & & & \\ & a_2 & & \\ & & \ddots & \\ & & & a_n \end{pmatrix} = \boldsymbol{E},$$

所以根据定义 4.5,结论成立.

下面来讨论矩阵 $\boldsymbol{A}$ 可逆的条件是什么？如果 $\boldsymbol{A}$ 可逆,怎样来求 $\boldsymbol{A}^{-1}$？

从可逆矩阵的定义可以看出,$\boldsymbol{A}$ 可逆的条件必须是非退化的. 反过来,如果 $\boldsymbol{A}$ 是非退化的,那么 $\boldsymbol{A}$ 是否一定是可逆的呢？换句话说,当 $\boldsymbol{A}$ 为非退化时,是否一定能够找到满足条件(4.5)的矩阵 $\boldsymbol{B}$ 呢？为此,先来观察一下 $\boldsymbol{A}$ 的逆矩阵的元素与 $\boldsymbol{A}$ 的元素之间有什么关系.

设 $\boldsymbol{A}=(a_{ij})$,$\boldsymbol{B}=(b_{ij})$,如果 $\boldsymbol{AB}=\boldsymbol{E}$,那么 $\boldsymbol{B}$ 的第 j 列元素 $b_{1j},b_{2j},\cdots,b_{nj}$ 适合下列等式:

$$\sum_{i=1}^{n} a_{ik}b_{kj} = \begin{cases} 1, & i=j; \\ 0, & i\neq j. \end{cases}$$

因此根据行列式按一行展开的公式,可以把 b_{ij} 求出来. 为此,我们介绍下述定义.

定义 4.6　设 A_{ij} 是矩阵

$$\boldsymbol{A} = \begin{pmatrix} a_{11} & a_{12} & \cdots & a_{1n} \\ a_{21} & a_{22} & \cdots & a_{2n} \\ \vdots & \vdots & & \vdots \\ a_{n1} & a_{n2} & \cdots & a_{nn} \end{pmatrix}$$

中元素 a_{ij} 的代数余子式. 矩阵

$$\boldsymbol{A}^{*} = \begin{pmatrix} A_{11} & A_{21} & \cdots & A_{n1} \\ A_{12} & A_{22} & \cdots & A_{n2} \\ \vdots & \vdots & & \vdots \\ A_{1n} & A_{2n} & \cdots & A_{nn} \end{pmatrix}$$

称为 $\boldsymbol{A}$ 的**伴随矩阵**.

根据按一行(列)展开的公式,可得到

$$\boldsymbol{A}\boldsymbol{A}^{*}=\boldsymbol{A}^{*}\boldsymbol{A}=\begin{pmatrix}|\boldsymbol{A}| & 0 & \cdots & 0\\ 0 & |\boldsymbol{A}| & \cdots & 0\\ \vdots & \vdots & & \vdots\\ 0 & 0 & \cdots & |\boldsymbol{A}|\end{pmatrix}=|\boldsymbol{A}|\boldsymbol{E}.$$

例 4.14 设

$$\boldsymbol{A}=\begin{pmatrix}1 & -4 & -3\\ 2 & -5 & -3\\ -1 & 2 & 1\end{pmatrix},$$

求 $\boldsymbol{A}^{*}$.

解 因为

$$\begin{aligned}&A_{11}=1, && A_{12}=1, && A_{13}=-1,\\ &A_{21}=-2, && A_{22}=-2, && A_{23}=2,\\ &A_{31}=-3, && A_{32}=-3, && A_{33}=3,\end{aligned}$$

所以

$$\boldsymbol{A}^{*}=\begin{pmatrix}1 & -2 & -3\\ 1 & -2 & -3\\ -1 & 2 & 3\end{pmatrix}.$$

读者可以验证一下，对于例 4.14 中的 $\boldsymbol{A}$ 有

$$\boldsymbol{A}\boldsymbol{A}^{*}=\boldsymbol{A}^{*}\boldsymbol{A}=|\boldsymbol{A}|\boldsymbol{E}=\boldsymbol{0}.$$

如果 $|\boldsymbol{A}|\neq 0$，那么就有

$$\boldsymbol{A}\left(\frac{1}{|\boldsymbol{A}|}\boldsymbol{A}^{*}\right)=\left(\frac{1}{|\boldsymbol{A}|}\boldsymbol{A}^{*}\right)\boldsymbol{A}=\boldsymbol{E}, \tag{4.6}$$

即得

$$\boldsymbol{A}^{-1}=\frac{1}{|\boldsymbol{A}|}\boldsymbol{A}^{*}.$$

因此，有以下定理.

定理 4.4 矩阵 $\boldsymbol{A}$ 是可逆的充分必要条件是 $\boldsymbol{A}$ 是非退化的，而且当 $\boldsymbol{A}$ 可逆时，

$$\boldsymbol{A}^{-1}=\frac{1}{|\boldsymbol{A}|}\boldsymbol{A}^{*}. \tag{4.7}$$

证明 如果 $\boldsymbol{A}$ 可逆，那么有 $\boldsymbol{A}^{-1}$，使

$$\boldsymbol{A}\boldsymbol{A}^{-1}=\boldsymbol{E}.$$

取等式两端的行列式，得

$$|\boldsymbol{A}|\cdot|\boldsymbol{A}^{-1}|=|\boldsymbol{E}|=1,$$

所以 $|\boldsymbol{A}|\neq 0$，即 $\boldsymbol{A}$ 是非退化的.

如果 $\boldsymbol{A}$ 是非退化的，那么 $|\boldsymbol{A}|\neq 0$. 由式(4.6)即知 $\boldsymbol{A}^{-1}$ 存在，且

$$A^{-1}=\frac{1}{|A|}A^*.$$

定理中的公式(4.7)就是求逆阵的公式.

例 4.15　判断矩阵

$$A=\begin{pmatrix}2 & 1 & 1\\3 & 1 & 2\\1 & -1 & 0\end{pmatrix}$$

是否可逆.如果可逆,求 A^{-1}.

解　因为

$$|A|=\begin{vmatrix}2 & 1 & 1\\3 & 1 & 2\\1 & -1 & 0\end{vmatrix}=2\neq 0,$$

所以 A 是可逆的.又因

$$\begin{array}{lll}A_{11}=2, & A_{12}=2, & A_{13}=-4,\\A_{21}=-1, & A_{22}=-1, & A_{23}=3,\\A_{31}=1, & A_{32}=-1, & A_{33}=-1,\end{array}$$

所以

$$A^{-1}=\frac{1}{2}\begin{pmatrix}2 & -1 & 1\\2 & -1 & -1\\-4 & 3 & -1\end{pmatrix}.$$

可逆矩阵有下述一些性质.

性质 4.1　根据逆矩阵的定义

$$AB=BA=E$$

可以看到 A,B 互为逆矩阵,即 $(A^{-1})^{-1}=A$.

性质 4.2　$|A^{-1}|=\frac{1}{|A|}$.

性质 4.3　如果矩阵 A 可逆,那么转置矩阵 A^T 也可逆.而且

$$(A^T)^{-1}=(A^{-1})^T.$$

这是因为

$$A^T\cdot(A^{-1})^T=(A^{-1}A)^T=E^T=E.$$

性质 4.4　如果 A,B 都可逆,那么 AB 也可逆.而且

$$(AB)^{-1}=B^{-1}A^{-1}.$$

证明　因为

$$(AB)(B^{-1}A^{-1})=A(BB^{-1})A^{-1}=AEA^{-1}=AA^{-1}=E.$$

性质 4.4 可以推广到几个因子的情形：如果 $\boldsymbol{A}_1,\boldsymbol{A}_2,\cdots,\boldsymbol{A}_s$ 是同阶可逆矩阵,则 $\boldsymbol{A}_1\boldsymbol{A}_2\cdots\boldsymbol{A}_s$ 也可逆,并且

$$(\boldsymbol{A}_1\boldsymbol{A}_2\cdots\boldsymbol{A}_s)^{-1}=\boldsymbol{A}_s^{-1}\cdots\boldsymbol{A}_2^{-1}\boldsymbol{A}_1^{-1}.$$

性质 4.5 如果 $\boldsymbol{A}_1,\boldsymbol{A}_2,\cdots,\boldsymbol{A}_s$ 都是可逆矩阵,则

$$\boldsymbol{A}=\begin{pmatrix}\boldsymbol{A}_1 & & & \\ & \boldsymbol{A}_2 & & \\ & & \ddots & \\ & & & \boldsymbol{A}_s\end{pmatrix}$$

也可逆,并且

$$\boldsymbol{A}^{-1}=\begin{pmatrix}\boldsymbol{A}_1^{-1} & & & \\ & \boldsymbol{A}_2^{-1} & & \\ & & \ddots & \\ & & & \boldsymbol{A}_s^{-1}\end{pmatrix}.$$

定理 4.4 不但给出了一个矩阵可逆的条件,同时也给出了求逆矩阵的公式(4.7).按照这个公式来求逆矩阵,计算量一般是非常大的,在以后我们将给出另一种求逆矩阵的方法.

关于矩阵及可逆矩阵乘积的秩之间有下述关系.

定理 4.5 设 $\boldsymbol{A}$ 是一个 $s\times n$ 矩阵,$\boldsymbol{P}$ 是 s 阶可逆矩阵,$\boldsymbol{Q}$ 是 n 阶可逆矩阵,那么

$$\mathrm{r}(\boldsymbol{A})=\mathrm{r}(\boldsymbol{PA})=\mathrm{r}(\boldsymbol{AQ})=\mathrm{r}(\boldsymbol{PAQ}).$$

证明 令

$$\boldsymbol{B}=\boldsymbol{PA},$$

由定理 4.2 知

$$\mathrm{r}(\boldsymbol{B})\leqslant\mathrm{r}(\boldsymbol{A}).$$

但是

$$\boldsymbol{A}=\boldsymbol{P}^{-1}\boldsymbol{B},$$

故再根据定理 4.2,又可得

$$\mathrm{r}(\boldsymbol{A})\leqslant\mathrm{r}(\boldsymbol{B}),$$

所以

$$\mathrm{r}(\boldsymbol{A})=\mathrm{r}(\boldsymbol{B})=\mathrm{r}(\boldsymbol{PA}).$$

同样可以证明等式

$$\mathrm{r}(\boldsymbol{A})=\mathrm{r}(\boldsymbol{AQ}).$$

综合这两个等式,即得

$$\mathrm{r}(\boldsymbol{A})=\mathrm{r}(\boldsymbol{PAQ}).$$

最后，讨论矩阵方程

$$AX = B.$$

如果 A 是一个可逆方阵，那么这个方程有唯一解

$$X = A^{-1}B.$$

这里的 B 可以推广到 $n\times m$ 矩阵的情形：如果 A 是一个 n 阶可逆矩阵，B 是一个 $n\times m$ 矩阵，那么方程

$$AX = B$$

有唯一解

$$X = A^{-1}B,$$

并且解 X 也是一个 $n\times m$ 矩阵.

类似地，如果 A 是一个 m 阶可逆矩阵，B 是一个 $n\times m$ 矩阵，那么方程

$$YA = B$$

有唯一解

$$Y = BA^{-1},$$

并且解 Y 也是一个 $n\times m$ 矩阵.

因为矩阵的乘法不满足交换律，所以这两个方程的解一般是不相同的.

例 4.16　(1) 求 X，使

$$\begin{pmatrix} 3 & 0 & 8 \\ 3 & -1 & 6 \\ -2 & 0 & -5 \end{pmatrix} X = \begin{pmatrix} 1 & -1 & 2 \\ -1 & 3 & 4 \\ -2 & 0 & 5 \end{pmatrix}.$$

(2) 求 Y，使

$$Y \begin{pmatrix} 3 & 0 & 8 \\ 3 & -1 & 6 \\ -2 & 0 & -5 \end{pmatrix} = \begin{pmatrix} 1 & -1 & 2 \\ -1 & 3 & 4 \\ -2 & 0 & 5 \end{pmatrix}.$$

解　(1)

$$\begin{aligned} X &= \begin{pmatrix} 3 & 0 & 8 \\ 3 & -1 & 6 \\ -2 & 0 & -5 \end{pmatrix}^{-1} \begin{pmatrix} 1 & -1 & 2 \\ -1 & 3 & 4 \\ -2 & 0 & 5 \end{pmatrix} \\ &= \begin{pmatrix} -5 & 0 & -8 \\ -3 & -1 & -6 \\ 2 & 0 & 3 \end{pmatrix} \begin{pmatrix} 1 & -1 & 2 \\ -1 & 3 & 4 \\ -2 & 0 & 5 \end{pmatrix} \\ &= \begin{pmatrix} 11 & 5 & -50 \\ 10 & 0 & -40 \\ -4 & -2 & 19 \end{pmatrix}. \end{aligned}$$

(2)
$$Y=\begin{pmatrix}1&-1&2\\-1&3&4\\-2&0&5\end{pmatrix}\begin{pmatrix}3&0&8\\3&-1&6\\-2&0&-5\end{pmatrix}^{-1}$$
$$=\begin{pmatrix}1&-1&2\\-1&3&4\\-2&0&5\end{pmatrix}\begin{pmatrix}-5&0&-8\\-3&-1&-6\\2&0&3\end{pmatrix}$$
$$=\begin{pmatrix}2&1&4\\4&-3&2\\20&0&31\end{pmatrix}.$$

习题 4.3

1. 求下列矩阵 $\boldsymbol{A}$ 的伴随矩阵 $\boldsymbol{A}^*$，并验证 $\boldsymbol{A}^*\boldsymbol{A}=\boldsymbol{A}\boldsymbol{A}^*=|\boldsymbol{A}|\boldsymbol{E}$.

(1) $\boldsymbol{A}=\begin{pmatrix}3&-1\\0&2\end{pmatrix}$；

(2) $\boldsymbol{A}=\begin{pmatrix}3&7&-3\\-2&-5&2\\-4&10&3\end{pmatrix}$；

(3) $\boldsymbol{A}=\begin{pmatrix}1&2&-1\\0&5&-3\\-1&-2&4\end{pmatrix}$.

2. 求下列矩阵的逆矩阵：

(1) $\begin{pmatrix}a&b\\c&d\end{pmatrix}$ $(ad-bc\neq0)$；

(2) $\begin{pmatrix}2&3&4\\5&-2&1\\1&2&3\end{pmatrix}$；

(3) $\begin{pmatrix}1&5&2\\0&3&10\\1&2&1\end{pmatrix}$；

(4) $\begin{pmatrix}1&1&1&1\\1&1&-1&-1\\1&-1&1&-1\\1&-1&-1&1\end{pmatrix}$；

(5) $\begin{pmatrix}1&2&3&4\\0&1&2&3\\0&0&1&2\\0&0&0&1\end{pmatrix}$.

3. 求满足下列条件的 $\boldsymbol{X}$：

(1) $\begin{pmatrix}1&-5\\-1&4\end{pmatrix}\boldsymbol{X}=\begin{pmatrix}3&2\\1&4\end{pmatrix}$；

(2) $\boldsymbol{X}\begin{pmatrix}1 & -1 & 1\\ 1 & 1 & 0\\ 2 & 1 & 1\end{pmatrix}=\begin{pmatrix}1 & 2 & -3\\ 2 & 0 & 4\\ 0 & -1 & 5\end{pmatrix}$;

(3) $\begin{pmatrix}1 & -1 & 1\\ 1 & 1 & 0\\ 3 & 2 & 1\end{pmatrix}\boldsymbol{X}\begin{pmatrix}1 & -1 & 1\\ 1 & 1 & 0\\ 3 & 2 & 1\end{pmatrix}=\begin{pmatrix}4 & 2 & 3\\ 0 & -1 & 5\\ 2 & 1 & 1\end{pmatrix}$.

4. (1) 假设 $\boldsymbol{A},\boldsymbol{B}$ 都可逆. 求证：$\begin{pmatrix}\boldsymbol{0} & \boldsymbol{A}\\ \boldsymbol{B} & \boldsymbol{0}\end{pmatrix}$可逆，并且

$$\begin{pmatrix}\boldsymbol{0} & \boldsymbol{A}\\ \boldsymbol{B} & \boldsymbol{0}\end{pmatrix}^{-1}=\begin{pmatrix}\boldsymbol{0} & \boldsymbol{B}^{-1}\\ \boldsymbol{A}^{-1} & \boldsymbol{0}\end{pmatrix};$$

(2) 计算：

$$\begin{pmatrix}3 & -2 & 0 & 0\\ 5 & -3 & 0 & 0\\ 0 & 0 & 3 & 4\\ 0 & 0 & 1 & 1\end{pmatrix}^{-1} \quad 及 \quad \begin{pmatrix}0 & 0 & 0 & 1 & 2\\ 0 & 0 & 0 & 2 & 3\\ 1 & 1 & 0 & 0 & 0\\ 0 & 1 & 1 & 0 & 0\\ 0 & 0 & 1 & 0 & 0\end{pmatrix}^{-1}.$$

4.4　用初等变换求逆矩阵

上一节介绍了逆矩阵的定义及利用伴随矩阵求逆矩阵的方法. 当矩阵的阶 n 较大时，计算伴随矩阵需要 n^2 个代数余子式，即 n^2 个 $n-1$ 阶行列式，这个计算量是相当大的. 这一节我们介绍用矩阵的初等行变换计算逆矩阵的方法.

我们从考虑矩阵方程出发. 当 $\boldsymbol{A}$ 可逆时，

$$\boldsymbol{AX}=\boldsymbol{B} \tag{4.8}$$

的解可用逆矩阵表示：$\boldsymbol{X}=\boldsymbol{A}^{-1}\boldsymbol{B}$. 但如果 $\boldsymbol{A}$ 不是可逆矩阵，或者，更一般地，$\boldsymbol{A}$ 是一个 $s\times n$ 矩阵，$\boldsymbol{B}$ 是一个 $s\times m$ 矩阵，那么考虑方程(4.8)，这里的未知矩阵是一个 $n\times m$ 矩阵. 现在用分块矩阵来讨论这个问题，将 $\boldsymbol{B},\boldsymbol{X}$ 用列向量表成分块矩阵：

$$\boldsymbol{B}=(\boldsymbol{\beta}_1\quad \boldsymbol{\beta}_2\quad \cdots\quad \boldsymbol{\beta}_m);$$
$$\boldsymbol{X}=(\boldsymbol{x}_1\quad \boldsymbol{x}_2\quad \cdots\quad \boldsymbol{x}_m),$$

其中$\boldsymbol{\beta}_i$ 都是 $s\times 1$ 矩阵，$\boldsymbol{x}_i$ 都是 $n\times 1$ 矩阵. 于是方程(4.8)可写成

$$\boldsymbol{A}(\boldsymbol{x}_1\quad \boldsymbol{x}_2\quad \cdots\quad \boldsymbol{x}_m)=(\boldsymbol{\beta}_1\quad \boldsymbol{\beta}_2\quad \cdots\quad \boldsymbol{\beta}_m).$$

它等价于方程组

$$\begin{cases} \boldsymbol{A}\boldsymbol{x}_1 = \boldsymbol{\beta}_1, \\ \boldsymbol{A}\boldsymbol{x}_2 = \boldsymbol{\beta}_2, \\ \quad\vdots \\ \boldsymbol{A}\boldsymbol{x}_m = \boldsymbol{\beta}_m. \end{cases} \tag{4.9}$$

再将 $\boldsymbol{A}$ 表成分块矩阵：

$$\boldsymbol{A} = (\boldsymbol{\alpha}_1 \quad \boldsymbol{\alpha}_2 \quad \cdots \quad \boldsymbol{\alpha}_n),$$

其中$\boldsymbol{\alpha}_j$ 是$\boldsymbol{A}$ 的第 j 个列向量，是 $s\times 1$ 矩阵. 于是方程组(4.9)可写成

$$(\boldsymbol{\alpha}_1 \quad \boldsymbol{\alpha}_2 \quad \cdots \quad \boldsymbol{\alpha}_n)\,\boldsymbol{x}_k = \boldsymbol{\beta}_k \quad (k=1,2,\cdots,m). \tag{4.10}$$

因为方程组(4.10)有解的条件是$\boldsymbol{\beta}_k(k=1,2,\cdots,m)$可以被$\boldsymbol{\alpha}_1,\boldsymbol{\alpha}_2,\cdots,\boldsymbol{\alpha}_n$ 线性表出，所以方程(4.8)有解的充分必要条件是 $\boldsymbol{B}$ 的列向量组可以由 $\boldsymbol{A}$ 的列向量组线性表出，即矩阵 $\boldsymbol{A}$ 与分块矩阵($\boldsymbol{A}\boldsymbol{B}$)有相同的秩. 这个结论当然也包含 $\boldsymbol{A}$ 是可逆矩阵的情形.

方程 $\boldsymbol{Y}\boldsymbol{A}=\boldsymbol{B}$ 也可以类似地讨论，这里就不详细讲了.

下面介绍如何具体判断方程(4.8)有没有解及在有解时求解的方法.

我们已经分析过，方程(4.8)有解的充要条件是方程(4.10)有解. 方程(4.10)包含 k 个线性方程组，这 k 个线性方程组的系数矩阵是相同的，所以可以同时用消元法进行计算. 在有解时可以通过 $\boldsymbol{A}$ 的约化梯阵把各个线性方程组的一般解求出来，现举例说明.

例 4.17 求满足下列条件的 $\boldsymbol{X}$：

$$\begin{pmatrix} 1 & -1 & 0 \\ 2 & -1 & 1 \end{pmatrix}\boldsymbol{X} = \begin{pmatrix} 2 & -5 \\ 1 & -4 \end{pmatrix}.$$

解 设

$$\boldsymbol{X} = \begin{pmatrix} x_1 & y_1 \\ x_2 & y_2 \\ x_3 & y_3 \end{pmatrix},$$

则$(x_1 \quad x_2 \quad x_3)'$及$(y_1 \quad y_2 \quad y_3)'$分别是线性方程组

$$\begin{pmatrix} 1 & -1 & 0 \\ 2 & -1 & 1 \end{pmatrix}\begin{pmatrix} x_1 \\ x_2 \\ x_3 \end{pmatrix} = \begin{pmatrix} 2 \\ 1 \end{pmatrix}$$

及

$$\begin{pmatrix} 1 & -1 & 0 \\ 2 & -1 & 1 \end{pmatrix}\begin{pmatrix} y_1 \\ y_2 \\ y_3 \end{pmatrix} = \begin{pmatrix} -5 \\ -4 \end{pmatrix}$$

的解. 因为这两个方程组的系数矩阵相同. 所以可以同时进行初等行变换化简：

$$\begin{pmatrix}1 & -1 & 0 & 2 & -5\\ 2 & -1 & 1 & 1 & -4\end{pmatrix}$$
$$\to\begin{pmatrix}1 & -1 & 0 & 2 & -5\\ 0 & 1 & 1 & -3 & 6\end{pmatrix}$$
$$\to\begin{pmatrix}1 & 0 & 1 & -1 & 1\\ 0 & 1 & 1 & -3 & 6\end{pmatrix}.$$

这两个线性方程组的一般解分别为

$$\begin{cases}x_1=-1-x_3,\\ x_2=-3-x_3,\end{cases}\quad x_3\text{ 为自由未知量；}$$
$$\begin{cases}y_1=1-y_3,\\ y_2=6-y_3,\end{cases}\quad y_3\text{ 为自由未知量.}$$

因此

$$\boldsymbol{X}=\begin{pmatrix}-1-k & 1-l\\ -3-k & 6-l\\ k & l\end{pmatrix}$$

其中 k,l 可以是任意数.

例 4.18　判断下列方程中 $\boldsymbol{X}$ 是否有解：

$$\begin{pmatrix}1 & -1 & 0\\ 2 & -1 & 1\\ 1 & 0 & 1\end{pmatrix}\boldsymbol{X}=\begin{pmatrix}2 & -5\\ 1 & -4\\ 0 & 1\end{pmatrix}$$

解　设

$$\boldsymbol{X}=\begin{pmatrix}x_1 & y_1\\ x_2 & y_2\\ x_3 & y_3\end{pmatrix},$$

则 $\boldsymbol{X}$ 的两个列分别满足

$$\begin{pmatrix}1 & -1 & 0\\ 2 & -1 & 1\\ 1 & 0 & 1\end{pmatrix}\begin{pmatrix}x_1\\ x_2\\ x_3\end{pmatrix}=\begin{pmatrix}2\\ 1\\ 0\end{pmatrix},\tag{4.11}$$

$$\begin{pmatrix}1 & -1 & 0\\ 2 & -1 & 1\\ 1 & 0 & 1\end{pmatrix}\begin{pmatrix}y_1\\ y_2\\ y_3\end{pmatrix}=\begin{pmatrix}-5\\ -4\\ 1\end{pmatrix}.\tag{4.12}$$

如上例将矩阵

$$C=\begin{pmatrix}1&-1&0&2&-5\\2&-1&1&1&-4\\1&0&1&0&1\end{pmatrix}$$

用初等行变换化简得

$$C\rightarrow\begin{pmatrix}1&-1&0&2&-5\\0&1&1&-3&6\\0&1&1&-2&6\end{pmatrix}$$

$$\rightarrow\begin{pmatrix}1&-1&0&2&-5\\0&1&1&-3&6\\0&0&0&1&0\end{pmatrix}.$$

因此看出线性方程组(4.12)无解.故满足条件的 $\boldsymbol{X}$ 无解.

还可从

$$\mathrm{r}\begin{pmatrix}1&-1&0\\2&-1&1\\1&0&1\end{pmatrix}=2,$$

$$\mathrm{r}(\boldsymbol{C})=3$$

看出 $\boldsymbol{X}$ 不存在.

我们用上面的想法来求逆矩阵.

设 $\boldsymbol{A}$ 是一个 n 阶可逆矩阵,

$$\boldsymbol{A}=\begin{pmatrix}a_{11}&a_{12}&\cdots&a_{1n}\\a_{21}&a_{22}&\cdots&a_{2n}\\\vdots&\vdots&&\vdots\\a_{n1}&a_{n2}&\cdots&a_{nn}\end{pmatrix}.$$

如果 $\boldsymbol{X}$ 是 $\boldsymbol{A}$ 的逆矩阵:

$$\boldsymbol{AX}=\boldsymbol{E},$$

设 $\boldsymbol{X}$ 的 n 个列分别为 $\boldsymbol{X}_1,\boldsymbol{X}_2,\cdots,\boldsymbol{X}_n$,那么它们依次是下列 n 个线性方程组的解:

$$\boldsymbol{AX}_1=\begin{pmatrix}1\\0\\0\\\vdots\\0\end{pmatrix},\boldsymbol{AX}_2=\begin{pmatrix}0\\1\\0\\\vdots\\0\end{pmatrix},\cdots,\boldsymbol{AX}_n=\begin{pmatrix}0\\0\\0\\\vdots\\1\end{pmatrix}.\qquad(4.13)$$

用初等行变换同时化简这 n 个线性方程组. 因为 $\boldsymbol{A}$ 可逆,故 $\boldsymbol{A}$ 可经初等行变换化为单位矩阵 $\boldsymbol{E}$:

$$\begin{pmatrix} a_{11} & a_{12} & \cdots & a_{1n} & 1 & 0 & \cdots & 0 \\ a_{21} & a_{22} & \cdots & a_{2n} & 0 & 1 & \cdots & 0 \\ \vdots & \vdots & & \vdots & \vdots & \vdots & & \vdots \\ a_{n1} & a_{n2} & \cdots & a_{nn} & 0 & 0 & \cdots & 1 \end{pmatrix}$$

$$\xrightarrow[\text{(初等行变换)}]{} \cdots \rightarrow \begin{pmatrix} 1 & 0 & \cdots & 0 & b_{11} & b_{12} & \cdots & b_{1n} \\ 0 & 1 & \cdots & 0 & b_{21} & b_{22} & \cdots & b_{2n} \\ \vdots & \vdots & & \vdots & \vdots & \vdots & & \vdots \\ 0 & 0 & \cdots & 1 & b_{n1} & b_{n2} & \cdots & b_{nn} \end{pmatrix}.$$

那么

$$\begin{pmatrix} b_{11} \\ b_{21} \\ \vdots \\ b_{n1} \end{pmatrix}, \quad \begin{pmatrix} b_{12} \\ b_{22} \\ \vdots \\ b_{n2} \end{pmatrix}, \quad \cdots \quad \begin{pmatrix} b_{1n} \\ b_{2n} \\ \vdots \\ b_{nn} \end{pmatrix}$$

就分别是方程组(4.13)中 n 个线性方程组的解. 因此

$$\boldsymbol{A}^{-1} = \begin{pmatrix} b_{11} & b_{12} & \cdots & b_{1n} \\ b_{21} & b_{22} & \cdots & b_{2n} \\ \vdots & \vdots & & \vdots \\ b_{n1} & b_{n2} & \cdots & b_{nn} \end{pmatrix}.$$

这个算法可用下式示意:

$$(\boldsymbol{A} \quad \boldsymbol{E}) \rightarrow (\boldsymbol{E} \quad \boldsymbol{A}^{-1}).$$

值得指出的是,用这个方法求逆不必预先判断 $\boldsymbol{A}$ 是否是可逆矩阵. 因为如果 $\boldsymbol{A}$ 不可逆,那么 $\boldsymbol{A}$ 的秩小于 n. 在计算过程中就可以发现.

例 4.19　设

$$\boldsymbol{A} = \begin{pmatrix} 0 & 2 & 1 \\ -1 & 1 & 4 \\ 2 & -1 & -3 \end{pmatrix},$$

求 $\boldsymbol{A}^{-1}$.

解　对$(\boldsymbol{AE})$施行初等行变换

$$\begin{pmatrix} 0 & 2 & 1 & 1 & 0 & 0 \\ -1 & 1 & 4 & 0 & 1 & 0 \\ 2 & -1 & -3 & 0 & 0 & 1 \end{pmatrix}$$

$$\to\begin{pmatrix}-1 & 1 & 4 & 0 & 1 & 0\\ 0 & 2 & 1 & 1 & 0 & 0\\ 2 & -1 & -3 & 0 & 0 & 1\end{pmatrix}$$

$$\to\begin{pmatrix}-1 & 1 & 4 & 0 & 1 & 0\\ 0 & 2 & 1 & 1 & 0 & 0\\ 0 & 1 & 5 & 0 & 2 & 1\end{pmatrix}\to\begin{pmatrix}-1 & 1 & 4 & 0 & 1 & 0\\ 0 & 1 & 5 & 0 & 2 & 1\\ 0 & 2 & 1 & 1 & 0 & 0\end{pmatrix}$$

$$\to\begin{pmatrix}-1 & 1 & 4 & 0 & 1 & 0\\ 0 & 1 & 5 & 0 & 2 & 1\\ 0 & 0 & -9 & 1 & -4 & -2\end{pmatrix}$$

$$\to\begin{pmatrix}1 & -1 & -4 & 0 & -1 & 0\\ 0 & 1 & 5 & 0 & 2 & 1\\ 0 & 0 & 1 & -\frac{1}{9} & \frac{4}{9} & \frac{2}{9}\end{pmatrix}$$

$$\to\begin{pmatrix}1 & 0 & 0 & \frac{1}{9} & \frac{5}{9} & \frac{7}{9}\\ 0 & 1 & 0 & \frac{5}{9} & -\frac{2}{9} & -\frac{1}{9}\\ 0 & 0 & 1 & -\frac{1}{9} & \frac{4}{9} & \frac{2}{9}\end{pmatrix},$$

所以

$$\boldsymbol{A}^{-1}=\begin{pmatrix}\frac{1}{9} & \frac{5}{9} & \frac{7}{9}\\ \frac{5}{9} & -\frac{2}{9} & -\frac{1}{9}\\ -\frac{1}{9} & \frac{4}{9} & \frac{2}{9}\end{pmatrix}.$$

习题 4.4

1. 求满足下列条件的矩阵 $\boldsymbol{X}$：

（1）$\begin{pmatrix}1 & 2 & 1\\ 2 & 3 & -1\end{pmatrix}\boldsymbol{X}=\begin{pmatrix}1 & 0\\ 2 & -1\end{pmatrix}$；

（2）$\begin{pmatrix}1 & 2\\ 2 & 3\\ 1 & 1\end{pmatrix}\boldsymbol{X}=\begin{pmatrix}1 & -1\\ 2 & 1\\ 1 & 2\end{pmatrix}$.

2. 求下列矩阵的逆矩阵：

(1) $\begin{pmatrix} 2 & 1 & 7 \\ 5 & 3 & -1 \\ -4 & -3 & 2 \end{pmatrix}$；　　(2) $\begin{pmatrix} 3 & -1 & 0 & 5 \\ 2 & 0 & 5 & 0 \\ 3 & 1 & 5 & 4 \\ 3 & 0 & 5 & 2 \end{pmatrix}$；

(3) $\begin{pmatrix} 1 & 0 & 1 & -1 \\ 2 & 0 & 1 & 0 \\ 3 & 1 & 2 & 0 \\ -3 & 1 & 0 & 4 \end{pmatrix}$.

4.5 正交矩阵

这一节介绍一类特殊的矩阵，即正交矩阵.

定义 4.7 如果实矩阵 $\boldsymbol{A}$ 满足 $\boldsymbol{A}\boldsymbol{A}^{\mathrm{T}}=\boldsymbol{A}^{\mathrm{T}}\boldsymbol{A}=\boldsymbol{E}$，那么，$\boldsymbol{A}$ 称为**正交矩阵**.

例 4.20 矩阵

$$\begin{pmatrix} 1 & 0 \\ 0 & 1 \end{pmatrix},\begin{pmatrix} 1 & 0 \\ 0 & -1 \end{pmatrix} \quad 和 \quad \begin{pmatrix} \frac{1}{3} & \frac{2}{3} & \frac{2}{3} \\ \frac{2}{3} & \frac{1}{3} & -\frac{2}{3} \\ \frac{2}{3} & -\frac{2}{3} & \frac{1}{3} \end{pmatrix}$$

都是正交矩阵.

正交矩阵有以下一些性质：

(1) 如果 $\boldsymbol{A}$ 是正交矩阵，则 $\boldsymbol{A}^{-1}=\boldsymbol{A}^{\mathrm{T}}$.

(2) 如果 $\boldsymbol{A}$ 是正交矩阵，则 $\boldsymbol{A}^{-1}$(即 $\boldsymbol{A}^{\mathrm{T}}$)也是正交矩阵.

(3) 如果 $\boldsymbol{A},\boldsymbol{B}$ 是同阶正交矩阵，则它们的乘积 $\boldsymbol{AB}$ 也是正交矩阵.

(4) 正交矩阵的行列式等于 1 或 −1.

这些性质都可用定义直接证明，留给读者来完成.

根据定义 4.7，还有下述定理.

定理 4.6 n 阶矩阵 $\boldsymbol{A}$ 是正交矩阵的充分必要条件是它的行(列)向量组是正交单位向量组.

证明 设 $\boldsymbol{A}$ 是一个实矩阵，它的行向量组为 $\boldsymbol{\alpha}_1,\boldsymbol{\alpha}_2,\cdots,\boldsymbol{\alpha}_n$. $\boldsymbol{A}$ 可表成

$$\boldsymbol{A}=(\boldsymbol{\alpha}_1\boldsymbol{\alpha}_2\ \cdots\ \boldsymbol{\alpha}_n),$$

而

$$A^{\mathrm{T}}=\begin{pmatrix}\boldsymbol{\alpha}_1^{\mathrm{T}}\\ \boldsymbol{\alpha}_2^{\mathrm{T}}\\ \vdots\\ \boldsymbol{\alpha}_n^{\mathrm{T}}\end{pmatrix}.$$

于是

$$\boldsymbol{A}\boldsymbol{A}^{\mathrm{T}}=\begin{pmatrix}(\boldsymbol{\alpha}_1,\boldsymbol{\alpha}_1) & (\boldsymbol{\alpha}_1,\boldsymbol{\alpha}_2) & \cdots & (\boldsymbol{\alpha}_1,\boldsymbol{\alpha}_n)\\ (\boldsymbol{\alpha}_2,\boldsymbol{\alpha}_1) & (\boldsymbol{\alpha}_2,\boldsymbol{\alpha}_2) & \cdots & (\boldsymbol{\alpha}_2,\boldsymbol{\alpha}_n)\\ \vdots & \vdots & & \vdots\\ (\boldsymbol{\alpha}_n,\boldsymbol{\alpha}_1) & (\boldsymbol{\alpha}_n,\boldsymbol{\alpha}_2) & \cdots & (\boldsymbol{\alpha}_n,\boldsymbol{\alpha}_n)\end{pmatrix}.$$

因此，$\boldsymbol{A}\boldsymbol{A}^{\mathrm{T}}=\boldsymbol{E}$ 的充分必要条件是

$$(\boldsymbol{\alpha}_i,\boldsymbol{\alpha}_j)=\begin{cases}1, & \text{当 } i=j;\\ 0, & \text{当 } i\neq j.\end{cases}$$

即 $\boldsymbol{A}$ 的行向量组是正交单位向量组.

$\boldsymbol{A}$ 正交时，$\boldsymbol{A}^{\mathrm{T}}$ 也正交，因此可知 $\boldsymbol{A}$ 是正交矩阵的条件是 $\boldsymbol{A}$ 的列向量组是正交单位向量组.

这个定理指出如何构造正交矩阵的方法：只要找出 n 个正交的单位向量，也就是说，找到欧氏空间$\mathbb{R}^n$ 的一组标准正交基，那么以它们为行(列)的矩阵一定是正交矩阵. 我们在第 2 章中还曾指出过：欧氏空间$\mathbb{R}^n$ 中任意 s 个正交的单位向量 $\boldsymbol{\alpha}_1,\boldsymbol{\alpha}_2,\cdots,\boldsymbol{\alpha}_s$ 都可扩充成$\mathbb{R}^n$ 的一组标准正交基 $\boldsymbol{\alpha}_1,\boldsymbol{\alpha}_2,\cdots,\boldsymbol{\alpha}_s,\boldsymbol{\alpha}_{s+1},\cdots,\boldsymbol{\alpha}_n$. 以它们为行(列)作一个矩阵 $\boldsymbol{A}$，那么 $\boldsymbol{A}$ 就是一个以 $\boldsymbol{\alpha}_1,\boldsymbol{\alpha}_2,\cdots,\boldsymbol{\alpha}_s$ 为前 s 行(列)的正交矩阵.

例 4.21 已知正交单位向量

$$\boldsymbol{\alpha}_1=\left(\frac{1}{2},\frac{1}{2},\frac{1}{2},\frac{1}{2}\right),\quad \boldsymbol{\alpha}_2=\left(\frac{1}{2},\frac{1}{2},-\frac{1}{2},-\frac{1}{2}\right).$$

(1) 求 $\boldsymbol{\alpha}_3,\boldsymbol{\alpha}_4$，使 $\boldsymbol{\alpha}_1,\boldsymbol{\alpha}_2,\boldsymbol{\alpha}_3,\boldsymbol{\alpha}_4$ 是正交单位向量组；

(2) 求一个以 $\boldsymbol{\alpha}_1,\boldsymbol{\alpha}_2$ 为第 1,2 列的正交矩阵.

解 (1) 由于 $\boldsymbol{\alpha}_1,\boldsymbol{\alpha}_2$ 是线性无关的，所以可取两个向量

$$\boldsymbol{\beta}_3=(1,0,0,0),\quad \boldsymbol{\beta}_4=(0,0,1,0),$$

使 $\boldsymbol{\alpha}_1,\boldsymbol{\alpha}_2,\boldsymbol{\beta}_3,\boldsymbol{\beta}_4$ 线性无关.

将 $\boldsymbol{\alpha}_1,\boldsymbol{\alpha}_2,\boldsymbol{\beta}_3,\boldsymbol{\beta}_4$ 正交化，得一个正交向量组：

$$\boldsymbol{\alpha}_1=\left(\frac{1}{2},\frac{1}{2},\frac{1}{2},\frac{1}{2}\right),\quad \boldsymbol{\alpha}_2=\left(\frac{1}{2},\frac{1}{2},-\frac{1}{2},-\frac{1}{2}\right),$$

$$\boldsymbol{\gamma}_3=\boldsymbol{\beta}_3-\frac{(\boldsymbol{\beta}_3,\boldsymbol{\alpha}_1)}{(\boldsymbol{\alpha}_1,\boldsymbol{\alpha}_1)}\boldsymbol{\alpha}_1-\frac{(\boldsymbol{\beta}_3,\boldsymbol{\alpha}_2)}{(\boldsymbol{\alpha}_2,\boldsymbol{\alpha}_2)}\boldsymbol{\alpha}_2$$

$$= \boldsymbol{\beta}_3 - \frac{1}{2}\boldsymbol{\alpha}_1 - \frac{1}{2}\boldsymbol{\alpha}_2$$

$$= \left(\frac{1}{2}, -\frac{1}{2}, 0, 0\right),$$

$$\boldsymbol{\gamma}_4 = \boldsymbol{\beta}_4 - \frac{(\boldsymbol{\beta}_4, \boldsymbol{\alpha}_1)}{(\boldsymbol{\alpha}_1, \boldsymbol{\alpha}_1)}\boldsymbol{\alpha}_1 - \frac{(\boldsymbol{\beta}_4, \boldsymbol{\alpha}_2)}{(\boldsymbol{\alpha}_2, \boldsymbol{\alpha}_2)}\boldsymbol{\alpha}_2 - \frac{(\boldsymbol{\beta}_4, \boldsymbol{\gamma}_3)}{(\boldsymbol{\gamma}_3, \boldsymbol{\gamma}_3)}\boldsymbol{\gamma}_3$$

$$= \boldsymbol{\beta}_4 - \frac{1}{2}\boldsymbol{\alpha}_1 + \frac{1}{2}\boldsymbol{\alpha}_2$$

$$= \left(0, 0, \frac{1}{2}, -\frac{1}{2}\right).$$

再将这组向量单位化,即得到一个正交单位向量组

$$\boldsymbol{\alpha}_1 = \left(\frac{1}{2}, \frac{1}{2}, \frac{1}{2}, \frac{1}{2}\right), \quad \boldsymbol{\alpha}_2 = \left(\frac{1}{2}, \frac{1}{2}, -\frac{1}{2}, -\frac{1}{2}\right),$$

$$\boldsymbol{\alpha}_3 = \left(\frac{\sqrt{2}}{2}, -\frac{\sqrt{2}}{2}, 0, 0\right), \quad \boldsymbol{\alpha}_4 = \left(0, 0, \frac{\sqrt{2}}{2}, -\frac{\sqrt{2}}{2}\right),$$

其中向量$\boldsymbol{\alpha}_3, \boldsymbol{\alpha}_4$ 即为所求.

(2) 以$\boldsymbol{\alpha}_1, \boldsymbol{\alpha}_2, \boldsymbol{\alpha}_3, \boldsymbol{\alpha}_4$ 为列作一个矩阵 $\boldsymbol{T}$,

$$\boldsymbol{T} = \begin{pmatrix} \frac{1}{2} & \frac{1}{2} & \frac{\sqrt{2}}{2} & 0 \\ \frac{1}{2} & \frac{1}{2} & -\frac{\sqrt{2}}{2} & 0 \\ \frac{1}{2} & -\frac{1}{2} & 0 & \frac{\sqrt{2}}{2} \\ \frac{1}{2} & -\frac{1}{2} & 0 & -\frac{\sqrt{2}}{2} \end{pmatrix},$$

则因$\boldsymbol{\alpha}_1, \boldsymbol{\alpha}_2, \boldsymbol{\alpha}_3, \boldsymbol{\alpha}_4$ 是正交单位向量组,所以 $\boldsymbol{T}$ 是一个正交矩阵,而且以$\boldsymbol{\alpha}_1, \boldsymbol{\alpha}_2$ 为第 1,2 列.

习题 4.5

1. 判断下列矩阵是否是正交矩阵:

(1) $\begin{pmatrix} \frac{\sqrt{3}}{2} & -\frac{1}{2} \\ \frac{1}{2} & \frac{\sqrt{3}}{2} \end{pmatrix}$;　　(2) $\begin{pmatrix} \frac{1}{9} & -\frac{8}{9} & -\frac{4}{9} \\ -\frac{8}{9} & \frac{1}{9} & -\frac{4}{9} \\ -\frac{4}{9} & -\frac{4}{9} & \frac{7}{9} \end{pmatrix}$;

(3) $\begin{pmatrix} \frac{\sqrt{2}}{2} & \frac{\sqrt{2}}{6} & \frac{\sqrt{2}}{3} \\ 0 & -\frac{2\sqrt{2}}{3} & \frac{1}{3} \\ -\frac{\sqrt{2}}{2} & \frac{\sqrt{2}}{6} & \frac{2}{3} \end{pmatrix}$； (4) $\begin{pmatrix} \frac{\sqrt{2}}{2} & \frac{\sqrt{6}}{6} & \frac{\sqrt{3}}{6} & \frac{1}{2} \\ \frac{\sqrt{2}}{2} & -\frac{\sqrt{6}}{6} & -\frac{\sqrt{3}}{6} & -\frac{1}{2} \\ 0 & \frac{\sqrt{6}}{3} & -\frac{\sqrt{3}}{6} & -\frac{1}{2} \\ 0 & 0 & -\frac{\sqrt{3}}{2} & \frac{1}{2} \end{pmatrix}$.

2. 求两个正交矩阵，以$\left(\frac{1}{2},\frac{1}{2},\frac{1}{2},\frac{1}{2}\right)$及$\left(\frac{1}{6},\frac{1}{6},\frac{1}{2},-\frac{5}{6}\right)$为前两行.

总习题 4

1. 求满足下列条件的矩阵 $\boldsymbol{X}$：

(1) $\begin{pmatrix} 1 & 0 & -2 \\ -3 & 4 & -1 \\ 2 & 1 & 3 \end{pmatrix}\boldsymbol{X}=\begin{pmatrix} 5 & -1 \\ -2 & 3 \\ 1 & 4 \end{pmatrix}$；

(2) $\boldsymbol{X}\begin{pmatrix} 1 & 0 & -2 \\ -3 & 4 & -1 \\ 2 & 1 & 3 \end{pmatrix}=\begin{pmatrix} -1 & 0 & 6 \\ 2 & 1 & 0 \end{pmatrix}$；

(3) $\begin{pmatrix} 1 & -2 & 0 \\ 4 & -2 & -1 \\ -3 & 1 & 2 \end{pmatrix}\boldsymbol{X}\begin{pmatrix} 3 & -1 & 2 \\ 1 & 0 & -1 \\ -2 & 1 & 4 \end{pmatrix}=\begin{pmatrix} 7 & 0 & -1 \\ 1 & -1 & 0 \\ -2 & 1 & 5 \end{pmatrix}-2\boldsymbol{E}$；

(4) $\begin{pmatrix} 1 & 2 & 3 \\ -2 & 1 & -1 \\ 3 & 2 & 1 \end{pmatrix}\boldsymbol{X}+\begin{pmatrix} 2 & -1 & 0 \\ -1 & 3 & 1 \\ 2 & 1 & 1 \end{pmatrix}=3\boldsymbol{X}+\begin{pmatrix} 1 & 2 & 1 \\ 2 & -1 & 3 \\ 3 & 2 & 1 \end{pmatrix}$.

2. 试证：

(1) 如果 $\boldsymbol{B}_1,\boldsymbol{B}_2$ 都与 $\boldsymbol{A}$ 可交换，那么 $\boldsymbol{B}_1+\boldsymbol{B}_2,\boldsymbol{B}_1\boldsymbol{B}_2$ 也与 $\boldsymbol{A}$ 可交换；

(2) 如果 $\boldsymbol{B}$ 与 $\boldsymbol{A}$ 可交换，那么 $\boldsymbol{B}$ 的 $k(k\geqslant 0)$次幂也与 $\boldsymbol{A}$ 可交换；

(3) 如果 $\boldsymbol{B}$ 与 $\boldsymbol{A}$ 可交换并且 $\boldsymbol{B}$ 是可逆的，那么 $\boldsymbol{B}^{-1}$ 与 $\boldsymbol{A}$ 也可交换.

3. 设 $\boldsymbol{AB}=\boldsymbol{BA}$，求证：

(1) $(\boldsymbol{A}+\boldsymbol{B})^2=\boldsymbol{A}^2+2\boldsymbol{AB}+\boldsymbol{B}^2$；

(2) $\boldsymbol{A}^2-\boldsymbol{B}^2=(\boldsymbol{A}+\boldsymbol{B})(\boldsymbol{A}-\boldsymbol{B})$.

4. 设

$$A=\begin{pmatrix} a_1 & & & \\ & a_2 & & \\ & & \ddots & \\ & & & a_n \end{pmatrix},$$

其中 $a_1,a_2,\cdots,a_n$ 两两不同，求证与 $\boldsymbol{A}$ 可交换的矩阵一定是对角矩阵.

5. 证明与一切 n 阶矩阵都可交换的矩阵一定是 n 阶数量矩阵.

6. 矩阵 $\boldsymbol{A}$ 如果满足 $\boldsymbol{A}^{\mathrm{T}}=\boldsymbol{A}(\boldsymbol{A}^{\mathrm{T}}=-\boldsymbol{A})$，则称 $\boldsymbol{A}$ 为对称（反对称）矩阵.证明：

（1）两个对称（反对称）矩阵的和也是对称（反对称）矩阵；

（2）一个数与一个对称（反对称）矩阵的乘积也是对称（反对称）矩阵.

7. 设 $\boldsymbol{A},\boldsymbol{B}$ 是同阶对称矩阵，则 $\boldsymbol{AB}$ 是对称矩阵的充分必要条件是 $\boldsymbol{A}$ 与 $\boldsymbol{B}$ 可交换.

8. 设 $\boldsymbol{A},\boldsymbol{B}$ 是两个反对称矩阵.试证：

（1）$\boldsymbol{A}^2$ 是对称矩阵；

（2）$\boldsymbol{AB}-\boldsymbol{BA}$ 是反对称矩阵；

（3）$\boldsymbol{AB}$ 是对称矩阵的充要条件是 $\boldsymbol{AB}=\boldsymbol{BA}$.

9.（1）试证：任一 n 阶矩阵都可表为一个对称矩阵与一个反对称矩阵之和；

（2）把矩阵

$$\boldsymbol{A}=\begin{pmatrix} 1 & 2 & 3 \\ 0 & 2 & 4 \\ 0 & 0 & 5 \end{pmatrix}$$

表成一个对称矩阵与一个反对称矩阵之和.

10.（1）如果 $\boldsymbol{A}$ 是实对称矩阵，且 $\boldsymbol{A}^2=\boldsymbol{0}$，则 $\boldsymbol{A}=\boldsymbol{0}$；

（2）举例说明在一般情况下，由 $\boldsymbol{A}^2=\boldsymbol{0}$ 推不出 $\boldsymbol{A}=\boldsymbol{0}$.

11. 设 $\boldsymbol{A}$ 是一个 n 阶方阵，如果对任一 n 维向量 $\boldsymbol{x}$ 都有 $\boldsymbol{Ax}=\boldsymbol{0}$，那么 $\boldsymbol{A}=\boldsymbol{0}$.

12. 试证：如果 $\boldsymbol{A}^k=\boldsymbol{0}$，那么 $\boldsymbol{E}-\boldsymbol{A}$ 可逆，并且

$$(\boldsymbol{E}-\boldsymbol{A})^{-1}=\boldsymbol{E}+\boldsymbol{A}+\boldsymbol{A}^2+\cdots+\boldsymbol{A}^{k-1}.$$

13. 应用上题求

$$\begin{pmatrix} 1 & a & 0 & 0 \\ 0 & 1 & b & 0 \\ 0 & 0 & 1 & c \\ 0 & 0 & 0 & 1 \end{pmatrix}^{-1}.$$

14. 假设 $\boldsymbol{A},\boldsymbol{B}$ 都可逆,求证:

$$\begin{pmatrix}\boldsymbol{A} & \boldsymbol{0}\\ \boldsymbol{C} & \boldsymbol{B}\end{pmatrix} \quad 及 \quad \begin{pmatrix}\boldsymbol{A} & \boldsymbol{D}\\ \boldsymbol{0} & \boldsymbol{B}\end{pmatrix}$$

也都可逆.并且

$$\begin{pmatrix}\boldsymbol{A} & \boldsymbol{0}\\ \boldsymbol{C} & \boldsymbol{B}\end{pmatrix}^{-1} = \begin{pmatrix}\boldsymbol{A}^{-1} & \boldsymbol{0}\\ -\boldsymbol{B}^{-1}\boldsymbol{C}\boldsymbol{A}^{-1} & \boldsymbol{B}^{-1}\end{pmatrix},$$

$$\begin{pmatrix}\boldsymbol{A} & \boldsymbol{D}\\ \boldsymbol{0} & \boldsymbol{B}\end{pmatrix}^{-1} = \begin{pmatrix}\boldsymbol{A}^{-1} & -\boldsymbol{A}^{-1}\boldsymbol{D}\boldsymbol{B}^{-1}\\ \boldsymbol{0} & \boldsymbol{B}^{-1}\end{pmatrix}.$$

15. 计算

$$\begin{pmatrix}1 & 2 & 0 & 0\\ 1 & 3 & 0 & 0\\ 1 & 2 & 2 & 3\\ 4 & 3 & 3 & 4\end{pmatrix}^{-1}, \quad \begin{pmatrix}1 & 2 & 1 & 2\\ 1 & 3 & 4 & 3\\ 0 & 0 & 2 & 3\\ 0 & 0 & 3 & 4\end{pmatrix}^{-1}.$$

16. 设

$$\boldsymbol{A} = \begin{pmatrix}2 & 0 & 1\\ 0 & 3 & 0\\ 1 & 0 & 2\end{pmatrix}, \quad \boldsymbol{X} = \begin{pmatrix}1 & 0 & 1\\ 0 & 1 & 0\\ -1 & 0 & 1\end{pmatrix}.$$

(1) 计算 $\boldsymbol{X}^{-1}\boldsymbol{A}\boldsymbol{X}$;

(2) 计算 $\boldsymbol{A}^k$(k 是正整数).

第5章 特征值与特征向量

特征值与特征向量是应用广泛的数学概念，在数学的微分方程问题、工程技术中的振动问题与稳定性问题以及在动态经济模型与计量经济学中都有应用.

本章介绍特征值、特征向量及其计算方法. 证明实对称矩阵的可对角化并用之于主轴问题.

5.1 特征值与特征向量

这一节介绍矩阵的特征值与特征向量的定义及性质.

定义 5.1 设 $\boldsymbol{A}$ 是一个 n 阶矩阵，λ_0 是一个数，如果有非零列向量(即 $n\times 1$ 矩阵)$\boldsymbol{\alpha}$，使得

$$\boldsymbol{A\alpha} = \lambda_0\boldsymbol{\alpha}\,, \tag{5.1}$$

就称 λ_0 是 $\boldsymbol{A}$ 的一个**特征值**，$\boldsymbol{\alpha}$ 是 $\boldsymbol{A}$ 的属于特征值 λ_0 的**特征向量**，简称特征向量.

例 5.1 设

$$\boldsymbol{A} = \begin{pmatrix} 0 & 10 & 6 \\ 1 & -3 & -3 \\ -2 & 10 & 8 \end{pmatrix},$$

则因为

$$\boldsymbol{A}\begin{pmatrix} 2 \\ 1 \\ -1 \end{pmatrix} = \begin{pmatrix} 4 \\ 2 \\ -2 \end{pmatrix} = 2\begin{pmatrix} 2 \\ 1 \\ -1 \end{pmatrix},$$

所以 2 是 $\boldsymbol{A}$ 的一个特征值，$[2,1,-1]^{\mathrm{T}}$ 是 $\boldsymbol{A}$ 的属于特征值 2 的特征向量.

又因

$$\boldsymbol{A}\begin{pmatrix}3\\0\\1\end{pmatrix}=\begin{pmatrix}6\\0\\2\end{pmatrix}=2\begin{pmatrix}3\\0\\1\end{pmatrix},$$

$$\boldsymbol{A}\begin{pmatrix}2\\-1\\2\end{pmatrix}=\begin{pmatrix}2\\-1\\2\end{pmatrix}=1\begin{pmatrix}2\\-1\\2\end{pmatrix},$$

所以$[3,0,1]^{\mathrm{T}}$也是$\boldsymbol{A}$的属于特征值2的特征向量；而$[2,-1,2]$则是$\boldsymbol{A}$的属于特征值1的特征向量.1也是$\boldsymbol{A}$的一个特征值.

从特征值与特征向量的定义,很容易看出：

(1) 如果$\boldsymbol{\alpha},\boldsymbol{\beta}$都是矩阵$\boldsymbol{A}$的属于特征值$\lambda_0$的特征向量,那么当它们的和$\boldsymbol{\alpha}+\boldsymbol{\beta}\neq\boldsymbol{0}$时,$\boldsymbol{\alpha}+\boldsymbol{\beta}$也是$\boldsymbol{A}$的属于特征值$\lambda_0$的特征向量.

(2) 如果$\boldsymbol{\alpha}$是$\boldsymbol{A}$的属于特征值λ_0的特征向量,那么对非零常数k,$k\boldsymbol{\alpha}$也是$\boldsymbol{A}$的属于λ_0的特征向量.

由以上两个性质,可知$\boldsymbol{\alpha},\boldsymbol{\beta}$的非零线性组合也是$\boldsymbol{A}$的属于$\lambda_0$的特征向量.

矩阵的特征值与特征向量还有下面的重要性质.

定理 5.1 如果λ_1,λ_2是矩阵$\boldsymbol{A}$的两个不同特征值,$\boldsymbol{\alpha}_1,\boldsymbol{\alpha}_2$是矩阵$\boldsymbol{A}$的分别属于$\lambda_1,\lambda_2$的特征向量,那么$\boldsymbol{\alpha}_1,\boldsymbol{\alpha}_2$线性无关.

证明 设

$$k_1\boldsymbol{\alpha}_1+k_2\boldsymbol{\alpha}_2=\boldsymbol{0},\tag{5.2}$$

两边用$\boldsymbol{A}$左乘得

$$k_1\lambda_1\boldsymbol{\alpha}_1+k_2\lambda_2\boldsymbol{\alpha}_2=\boldsymbol{0}.\tag{5.3}$$

用λ_2乘式(5.2)两边,减去式(5.3)得

$$k_1\lambda_2\boldsymbol{\alpha}_1-k_1\lambda_1\boldsymbol{\alpha}_1=\boldsymbol{0},$$

即

$$k_1(\lambda_2-\lambda_1)\boldsymbol{\alpha}_1=\boldsymbol{0}.$$

根据定义,$\boldsymbol{\alpha}_1\neq\boldsymbol{0}$,又因假设$\lambda_2\neq\lambda_1$.因此得

$$k_1=0.$$

代入式(5.2),由$\boldsymbol{\alpha}_2\neq\boldsymbol{0}$可得$k_2=0$.

这个结论可以推广为：

推论 5.1 如果$\lambda_1,\lambda_2,\cdots,\lambda_s$是矩阵$\boldsymbol{A}$的不同特征值；$\boldsymbol{\alpha}_1,\boldsymbol{\alpha}_2,\cdots,\boldsymbol{\alpha}_s$是$\boldsymbol{A}$的依次属于$\lambda_1,\lambda_2,\cdots,\lambda_s$的特征向量.那么$\boldsymbol{\alpha}_1,\boldsymbol{\alpha}_2,\cdots,\boldsymbol{\alpha}_s$线性无关.

推论 5.2 如果$\lambda_1,\lambda_2,\cdots,\lambda_t$是矩阵$\boldsymbol{A}$的不同的特征值；$\boldsymbol{\alpha}_{i1},\boldsymbol{\alpha}_{i2},\cdots,\boldsymbol{\alpha}_{is_i}$是$\boldsymbol{A}$的属于$\lambda_i$的线性无关的特征向量$(i=1,2,\cdots,t)$.那么向量组$\boldsymbol{\alpha}_{11},\boldsymbol{\alpha}_{12},\cdots,\boldsymbol{\alpha}_{1s_1},\cdots,\boldsymbol{\alpha}_{t1},\boldsymbol{\alpha}_{t2},\cdots,\boldsymbol{\alpha}_{ts_t}$也是线性无关的.

下面介绍特征值与特征向量的计算方法.

设

$$\boldsymbol{\alpha}=\begin{pmatrix}c_1\\c_2\\\vdots\\c_n\end{pmatrix}\neq\mathbf{0}$$

是矩阵

$$\mathbf{A}=\begin{pmatrix}a_{11}&a_{12}&\cdots&a_{1n}\\a_{21}&a_{22}&\cdots&a_{2n}\\\vdots&\vdots&&\vdots\\a_{n1}&a_{n2}&\cdots&a_{nn}\end{pmatrix}$$

的属于特征值 λ_0 的特征向量,那么

$$\mathbf{A}\boldsymbol{\alpha}=\lambda_0\boldsymbol{\alpha}.$$

即

$$(\lambda_0\mathbf{E}-\mathbf{A})\boldsymbol{\alpha}=\mathbf{0}.$$

具体写出来就是

$$\begin{cases}(\lambda_0-a_{11})c_1-a_{12}c_2\cdots-a_{1n}c_n=0,\\-a_{21}c_1+(\lambda_0-a_{22})c_2\cdots-a_{2n}c_n=0,\\\quad\vdots\\-a_{n1}c_1-a_{n2}c_2\cdots+(\lambda_0-a_{nn})c_n=0.\end{cases}$$

这说明$(c_1,c_2,\cdots,c_n)$是齐次线性方程组

$$\begin{cases}(\lambda_0-a_{11})x_1-a_{12}x_2-\cdots-a_{1n}x_n=0,\\-a_{21}x_1+(\lambda_0-a_{22})x_2-\cdots-a_{2n}x_n=0,\\\quad\vdots\\-a_{n1}x_1-a_{n2}x_2+\cdots+(\lambda_0-a_{nn})x_n=0\end{cases}\tag{5.4}$$

的一个解.这个齐次方程组既然有非零解,所以它的系数行列式等于零

$$\begin{vmatrix}\lambda_0-a_{11}&-a_{12}&\cdots&-a_{1n}\\-a_{21}&\lambda_0-a_{22}&\cdots&-a_{2n}\\\vdots&\vdots&&\vdots\\-a_{n1}&-a_{n2}&\cdots&\lambda_0-a_{nn}\end{vmatrix}=0,$$

即

$$|\lambda_0\mathbf{E}-\mathbf{A}|=0.$$

定义 5.2 $\mathbf{A}$ 是一个 n 阶矩阵,λ 是一个未知量,矩阵 $\lambda\mathbf{E}-\mathbf{A}$ 称为 $\mathbf{A}$ 的**特征矩阵**,它的行列式

$$|\lambda \boldsymbol{E}-\boldsymbol{A}|=\begin{vmatrix}\lambda-a_{11} & -a_{12} & \cdots & -a_{1n}\\ -a_{21} & \lambda-a_{22} & \cdots & -a_{2n}\\ \vdots & \vdots & & \vdots\\ -a_{n1} & -a_{n2} & \cdots & \lambda-a_{nn}\end{vmatrix}$$

是 λ 的一个多项式，称为 **$\boldsymbol{A}$ 的特征多项式**.

上面的分析说明：如果 λ_0 是矩阵 $\boldsymbol{A}$ 的一个特征值，那么 λ_0 一定是 $\boldsymbol{A}$ 的特征多项式的一个根；反过来，如果 λ_0 是 $\boldsymbol{A}$ 的特征多项式的一个根，即 $|\lambda_0\boldsymbol{E}-\boldsymbol{A}|=0$，那么齐次线性方程组(5.3)就有非零解，因此，$\lambda_0$ 是 $\boldsymbol{A}$ 的特征值，而方程组(5.3)的每一个非零解都是 $\boldsymbol{A}$ 的属于 λ_0 的特征向量. 这就是说：矩阵 $\boldsymbol{A}$ 的特征值就是 $\boldsymbol{A}$ 的特征多项式的根，所以特征值也叫做**特征根**. 而且也可以用此作为特征值的定义. 因为实系数多项式的根不一定是实数，所以 $\boldsymbol{A}$ 的特征根可能是复数，此时 $\boldsymbol{A}$ 的属于这个特征值的特征向量也是复向量. 有时在应用时可能会遇到这种情况. 本书只考虑实特征值.

归纳以上讨论，可总结出矩阵 $\boldsymbol{A}$ 的特征值和特征向量的求法：

(1) 计算 $\boldsymbol{A}$ 的特征多项式 $f(\lambda)=|\lambda\boldsymbol{E}-\boldsymbol{A}|$；

(2) 求出 $f(\lambda)$ 的全部根，就是 $\boldsymbol{A}$ 的全部特征值；

(3) 对于每个特征值 λ_0，求出齐次线性方程组(5.4)的全部非零解，就是属于 λ_0 的全部特征向量.

例 5.2 求 $\boldsymbol{A}$ 的全部特征值与特征向量，

$$\boldsymbol{A}=\begin{pmatrix}1 & 1 & -1\\ 1 & -1 & 2\\ 1 & -2 & 3\end{pmatrix}.$$

解 先求 $\boldsymbol{A}$ 的特征多项式

$$|\lambda\boldsymbol{E}-\boldsymbol{A}|=\begin{vmatrix}\lambda-1 & -1 & 1\\ -1 & \lambda+1 & -2\\ -1 & 2 & \lambda-3\end{vmatrix}=(\lambda-1)^3,$$

所以 $\boldsymbol{A}$ 的特征值为 1(3 重).

对特征值 1 求特征向量. 把 $\lambda=1$ 代入式(5.4)得

$$\begin{cases} \quad\ \ -x_2+x_3=0,\\ -x_1+2x_2-2x_3=0,\\ -x_1+2x_3-2x_3=0.\end{cases}$$

求得基础解系为

$$(0,1,1).$$

所以 $\boldsymbol{A}$ 的全部特征向量为

$$k\begin{pmatrix}0\\1\\1\end{pmatrix}\quad (k\text{ 为任意非零数}).$$

例 5.3　求矩阵 $\boldsymbol{A}$ 的全部特征值与特征向量，

$$\boldsymbol{A}=\begin{pmatrix}0 & 10 & 6\\ 1 & -3 & -3\\ -2 & 10 & 8\end{pmatrix}.$$

解　先求 $\boldsymbol{A}$ 的特征多项式

$$|\lambda\boldsymbol{E}-\boldsymbol{A}|=\begin{vmatrix}\lambda & -10 & -6\\ -1 & \lambda+3 & 3\\ 2 & -10 & \lambda-8\end{vmatrix}=(\lambda-1)(\lambda-2)^2.$$

所以 $\boldsymbol{A}$ 的特征值为 1 及 2(2 重).

对特征值 1 求特征向量. 把 $\lambda=1$ 代入(5.4)，得

$$\begin{cases}x_1-10x_2-6x_3=0,\\ -x_1+4x_2+3x_3=0,\\ 2x_1-10x_2-7x_3=0,\end{cases}$$

化简得

$$\begin{cases}x_1-10x_2-6x_3=0,\\ \quad -2x_2-x_3=0.\end{cases}$$

它的一个基础解系是(2,−1,2).

对特征值 2 求特征向量. 把 $\lambda=2$ 代入齐次线性方程组(5.4)，得

$$\begin{cases}2x_1-10x_2-6x_3=0,\\ -x_1+5x_2+3x_3=0,\\ 2x_1-10x_2-6x_3=0.\end{cases}$$

化简得

$$x_1-5x_2-3x_3=0.$$

它的一个基础解系是

$$(5,1,0),(3,0,1).$$

因此，$\boldsymbol{A}$ 的特征值为 1,2(2 重)，属于特征值 1 的全部特征向量是

$$k\begin{pmatrix}2\\-1\\2\end{pmatrix}\quad (k\text{ 为任意非零数}),$$

属于特征值 2 的全部特征向量是

$$k_1\begin{pmatrix}5\\1\\0\end{pmatrix}+k_2\begin{pmatrix}3\\0\\1\end{pmatrix}\quad(k_1,k_2\text{ 是不全为零的任意数}).$$

因为凡是 $\boldsymbol{A}$ 的属于 λ_0 的特征向量都是齐次线性方程组(5.4)的解；反过来，凡是方程组(5.4)的非零解一定都是 $\boldsymbol{A}$ 的属于 λ_0 的特征向量. 所以，为了求 $\boldsymbol{A}$ 的属于 λ_0 的全部特征向量，只需找出方程组(5.3)的一个基础解系，设为 $\boldsymbol{\alpha}_1,\boldsymbol{\alpha}_2,\cdots,\boldsymbol{\alpha}_s$，那么 $\boldsymbol{A}$ 的属于 λ_0 的全部特征向量是

$$k_1\boldsymbol{\alpha}_1+k_2\boldsymbol{\alpha}_2+\cdots+k_s\boldsymbol{\alpha}_s.$$

其中 $k_1,k_2,\cdots,k_s$ 可以取任意的数. 需要注意的是：因为特征向量是非零向量，所以 $k_1,k_2,\cdots,k_s$ 必须不全为零.

下面对矩阵的特征多项式作几点说明.

如果 $\boldsymbol{A}$ 是一个 n 阶矩阵，那么它的特征多项式一定是一个 n 次多项式. 事实上，如果

$$\boldsymbol{A}=(a_{ij}).$$

那么

$$f(\lambda)=|\lambda\boldsymbol{E}-\boldsymbol{A}|=\begin{vmatrix}\lambda-a_{11}&-a_{12}&\cdots&-a_{1n}\\-a_{21}&\lambda-a_{22}&\cdots&-a_{2n}\\\vdots&\vdots&&\vdots\\-a_{n1}&-a_{n2}&\cdots&\lambda-a_{nn}\end{vmatrix}.$$

其中包含 λ 的元素只有 $\lambda-a_{11},\lambda-a_{22},\cdots,\lambda-a_{nn}$. 由于这些元素位于不同行不同列，所以

$$f(\lambda)=(\lambda-a_{11})(\lambda-a_{22})\cdots(\lambda-a_{nn})+\cdots.$$

其他的项至少包含一个因子 $-a_{ij}$. 如果包含 $-a_{ij}$，那么就不能包含 $\lambda-a_{ii}$（因为这个元素与 $-a_{ij}$ 在同一行），也不能包含 $\lambda-a_{jj}$（因为这个元素与 $-a_{ij}$ 在同一列），所以其他的项最多是 $n-2$ 次. 于是

$$f(\lambda)=\lambda^n-(a_{11}+a_{22}+\cdots+a_{nn})\lambda^{n-1}+c_{n-2}\lambda^{n-2}+\cdots+c_1\lambda+c_0.$$

这说明：$f(\lambda)$ 是 λ 的一个 n 次多项式，首项系数是 1，λ^{n-1} 的系数是

$$-(a_{11}+a_{22}+\cdots+a_{nn}).$$

其中 $a_{11}+a_{22}+\cdots+a_{nn}$ 是 $\boldsymbol{A}$ 的主对角线上的元素之和.

定义 5.3 设 $\boldsymbol{A}=(a_{ij})$ 是一个 n 阶矩阵，$\boldsymbol{A}$ 的对角线元素之和称为 $\boldsymbol{A}$ 的**迹**，记为 $\mathrm{tr}\boldsymbol{A}$，即

$$\mathrm{tr}\boldsymbol{A}=a_{11}+a_{22}+\cdots+a_{nn}.$$

$\boldsymbol{A}$ 的特征多项式 $f(\lambda)$ 的常数项可以很容易地计算出来，在等式

$$\begin{vmatrix} \lambda-a_{11} & -a_{12} & \cdots & -a_{1n} \\ -a_{21} & \lambda-a_{22} & \cdots & -a_{2n} \\ \vdots & \vdots & & \vdots \\ -a_{n1} & -a_{n2} & \cdots & \lambda-a_{nn} \end{vmatrix} = \lambda^n-(a_{11}+\cdots+a_{nn})\lambda^{n-1}+\cdots+c_1\lambda+c_0$$

中，两边用 $\lambda=0$ 代入，即得

$$\begin{vmatrix} -a_{11} & -a_{12} & \cdots & -a_{1n} \\ -a_{21} & -a_{22} & \cdots & -a_{2n} \\ \vdots & \vdots & & \vdots \\ -a_{n1} & -a_{n2} & \cdots & -a_{nn} \end{vmatrix} = c_0.$$

所以

$$c_0=(-1)^n|\boldsymbol{A}|.$$

如果 $\boldsymbol{A}$ 的 n 个特征根为 $\lambda_1,\lambda_2,\cdots,\lambda_n$. 那么

$$f(\lambda)=(\lambda-\lambda_1)(\lambda-\lambda_2)\cdots(\lambda-\lambda_n).$$

展开，比较系数即得

$$\lambda_1+\lambda_2+\cdots+\lambda_n=\mathrm{tr}\boldsymbol{A}$$

$$\lambda_1\lambda_2\cdots\lambda_n=\det\boldsymbol{A}.$$

这两个等式在讨论特征多项式时是很有用的.

习题 5.1

1. 求下列矩阵的全部特征值和特征向量：

(1) $\begin{pmatrix} 3 & 4 \\ 5 & 2 \end{pmatrix}$；　　(2) $\begin{pmatrix} 2 & -1 & 2 \\ 5 & -3 & 3 \\ -1 & 0 & -2 \end{pmatrix}$；

(3) $\begin{pmatrix} 0 & 0 & 1 \\ 0 & 1 & 0 \\ 1 & 0 & 0 \end{pmatrix}$.

2. 试证：

(1) $\mathrm{tr}(\boldsymbol{A}+\boldsymbol{B})=\mathrm{tr}\boldsymbol{A}+\mathrm{tr}\boldsymbol{B}$；

(2) $\mathrm{tr}(k\boldsymbol{A})=k\,\mathrm{tr}\boldsymbol{A}$；

(3) $\mathrm{tr}(\boldsymbol{AB})=\mathrm{tr}(\boldsymbol{BA})$.

3. 设 $\boldsymbol{\alpha}$ 是 $\boldsymbol{A}$ 的属于特征值 λ_0 的特征向量. 求证：

(1) 对任意非零数 k，$\boldsymbol{\alpha}$ 是 $k\boldsymbol{A}$ 的属于特征值 $k\lambda_0$ 的特征向量；

(2) 对正整数 m，$\boldsymbol{\alpha}$ 是 $\boldsymbol{A}^m$ 的属于特征值 λ_0^m 的特征向量；

(3) 如果 $\boldsymbol{A}$ 可逆，则 $\lambda_0\neq 0$，且 $\boldsymbol{\alpha}$ 是 $\boldsymbol{A}^{-1}$ 的属于 λ_0^{-1} 的特征向量.

4. 证明：如果 $\boldsymbol{\alpha}_1,\boldsymbol{\alpha}_2,\cdots,\boldsymbol{\alpha}_s$ 是矩阵 $\boldsymbol{A}$ 的属于特征值 λ_0 的一组线性无关的特征向量；$k_1,k_2,\cdots,k_s$ 是一组不全为零的数，则 $k_1\boldsymbol{\alpha}_1+k_2\boldsymbol{\alpha}_2+\cdots+k_s\boldsymbol{\alpha}_s$ 也是 $\boldsymbol{A}$ 的属于特征值 λ_0 的特征向量.

5.2 相似矩阵

定义 5.4 设 $\boldsymbol{A},\boldsymbol{B}$ 是两个同阶方阵，如果存在可逆矩阵 $\boldsymbol{X}$，使得 $\boldsymbol{B}=\boldsymbol{X}^{-1}\boldsymbol{A}\boldsymbol{X}$，就说 $\boldsymbol{A}$ **相似于** $\boldsymbol{B}$，记作 $\boldsymbol{A}\sim\boldsymbol{B}$.

例 5.4 设

$$\boldsymbol{A}=\begin{pmatrix}2&0&1\\0&3&0\\1&0&2\end{pmatrix},\quad \boldsymbol{B}=\begin{pmatrix}1&0&0\\0&3&0\\0&0&3\end{pmatrix}.$$

则有可逆矩阵

$$\boldsymbol{X}=\begin{pmatrix}1&0&1\\0&1&0\\-1&0&1\end{pmatrix},$$

使

$$\boldsymbol{X}^{-1}\boldsymbol{A}\boldsymbol{X}=\boldsymbol{B}.$$

所以 $\boldsymbol{A}\sim\boldsymbol{B}$.

“相似”是矩阵之间的一种关系，这种关系具有下面 3 个性质：

(1) 反身性：$\boldsymbol{A}\sim\boldsymbol{A}$.

这是因为 $\boldsymbol{A}=\boldsymbol{E}^{-1}\boldsymbol{A}\boldsymbol{E}$.

(2) 对称性：如果 $\boldsymbol{A}\sim\boldsymbol{B}$，那么 $\boldsymbol{B}\sim\boldsymbol{A}$.

这是因为，如果 $\boldsymbol{A}\sim\boldsymbol{B}$，那么有可逆矩阵 $\boldsymbol{X}$，使 $\boldsymbol{B}=\boldsymbol{X}^{-1}\boldsymbol{A}\boldsymbol{X}$. 令 $\boldsymbol{Y}=\boldsymbol{X}^{-1}$，就有 $\boldsymbol{A}=\boldsymbol{X}\boldsymbol{B}\boldsymbol{X}^{-1}=\boldsymbol{Y}^{-1}\boldsymbol{B}\boldsymbol{Y}$，所以 $\boldsymbol{B}\sim\boldsymbol{A}$.

(3) 传递性：如果 $\boldsymbol{A}\sim\boldsymbol{B},\boldsymbol{B}\sim\boldsymbol{C}$，那么 $\boldsymbol{A}\sim\boldsymbol{C}$.

这是因为，已知 $\boldsymbol{A}\sim\boldsymbol{B},\boldsymbol{B}\sim\boldsymbol{C}$，所以有可逆矩阵 $\boldsymbol{X}$ 和 $\boldsymbol{Y}$，使 $\boldsymbol{B}=\boldsymbol{X}^{-1}\boldsymbol{A}\boldsymbol{X},\boldsymbol{C}=\boldsymbol{Y}^{-1}\boldsymbol{B}\boldsymbol{Y}$，于是

$$\boldsymbol{C}=\boldsymbol{Y}^{-1}(\boldsymbol{X}^{-1}\boldsymbol{A}\boldsymbol{X})\boldsymbol{Y}=(\boldsymbol{X}\boldsymbol{Y})^{-1}\boldsymbol{A}(\boldsymbol{X}\boldsymbol{Y}),$$

因此 $\boldsymbol{A}\sim\boldsymbol{C}$.

根据相似关系的对称性，当 $\boldsymbol{A}\sim\boldsymbol{B}$ 时，既可以说 $\boldsymbol{A}$ 与 $\boldsymbol{B}$ 相似，也可以说 $\boldsymbol{B}$ 与 $\boldsymbol{A}$ 相似.

相似矩阵还有下面的一些性质：

（1）相似矩阵有相同的行列式.

证明　设 $\boldsymbol{A}\sim\boldsymbol{B}$，那么有可逆矩阵 $\boldsymbol{X}$，使 $\boldsymbol{B}=\boldsymbol{X}^{-1}\boldsymbol{A}\boldsymbol{X}$. 于是 $|\boldsymbol{B}|=|\boldsymbol{X}^{-1}\boldsymbol{A}\boldsymbol{X}|=|\boldsymbol{X}^{-1}||\boldsymbol{A}||\boldsymbol{X}|=|\boldsymbol{X}|^{-1}|\boldsymbol{A}||\boldsymbol{X}|=|\boldsymbol{A}|$.

因为矩阵可逆的充分必要条件是它的行列式不等于零. 由此可知：

（2）相似矩阵或者同时可逆，或者都不可逆. 而且，如果 $\boldsymbol{B}=\boldsymbol{X}^{-1}\boldsymbol{A}\boldsymbol{X}$，那么，当它们可逆时，它们的逆矩阵也相似，即 $\boldsymbol{B}^{-1}=\boldsymbol{X}^{-1}\boldsymbol{A}^{-1}\boldsymbol{X}$.

（3）相似矩阵有相同的秩.

（4）如果 $\boldsymbol{A}$ 与 $\boldsymbol{B}$ 相似：$\boldsymbol{B}=\boldsymbol{X}^{-1}\boldsymbol{A}\boldsymbol{X}$，那么 $\boldsymbol{A}^k$ 与 $\boldsymbol{B}^k$ 相似：$\boldsymbol{B}^k=\boldsymbol{X}^{-1}\boldsymbol{A}^k\boldsymbol{X}$.

根据相似矩阵的这些性质，就可以简化矩阵的运算. 问题是：给了一个矩阵 $\boldsymbol{A}$，如何去找矩阵 $\boldsymbol{X}$，使 $\boldsymbol{X}^{-1}\boldsymbol{A}\boldsymbol{X}$ 最简单？最简单的矩阵当然是数量矩阵 $k\boldsymbol{E}$. 但是与数量矩阵 $k\boldsymbol{E}$ 相似的矩阵只有它自己

$$\boldsymbol{X}^{-1}(k\boldsymbol{E})\boldsymbol{X}=k\boldsymbol{E}.$$

由此可知，不是每个矩阵都可以与某个数量矩阵相似的. 于是，退而求其次. 比数量矩阵稍为复杂些的是对角矩阵，那么，是不是任一个矩阵都可与某个对角矩阵相似呢？现在首先来分析矩阵 $\boldsymbol{A}$ 与对角矩阵相似的条件.

为了简便起见，以后用 $[a_1,a_2,\cdots,a_n]$ 表示对角矩阵

$$\begin{pmatrix} a_1 & 0 & \cdots & 0 \\ 0 & a_2 & \cdots & 0 \\ \vdots & \vdots & \ddots & \vdots \\ 0 & 0 & \cdots & a_n \end{pmatrix},$$

用 $[\boldsymbol{A}_1,\boldsymbol{A}_2,\cdots,\boldsymbol{A}_s]$ 表示块对角矩阵

$$\begin{pmatrix} \boldsymbol{A}_1 & \boldsymbol{0} & \cdots & \boldsymbol{0} \\ \boldsymbol{0} & \boldsymbol{A}_2 & \cdots & \boldsymbol{0} \\ \vdots & \vdots & \ddots & \vdots \\ \boldsymbol{0} & \boldsymbol{0} & \cdots & \boldsymbol{A}_s \end{pmatrix}.$$

设 $\boldsymbol{A}$ 是一个 n 阶矩阵

$$\boldsymbol{A}=(a_{ij}),$$

$\boldsymbol{X}$ 是一个 n 阶可逆矩阵

$$\boldsymbol{X}=(x_{ij}).$$

并设

$$\boldsymbol{X}^{-1}\boldsymbol{A}\boldsymbol{X}=(\lambda_1,\lambda_2,\cdots,\lambda_n).$$

用 $\boldsymbol{x}_1,\boldsymbol{x}_2,\cdots,\boldsymbol{x}_n$ 表示 $\boldsymbol{X}$ 的 n 个列向量，并将 $\boldsymbol{X}$ 表成分块矩阵

$$\boldsymbol{X}=(\boldsymbol{x}_1\quad \boldsymbol{x}_2\quad \cdots\quad \boldsymbol{x}_n).$$

于是从 $\boldsymbol{X}^{-1}\boldsymbol{A}\boldsymbol{X}=(\lambda_1,\lambda_2,\cdots,\lambda_n)$ 得到

$$\boldsymbol{A}(\boldsymbol{x}_1 \quad \boldsymbol{x}_2 \quad \cdots \quad \boldsymbol{x}_n)=(\boldsymbol{x}_1 \quad \boldsymbol{x}_2 \quad \cdots \quad \boldsymbol{x}_n)\begin{pmatrix}\lambda_1 & 0 & \cdots & 0\\ 0 & \lambda_2 & \cdots & 0\\ \vdots & \vdots & \ddots & \vdots\\ 0 & 0 & \cdots & \lambda_n\end{pmatrix}$$

$$=(\lambda_1\boldsymbol{x}_1 \quad \lambda_2\boldsymbol{x}_2 \quad \cdots \quad \lambda_n\boldsymbol{x}_n)$$

等式左右两边的列向量应该依次相等,所以

$$\boldsymbol{A}\boldsymbol{x}_i=\lambda_i\boldsymbol{x}_i \quad (i=1,2,\cdots,n).$$

这说明:如果存在可逆矩阵 $\boldsymbol{X}$ 使 $\boldsymbol{X}^{-1}\boldsymbol{A}\boldsymbol{X}$ 为对角矩阵,那么 $\boldsymbol{X}$ 的列向量必须满足上述条件. 即 $\boldsymbol{X}$ 的列向量都是 $\boldsymbol{A}$ 的特征向量. 因此有以下定理.

定理 5.2 n 阶矩阵 $\boldsymbol{A}$ 与一个对角矩阵相似的充分必要条件是 $\boldsymbol{A}$ 有 n 个线性无关的特征向量.

证明 必要性已知,下面来证明条件的充分性.

设 $\boldsymbol{A}$ 有 n 个线性无关的特征向量 $\boldsymbol{\alpha}_1,\boldsymbol{\alpha}_2,\cdots,\boldsymbol{\alpha}_n$. 它们所对应的特征值依次为 $\lambda_1,\lambda_2,\cdots,\lambda_n$,

$$\boldsymbol{A}\boldsymbol{\alpha}_i=\lambda_i\boldsymbol{\alpha}_i \quad (i=1,2,\cdots,n).$$

以 $\boldsymbol{\alpha}_1,\boldsymbol{\alpha}_2,\cdots,\boldsymbol{\alpha}_n$ 为列作一个矩阵 $\boldsymbol{X}$

$$\boldsymbol{X}=(\boldsymbol{\alpha}_1 \quad \boldsymbol{\alpha}_2 \quad \cdots \quad \boldsymbol{\alpha}_n),$$

因为 $\boldsymbol{\alpha}_1,\boldsymbol{\alpha}_2,\cdots,\boldsymbol{\alpha}_n$ 是线性无关的,所以 $\boldsymbol{X}$ 是可逆矩阵,而且

$$\boldsymbol{A}\boldsymbol{X}=\boldsymbol{X}(\lambda_1,\lambda_2,\cdots,\lambda_n),$$

即

$$\boldsymbol{X}^{-1}\boldsymbol{A}\boldsymbol{X}=(\lambda_1,\lambda_2,\cdots,\lambda_n).$$

所以 $\boldsymbol{A}$ 与一个对角矩阵相似.

如果矩阵 $\boldsymbol{A}$ 与一个对角矩阵相似,就称 $\boldsymbol{A}$ **可以对角化**,因为并不是所有的 n 阶矩阵都有 n 个线性无关的特征向量,所以并不是所有矩阵都可对角化的. 定理 5.2 给出了一个判断矩阵是否可对角化的一个条件.

例 5.5 上节例 5.2 中的 $\boldsymbol{A}$ 不能对角化,因为 $\boldsymbol{A}$ 是一个三阶矩阵,只有一个线性无关的特征向量.

而例 5.3 中的 $\boldsymbol{A}$ 可以对角化,因为 $\boldsymbol{A}$ 有 3 个线性无关的特征向量:

$$\begin{pmatrix}2\\-1\\2\end{pmatrix},\begin{pmatrix}5\\1\\0\end{pmatrix},\begin{pmatrix}3\\0\\1\end{pmatrix}.$$

以这 3 个向量为列作一个矩阵 $\boldsymbol{X}$:

$$\boldsymbol{X}=\begin{pmatrix}2 & 5 & 3\\ -1 & 1 & 0\\ 2 & 0 & 1\end{pmatrix},$$

则

$$X^{-1}AX=\begin{pmatrix}1&&\\&2&\\&&2\end{pmatrix}$$

为对角矩阵.

根据定理 5.1 的推论 5.1,可以得到关于 A 可对角化的一个充分条件.

定理 5.3　如果 n 阶矩阵 A 有 n 个不同的特征值,那么 A 可以对角化.

需要注意的是定理 5.3 中的条件不是必要的.

相似矩阵有以下的重要性质.

定理 5.4　相似矩阵有相同的特征多项式.

证明　设 $A\sim B$,那么有可逆矩阵 X,使

$$B=X^{-1}AX.$$

于是 A,B 的特征矩阵有下述关系:

$$\lambda E-B=\lambda E-X^{-1}AX=X^{-1}(\lambda E-A)X.$$

求等式两端的行列式,得

$$\begin{aligned}|\lambda E-B|&=|X^{-1}(\lambda E-A)X|=|X^{-1}||\lambda E-A||X|\\&=|\lambda E-A|.\end{aligned}$$

这就证明了 A,B 有相同的特征多项式.

但是,特征多项式相等的矩阵却并不一定相似,例如矩阵

$$A=\begin{pmatrix}1&0\\0&1\end{pmatrix},\quad B=\begin{pmatrix}1&1\\0&1\end{pmatrix}$$

的特征多项式都等于$(\lambda-1)^2$,但它们显然不相似,因为与 A 相似的矩阵只有它自己.

由于矩阵的特征值就是它的特征多项式的根,因此,从定理 5.4 可得出下述推论.

推论 5.3　相似矩阵有相同的特征值.

推论 5.4　相似矩阵有相同的迹.

最后介绍一类特殊的可以对角化的矩阵:实对称矩阵.我们知道,如果矩阵 A 满足$A^{\mathrm{T}}=A$,那么 A 就称为对称矩阵.对称矩阵的特征向量,有下列性质:

定理 5.5　设 A 是一个实对称矩阵.那么属于 A 的不同特征值的特征向量一定是正交的.

证明　设α_1,α_2 分别是 A 的属于不同特征值λ_1,λ_2 的实特征向量,则

$$A\alpha_1=\lambda_1\alpha_1,\quad A\alpha_2=\lambda_2\alpha_2,\quad \lambda_1\neq\lambda_2.$$

于是

$$(\boldsymbol{A\alpha}_1,\boldsymbol{\alpha}_2)=(\lambda_1\boldsymbol{\alpha}_1,\boldsymbol{\alpha}_2)=\lambda_1(\boldsymbol{\alpha}_1,\boldsymbol{\alpha}_2).$$

而

$$\begin{aligned}(\boldsymbol{A\alpha}_1,\boldsymbol{\alpha}_2)&=(\boldsymbol{A\alpha}_1)^{\mathrm{T}}\boldsymbol{\alpha}_2=\boldsymbol{\alpha}_1^{\mathrm{T}}\boldsymbol{A}^{\mathrm{T}}\boldsymbol{\alpha}_2=\boldsymbol{\alpha}_1^{\mathrm{T}}\boldsymbol{A\alpha}_2=(\boldsymbol{\alpha}_1,\boldsymbol{A\alpha}_2)\\&=(\boldsymbol{\alpha}_1,\lambda_2\boldsymbol{\alpha}_2)=\lambda_2(\boldsymbol{\alpha}_1,\boldsymbol{\alpha}_2),\end{aligned}$$

所以

$$\lambda_1(\boldsymbol{\alpha}_1,\boldsymbol{\alpha}_2)=\lambda_2(\boldsymbol{\alpha}_1,\boldsymbol{\alpha}_2).$$

但是 $\lambda_1\neq\lambda_2$，所以 $(\boldsymbol{\alpha}_1,\boldsymbol{\alpha}_2)=0$，即 $\boldsymbol{\alpha}_1$ 与 $\boldsymbol{\alpha}_2$ 是正交的.

关于实对称矩阵的对角化问题，有下述重要结论.

定理 5.6 实对称矩阵一定能对角化，而且任给一个 n 阶实对称矩阵 $\boldsymbol{A}$，可以找到一个 n 阶正交矩阵 $\boldsymbol{T}$，使得 $\boldsymbol{T}^{-1}\boldsymbol{AT}$ 为对角矩阵.

这个定理我们不予证明，而通过例子具体地给出求正交矩阵 $\boldsymbol{T}$ 的方法. $\boldsymbol{T}$ 的求法可按照以下步骤进行：

(1) 求出特征多项式 $f(\lambda)=|\lambda\boldsymbol{E}-\boldsymbol{A}|$ 的全部根，即 $\boldsymbol{A}$ 的特征值. 设 $\boldsymbol{A}$ 的全部不同的特征值为 $\lambda_1,\lambda_2,\cdots,\lambda_t$.

(2) 对每个 $\lambda_i(i=1,2,\cdots,t)$ 解齐次线性方程组

$$(\lambda_i\boldsymbol{E}-\boldsymbol{A})\boldsymbol{x}=\boldsymbol{0},$$

找出一个基础解系 $\boldsymbol{\alpha}_{i1},\boldsymbol{\alpha}_{i2},\cdots,\boldsymbol{\alpha}_{is_i}$.

(3) 将 $\boldsymbol{\alpha}_{i1},\boldsymbol{\alpha}_{i2},\cdots,\boldsymbol{\alpha}_{is_i}$ 正交化，单位化，得到一组正交的单位向量 $\boldsymbol{\eta}_{i1}$，$\boldsymbol{\eta}_{i2},\cdots,\boldsymbol{\eta}_{is_i}$. 它们是 $\boldsymbol{A}$ 的属于 λ_i 的线性无关的特征向量.

(4) 因为 $\lambda_1,\lambda_2,\cdots,\lambda_t$ 各不相同，向量组

$$\boldsymbol{\eta}_{11},\cdots,\boldsymbol{\eta}_{1s_1},\boldsymbol{\eta}_{21},\cdots,\boldsymbol{\eta}_{2s_2},\cdots,\boldsymbol{\eta}_{t1},\cdots,\boldsymbol{\eta}_{ts_t}$$

仍是正交的单位向量组，它们的总数为 n 个，以这一组向量为列作一个矩阵 $\boldsymbol{T}$，那么 $\boldsymbol{T}$ 即为所求的正交矩阵.

例 5.6 设

$$\boldsymbol{A}=\begin{pmatrix}2&2&4\\2&-1&2\\4&2&2\end{pmatrix},$$

求正交矩阵 $\boldsymbol{T}$ 使 $\boldsymbol{T}^{-1}\boldsymbol{AT}$ 为对角矩阵.

解 首先求 $\boldsymbol{A}$ 的特征值，因为

$$|\lambda\boldsymbol{E}-\boldsymbol{A}|=\begin{vmatrix}\lambda-2&-2&-4\\-2&\lambda+1&-2\\-4&-2&\lambda-2\end{vmatrix}=(\lambda+2)^2(\lambda-7).$$

所以 $\boldsymbol{A}$ 的特征值为 $-2,-2,7$.

其次求属于-2的特征向量，把$\lambda=-2$代入齐次线性方程组$(\lambda\boldsymbol{E}-\boldsymbol{A})\boldsymbol{x}=\boldsymbol{0}$，得

$$\begin{cases}-4x_1-2x_2-4x_3=0,\\-2x_1-\ \ x_2-2x_3=0,\\-4x_1-2x_2-4x_3=0.\end{cases}$$

求得一个基础解系

$$\boldsymbol{\alpha}_1=\begin{pmatrix}1\\-2\\0\end{pmatrix},\quad\boldsymbol{\alpha}_2=\begin{pmatrix}1\\0\\-1\end{pmatrix},$$

把它正交化，得

$$\boldsymbol{\beta}_1=\boldsymbol{\alpha}_1=(1,-2,0)^{\mathrm{T}},$$

$$\boldsymbol{\beta}_2=\boldsymbol{\alpha}_2-\frac{(\boldsymbol{\alpha}_2,\boldsymbol{\beta}_1)}{(\boldsymbol{\beta}_1,\boldsymbol{\beta}_1)}\boldsymbol{\beta}_1=\left(\frac{4}{5},\frac{2}{5},-1\right)^{\mathrm{T}}.$$

再单位化，得

$$\boldsymbol{\gamma}_1=\begin{pmatrix}\frac{1}{5}\sqrt{5}\\-\frac{2}{5}\sqrt{5}\\0\end{pmatrix},\quad\boldsymbol{\gamma}_2=\begin{pmatrix}\frac{4}{15}\sqrt{5}\\\frac{2}{15}\sqrt{5}\\-\frac{1}{3}\sqrt{5}\end{pmatrix}.$$

再求属于7的特征向量，解齐次线性方程组

$$\begin{cases}5x_1-2x_2-4x_3=0,\\-2x_1+8x_2-2x_3=0,\\-4x_1-2x_2+5x_3=0.\end{cases}$$

求得基础解系

$$\boldsymbol{\alpha}_3=\begin{pmatrix}2\\1\\2\end{pmatrix}.$$

$\boldsymbol{\alpha}_3$一定与$\boldsymbol{\gamma}_1,\boldsymbol{\gamma}_2$正交，将$\boldsymbol{\alpha}_3$单位化，得

$$\boldsymbol{\gamma}_3=\begin{pmatrix}\frac{2}{3}\\\frac{1}{3}\\\frac{2}{3}\end{pmatrix}.$$

$\gamma_1,\gamma_2,\gamma_3$ 是 A 的一组单位正交的特征向量. 以它们为列作矩阵

$$T=\begin{pmatrix} \frac{1}{5}\sqrt{5} & \frac{4}{15}\sqrt{5} & \frac{2}{3} \\ -\frac{2}{5}\sqrt{5} & \frac{2}{15}\sqrt{5} & \frac{1}{3} \\ 0 & -\frac{1}{3}\sqrt{5} & \frac{2}{3} \end{pmatrix},$$

则 T 是一个正交矩阵,而且

$$T^{-1}AT=(-2,-2,7)$$

是一个对角矩阵.

习题 5.2

1. 试证:如果 $A\sim B$,那么 $A^{T}\sim B^{T}$.
2. 试证:如果 A 与 B 可交换,那么 $X^{-1}AX$ 与 $X^{-1}BX$ 也可交换.
3. 设 $A\sim B, C\sim D$. 试证:

$$\begin{pmatrix} A & 0 \\ 0 & B \end{pmatrix}\sim\begin{pmatrix} C & 0 \\ 0 & D \end{pmatrix}.$$

4. 问习题 5.1 第 1 题中的矩阵哪些可以对角化? 对于可以对角化的矩阵 A,求可逆矩阵 X 使 $X^{-1}AX$ 为对角矩阵.
5. 求正交矩阵 T,使 $T^{-1}AT$ 为对角矩阵:

(1) $A=\begin{pmatrix} 2 & -2 & 0 \\ -2 & 1 & -2 \\ 0 & -2 & 0 \end{pmatrix}$;　　(2) $A=\begin{pmatrix} 1 & -2 & 2 \\ -2 & -2 & 4 \\ 2 & 4 & -2 \end{pmatrix}$;

(3) $A=\begin{pmatrix} 1 & 2 & 4 \\ 2 & -2 & 2 \\ 4 & 2 & 1 \end{pmatrix}$;　　(4) $A=\begin{pmatrix} 1 & -1 & 0 & 0 \\ -1 & 1 & 0 & 0 \\ 0 & 0 & 1 & -1 \\ 0 & 0 & -1 & 1 \end{pmatrix}$.

5.3 二次型

二次型就是二次齐次多项式. 2 个变量及 3 个变量的二次型我们较为熟悉. 在解析几何中讨论过,当心二次曲线的中心与坐标原点重合时,其一般方程为

$$ax^2+bxy+cy^2=1.$$

为了便于研究这个二次曲线，可以将坐标轴适当旋转而把上述方程化成标准方程

$$a'x'^2 + b'y'^2 = 1.$$

在二次曲面的研究中也有类似的情况.

上述方程式的左端是一个二次齐次多项式，即二次型.二次型不但在几何中需要用到，在数学的其他分支以及物理、力学中也常常会遇到.这一节介绍一般二次型的性质及其化简问题.

定义 5.5　n个变量的二次齐次多项式

$$f(x_1,x_2,\cdots,x_n) = a_{11}x_1^2 + 2a_{12}x_1x_2 + \cdots + 2a_{1n}x_1x_n + a_{22}x_2^2 + \cdots + 2a_{2n}x_2x_n + \cdots + a_{nn}x_n^2 \tag{5.5}$$

称为一个 ***n* 元二次型**.在不致混淆的情况下，简称二次型.

我们讨论的都是实系数二次型.以下用到的数也都是实数.

例 5.7

$$x_1^2 + 2x_1x_2 - 3x_1x_3 + x_2^2 - 5x_2x_3 + 2x_3^2$$

是一个三元二次型.

为了以后讨论方便起见，把(5.5)中 $x_ix_j\,(i<j)$ 的系数写成 $2a_{ij}$，而不简单地写成 a_{ij}.

在讨论二次型时，矩阵是一个有力的工具，因此我们先把二次型用矩阵来表示.

令 $a_{ji}=a_{ij}\,(i<j)$.因为

$$x_ix_j = x_jx_i,$$

所以二次型(5.5)可以写成

$$\begin{aligned} f(x_1,x_2,\cdots,x_n) &= a_{11}x_1^2 + a_{12}x_1x_2 + \cdots + a_{1n}x_1x_n \\ &\quad + a_{21}x_2x_1 + a_{22}x_2^2 + \cdots + a_{2n}x_2x_n \\ &\quad + a_{n1}x_nx_1 + a_{n2}x_nx_2 + \cdots + a_{nn}x_n^2 \\ &= \sum_{i=1}^{n}\sum_{j=1}^{n} a_{ij}x_ix_j. \end{aligned} \tag{5.6}$$

把(5.6)的系数排成一个矩阵

$$\boldsymbol{A} = \begin{pmatrix} a_{11} & a_{12} & \cdots & a_{1n} \\ a_{21} & a_{22} & \cdots & a_{2n} \\ \vdots & \vdots & & \vdots \\ a_{n1} & a_{n2} & \cdots & a_{nn} \end{pmatrix}.$$

它称为**二次型(5.6)的矩阵**.因为 $a_{ij}=a_{ji}$，所以 $\boldsymbol{A}$ 是一个对称矩阵.也就是说，二次型的矩阵都是对称矩阵.

例 5.8 例 5.7 中二次型的矩阵为

$$\begin{pmatrix} 1 & 1 & -\frac{3}{2} \\ 1 & 1 & -\frac{5}{2} \\ -\frac{3}{2} & -\frac{5}{2} & 2 \end{pmatrix}.$$

令 $\boldsymbol{x}=(x_1,x_2,\cdots,x_n)^{\mathrm{T}}$，于是二次型就可以用矩阵的乘积表示出来

$$\begin{aligned} f(x_1,x_2,\cdots,x_n) &= \sum_{i=1}^{n}\sum_{j=1}^{n} a_{ij}x_ix_j \\ &= (x_1,x_2,\cdots,x_n)\begin{pmatrix} \sum_{j=1}^{n} a_{1j}x_j \\ \sum_{j=1}^{n} a_{2j}x_j \\ \vdots \\ \sum_{j=1}^{n} a_{nj}x_j \end{pmatrix} \\ &= (x_1,x_2,\cdots,x_n)\begin{pmatrix} a_{11} & a_{12} & \cdots & a_{1n} \\ a_{21} & a_{22} & \cdots & a_{2n} \\ \vdots & \vdots & & \vdots \\ a_{n1} & a_{n2} & \cdots & a_{nn} \end{pmatrix}\begin{pmatrix} x_1 \\ x_2 \\ \vdots \\ x_n \end{pmatrix} \\ &= \boldsymbol{x}^{\mathrm{T}}\boldsymbol{A}\boldsymbol{x}. \end{aligned}$$

即

$$f(x_1,x_2,\cdots,x_n)=\boldsymbol{x}^{\mathrm{T}}\boldsymbol{A}\boldsymbol{x}.$$

容易看到，二次型(5.6)的矩阵 $\boldsymbol{A}$ 的对角线元素 $a_{11},a_{22},\cdots,a_{nn}$ 刚好就是(5.5)中 $x_1^2,x_2^2,\cdots,x_n^2$ 的系数；而 $a_{ij}=a_{ji}\,(i\neq j)$ 刚好就是 x_ix_j 的系数的一半. 因此二次型与它的矩阵是相互唯一决定的. 二次型的矩阵的秩称为这个二次型的秩.

与在几何中一样，讨论二次型问题的主要内容是：用变量的正交变换来化简二次型. 为此，首先引入下述定义：

定义 5.6 设 $x_1,x_2,\cdots,x_n$；$y_1,y_2,\cdots,y_n$ 是两组变量，关系式

$$\begin{cases} x_1 = c_{11}y_1 + c_{12}y_2 + \cdots + c_{1n}y_n, \\ x_2 = c_{21}y_1 + c_{22}y_2 + \cdots + c_{2n}y_n, \\ \quad\vdots \\ x_n = c_{n1}y_1 + c_{n2}y_2 + \cdots + c_{nn}y_n. \end{cases} \tag{5.7}$$

称为由 $x_1,x_2,\cdots,x_n$ 到 $y_1,y_2,\cdots,y_n$ 的一个**线性变换**，简称**线性变换**，如果系数矩阵

$$C=\begin{pmatrix} c_{11} & c_{12} & \cdots & c_{1n} \\ c_{21} & c_{22} & \cdots & c_{2n} \\ \vdots & \vdots & & \vdots \\ c_{n1} & c_{n2} & \cdots & c_{nn} \end{pmatrix}$$

是非退化的，就称线性变换(5.7)是**非退化**的或**可逆的**. 如果系数矩阵 $\boldsymbol{C}$ 是正交的，就称变换(5.7)为**正交的**. 正交的线性变换简称正交变换.

正文变换一定是可逆变换.

不难看出：如果把式(5.7)代入式(5.5)，那么得到的 $y_1,y_2,\cdots,y_n$ 的多项式仍然是二次齐次的. 这就是说，二次型经过线性变换后还是二次型. 这一节的主要内容就是研究二次型在正交变换及非退化线性变换下的变化情况.

线性变换可以用它的系数矩阵来表示. 令

$$\boldsymbol{x}=\begin{pmatrix} x_1 \\ x_2 \\ \vdots \\ x_n \end{pmatrix},\quad \boldsymbol{y}=\begin{pmatrix} y_1 \\ y_2 \\ \vdots \\ y_n \end{pmatrix},$$

那么式(5.7)就可以写成

$$\begin{pmatrix} x_1 \\ x_2 \\ \vdots \\ x_n \end{pmatrix}=\begin{pmatrix} c_{11} & c_{12} & \cdots & c_{1n} \\ c_{21} & c_{22} & \cdots & c_{2n} \\ \vdots & \vdots & & \vdots \\ c_{n1} & c_{n2} & \cdots & c_{nn} \end{pmatrix}\begin{pmatrix} y_1 \\ y_2 \\ \vdots \\ y_n \end{pmatrix},$$

即

$$\boldsymbol{x}=\boldsymbol{C}\boldsymbol{y}. \tag{5.8}$$

如果式(5.7)是一个可逆的线性替换，那么它的系数矩阵 $\boldsymbol{C}$ 是可逆的，用 $\boldsymbol{C}^{-1}$左乘(5.8)的两边，得

$$\boldsymbol{y}=\boldsymbol{C}^{-1}\boldsymbol{x}.$$

设

$$\boldsymbol{C}^{-1}=\begin{pmatrix} c'_{11} & c'_{12} & \cdots & c'_{1n} \\ c'_{21} & c'_{22} & \cdots & c'_{2n} \\ \vdots & \vdots & & \vdots \\ c'_{n1} & c'_{n2} & \cdots & c'_{nn} \end{pmatrix},$$

那么 $y_1,y_2,\cdots,y_n$ 也可以由 $x_1,x_2,\cdots,x_n$ 表示

$$\begin{cases} y_1 = c'_{11}x_1 + c'_{12}x_2 + \cdots + c'_{1n}x_n, \\ y_2 = c'_{21}x_1 + c'_{22}x_2 + \cdots + c'_{2n}x_n, \\ \quad\vdots \\ y_n = c'_{n1}x_1 + c'_{n2}x_2 + \cdots + c'_{nn}x_n. \end{cases} \tag{5.9}$$

式(5.9)与式(5.7)表示同一个线性变换.以后有时候也用(5.9)给出线性变换.

如果再设

$$\begin{cases} y_1 = d_{11}z_1 + d_{12}z_2 + \cdots + d_{1n}z_n, \\ y_2 = d_{21}z_1 + d_{22}z_2 + \cdots + d_{2n}z_n, \\ \quad\vdots \\ y_n = d_{n1}z_1 + d_{n2}z_2 + \cdots + d_{nn}z_n \end{cases} \tag{5.10}$$

是 $y_1, y_2, \cdots, y_n$ 到 $z_1, z_2, \cdots, z_n$ 的一个线性变换,它的系数矩阵是

$$\boldsymbol{D} = \begin{pmatrix} d_{11} & d_{12} & \cdots & d_{1n} \\ d_{21} & d_{22} & \cdots & d_{2n} \\ \vdots & \vdots & & \vdots \\ d_{n1} & d_{n2} & \cdots & d_{nn} \end{pmatrix}.$$

令 $\boldsymbol{z}=(z_1, z_2, \cdots, z_n)^{\mathrm{T}}$,那么式(5.9)可表示成

$$\boldsymbol{y} = \boldsymbol{D}\boldsymbol{z}. \tag{5.11}$$

将式(5.10)代入式(5.7),得到 $x_1, x_2, \cdots, x_n$ 到 $z_1, z_2, \cdots, z_n$ 的一个线性变换,这个线性变换的系数可以通过系数矩阵求出来.因为将式(5.10)代入式(5.7)相当于将式(5.11)代入式(5.8),因此得到 $x_1, x_2, \cdots, x_n$ 与 $z_1, z_2, \cdots, z_n$ 间的关系式

$$\boldsymbol{x} = \boldsymbol{C}\boldsymbol{y} = \boldsymbol{C}(\boldsymbol{D}\boldsymbol{z}) = (\boldsymbol{C}\boldsymbol{D})\boldsymbol{z}.$$

这说明,两个线性变换连续施行(或称相乘)的结果,还是一个线性变换,它的系数矩阵等于原来两个线性变换的矩阵的乘积.

因为可逆矩阵的乘积还是可逆矩阵,所以,可逆的线性变换连续施行的结果还是可逆的.

因为正交矩阵都是可逆的,所以正交变换也一定是可逆的,而且由于正交矩阵的乘积是正交的,所以两个正交变换连续施行的结果,还是一个正交变换.

二次型经过非退化线性变换后仍是二次型,现在看变换前后的二次型之间有什么关系.为此,我们来找出变换前后二次型的矩阵之间的关系.

设

$$f(x_1, x_2, \cdots, x_n) = \boldsymbol{x}^{\mathrm{T}}\boldsymbol{A}\boldsymbol{x} \quad (\boldsymbol{A}^{\mathrm{T}} = \boldsymbol{A}) \tag{5.12}$$

是一个二次型.作非退化线性变换

$$x = Cy. \tag{5.13}$$

得到 $y_1, y_2, \cdots, y_n$ 的一个二次型

$$y^T B y.$$

现在来看矩阵 A 与 B 的关系.

把式(5.13)代入式(5.12),有

$$\begin{aligned} f(x_1, x_2, \cdots, x_n) &= x^T A x = (Cy)^T A (Cy) = y^T C^T A C y \\ &= y^T (C^T A C) y = x^T B y. \end{aligned}$$

上式中的矩阵 $C^T AC$ 也是对称的. 这是因为

$$(C^T AC)^T = C^T A^T (C^T)^T = C^T AC.$$

所以

$$B = C^T AC.$$

这就是变换前后两个二次型的矩阵之间的关系. 与此相应,有下述定义:

定义 5.7　对于两个 n 阶矩阵 A, B,如果有 n 阶可逆矩阵 C,使得

$$B = C^T AC,$$

那么,就说 A 与 B **是合同的**,记作 $A \simeq B$.

因此,经过非退化的线性变换后,新二次型的矩阵与原二次型的矩阵是合同的,所以可以把二次型的变换通过矩阵表示出来,为以后的讨论提供了有力的工具.

合同是矩阵之间的一种关系,这种关系具有:

(1) 反身性:$A \simeq A$.

这是因为 $A = E^T AE$.

(2) 对称性:如果 $A \simeq B$,那么 $B \simeq A$.

这是因为,由 $B = C^T AC$ 可得出 $A = (C^{-1})^T BC^{-1}$.

(3) 传递性:如果 $A_1 \simeq A_2, A_2 \simeq A_3$,那么 $A_1 \simeq A_3$.

这是因为,由 $A_2 = C_1^T A_1 C_1, A_3 = C_2^T A_2 C_2$,可得

$$A_3 = (C_1 C_2)^T A_1 (C_1 C_2).$$

在对二次型进行变换时,总是要求所作的线性变换是非退化的. 于是,如果对二次型

$$x^T A x$$

作非退化线性变换

$$x = Cy$$

后,得到一个新的二次型

$$y^T B y,$$

其中

$$\boldsymbol{B}=\boldsymbol{C}^{\mathrm{T}}\boldsymbol{A}\boldsymbol{C}.$$

把 $\boldsymbol{x}=\boldsymbol{C}\boldsymbol{y}$ 写成

$$\boldsymbol{y}=\boldsymbol{C}^{-1}\boldsymbol{x},$$

这也是一个线性变换,并且它把所得的二次型还原. 这样就使我们可从所得到的二次型的性质推出原来二次型的一些性质.

在讨论二次型的化简以前,我们证明正交变换的一个重要性质,这个性质说明正交变换可以看成旋转的推广.

定理 5.7 正交变换保持向量的内积不变.

证 设 $\boldsymbol{T}$ 是一个 n 元正交变换; $\boldsymbol{x},\boldsymbol{y}$ 是两个 n 维向量,那么

$$(\boldsymbol{Tx},\boldsymbol{Ty})=(\boldsymbol{Tx})^{\mathrm{T}}(\boldsymbol{Ty})=\boldsymbol{x}^{\mathrm{T}}\boldsymbol{T}^{\mathrm{T}}\boldsymbol{Ty}.$$

因为 $\boldsymbol{T}$ 是正交变换,所以 $\boldsymbol{T}^{\mathrm{T}}\boldsymbol{T}=\boldsymbol{E}$. 于是由上式得

$$(\boldsymbol{Tx},\boldsymbol{Ty})=\boldsymbol{x}^{\mathrm{T}}\boldsymbol{y}=(\boldsymbol{x},\boldsymbol{y}),$$

即 $\boldsymbol{x},\boldsymbol{y}$ 与 $\boldsymbol{Tx},\boldsymbol{Ty}$ 的内积相同,$\boldsymbol{T}$ 保持内积不变.

因为正交变换保持内积不变,所以也保持向量的度量性质不变.

根据二次型经正交变换变化前后的矩阵的关系,可知二次型的化简问题就是:给了对称矩阵 $\boldsymbol{A}$,如何找正交矩阵 $\boldsymbol{T}$,使 $\boldsymbol{T}^{\mathrm{T}}\boldsymbol{A}\boldsymbol{T}$ 最简的问题. 因为 $\boldsymbol{T}$ 是正交矩阵,所以 $\boldsymbol{T}^{\mathrm{T}}=\boldsymbol{T}^{-1}$. 可是问题又可成为如何找正交矩阵 $\boldsymbol{T}$ 使 $\boldsymbol{T}^{-1}\boldsymbol{A}\boldsymbol{T}$ 最简的问题. 定理 5.6 证明了任给对称矩阵 $\boldsymbol{A}$ 可找到正交矩阵 $\boldsymbol{T}$ 使 $\boldsymbol{T}^{-1}\boldsymbol{A}\boldsymbol{T}$ 为对角矩阵. 而系数矩阵是对角矩阵的二次型就是平方和的形式. 因此有下述定理:

定理 5.8 任意一个二次型

$$\sum_{i=1}^{n}\sum_{j=1}^{n}a_{ij}x_ix_j=\boldsymbol{x}^{\mathrm{T}}\boldsymbol{A}\boldsymbol{x}\quad(a_{ij}=a_{ji},\ \boldsymbol{A}^{\mathrm{T}}=\boldsymbol{A})\tag{5.14}$$

都可以经正交变换化成平方和

$$\lambda_1y_1^2+\lambda_2y_2^2+\cdots+\lambda_ny_n^2,\tag{5.15}$$

其中 $\lambda_1,\lambda_2,\cdots,\lambda_n$ 是 $\boldsymbol{A}$ 的全部特征值.

二次型经过可逆线性变换或正交变换所变成的平方和形式称为原二次型的一个**标准形**. 例如,式(5.15)是二次型(5.14)的一个**标准形**.

例 5.9 用正交变换化实二次型

$$f(x_1,x_2,x_3)=x_1^2+4x_2^2+x_3^2-4x_1x_2-8x_1x_3-4x_2x_3$$

为标准形.

解 $f(x_1,x_2,x_3)$的矩阵为

$$\boldsymbol{A}=\begin{pmatrix}1&-2&-4\\-2&4&-2\\-4&-2&1\end{pmatrix}.$$

首先找一个正交矩阵 $\boldsymbol{T}$,使 $\boldsymbol{T}^{-1}\boldsymbol{AT}$ 为对角形.

先求 $\boldsymbol{A}$ 的特征多项式,由

$$|\lambda\boldsymbol{E}-\boldsymbol{A}|=\begin{vmatrix}\lambda-1 & 2 & 4\\ 2 & \lambda-4 & 2\\ 4 & 2 & \lambda-1\end{vmatrix}=(\lambda-5)^2(\lambda+4),$$

得 $\boldsymbol{A}$ 的特征值是 5(二重),-4.

由 $\lambda=5$ 得到的齐次方程组是

$$\begin{cases}4x_1+2x_2+4x_3=0,\\ 2x_1+x_2+2x_3=0,\\ 4x_1+2x_2+4x_3=0.\end{cases}$$

得基础解系

$$\boldsymbol{\alpha}_1=(1,0,-1),\quad \boldsymbol{\alpha}_2=(1,-2,0).$$

正交化后,得

$$\boldsymbol{\beta}_1=(1,0,-1),\quad \boldsymbol{\beta}_2=\left(\frac{1}{2},-2,\frac{1}{2}\right).$$

单位化后,得

$$\boldsymbol{\gamma}_1=\left(\frac{\sqrt{2}}{2},0,-\frac{\sqrt{2}}{2}\right),\quad \boldsymbol{\gamma}_2=\left(\frac{\sqrt{2}}{6},-\frac{2\sqrt{2}}{3},\frac{\sqrt{2}}{6}\right).$$

由 $\lambda=-4$ 得到的齐次方程组是

$$\begin{cases}-5x_1+2x_2+4x_3=0,\\ 2x_1-8x_2+2x_3=0,\\ 4x_1+2x_2-5x_3=0.\end{cases}$$

得基础解系

$$\boldsymbol{\alpha}_3=(2,1,2).$$

单位化后,得

$$\boldsymbol{\gamma}_3=\left(\frac{2}{3},\frac{1}{3},\frac{2}{3}\right).$$

由 $\boldsymbol{\gamma}_1,\boldsymbol{\gamma}_2,\boldsymbol{\gamma}_3$ 组成正交矩阵

$$\boldsymbol{T}=\begin{pmatrix}\frac{\sqrt{2}}{2} & \frac{\sqrt{2}}{6} & \frac{2}{3}\\ 0 & -\frac{2\sqrt{2}}{3} & \frac{1}{3}\\ -\frac{\sqrt{2}}{2} & \frac{\sqrt{2}}{6} & \frac{2}{3}\end{pmatrix},$$

则 $f(x_1,x_2,x_3)$ 经正交变换

$$\boldsymbol{x} = \boldsymbol{T}\boldsymbol{y},$$

即

$$\begin{cases} x_1 = \dfrac{\sqrt{2}}{2}y_1 + \dfrac{\sqrt{2}}{6}y_2 + \dfrac{2}{3}y_3, \\ x_2 = -\dfrac{2\sqrt{2}}{3}y_2 + \dfrac{1}{3}y_3, \\ x_3 = -\dfrac{\sqrt{2}}{2}y_1 + \dfrac{\sqrt{2}}{6}y_2 + \dfrac{2}{3}y_3. \end{cases}$$

化为标准形

$$5y_1^2 + 5y_2^2 - 4y_3^2.$$

以上我们证明了任一个二次型都可经过正交变换化为标准形. 由于正交变换一定是可逆的,因此这也说明了任一个二次型都可经过可逆线性变换化为标准形. 因为正交变换保持向量的度量性质不变,所以正交变换保持了二次型的几何性质. 但是用正交变换化二次型为标准形的算法步骤较多,计算比较繁琐. 当不必要限制用正交变换来化简二次型的时候,可以用可逆线性变换把二次型化为标准形. 下面我们通过例题来说明配方法.

例 5.10 用可逆线性变换把二次型

$$f(x_1,x_2,x_3) = x_1^2 + 2x_2^2 + 3x_3^2 - 4x_1x_2 - 6x_1x_3 + 4x_2x_3$$

化为标准形,并写出所作的线性变换.

解

$$\begin{aligned} f(x_1,x_2,x_3) &= (x_1^2 - 4x_1x_2 - 6x_1x_3) + 2x_2^2 + 3x_3^2 + 4x_2x_3 \\ &= (x_1 - 2x_2 - 3x_3)^2 - 2x_2^2 - 6x_3^2 - 8x_2x_3 \\ &= (x_1 - 2x_2 - 3x_3)^2 - 2(x_2 + 2x_3)^2 + 2x_3^2 \end{aligned}$$

所以 $f(x_1,x_2,x_3)$经可逆线性变换

$$\begin{cases} x_1 - 2x_2 - 3x_3 = y_1, \\ x_2 + 2x_3 = y_2, \\ x_3 = y_3. \end{cases}$$

化为标准形

$$y_1^2 - 2y_2^2 + 2y_3^2.$$

配方法的要点是取定一个系数不等于 0 的平方项. 例如上例中的 x_1^2. 把包含 x_1 的项并起来配方,剩下的项不再包含 x_1,再继续配方. 但是如果原二次型中所有平方项的系数都等于零,那么,必须先通过可逆线性变换化为有平方项的情况,再进行配方.

例 5.11 用可逆线性变换化二次型

$$f(x_1,x_2,x_3)=x_1x_2+x_1x_3-x_2x_3$$

化为标准形.并写出所作的线性变换.

解　作可逆线性变换

$$\begin{cases}x_1=y_1,\\x_2=y_1+y_2,\\x_3=\qquad\quad y_3,\end{cases}$$

则

$$\begin{aligned}f(x_1,x_2,x_3)&=y_1^2+y_1y_2-y_2y_3\\&=\left(y_1+\frac{1}{2}y_2\right)^2-\frac{1}{4}y_2^2-y_2y_3\\&=\left(y_1+\frac{1}{2}y_2\right)^2-\left(\frac{1}{2}y_2+y_3\right)^2+y_3^2.\end{aligned}$$

再令

$$\begin{cases}y+\frac{1}{2}y_2=z_1,\\\frac{1}{2}y_2+y_3=z_2,\\\qquad\quad y_3=z_3,\end{cases}\quad\text{即}\quad\begin{cases}y_1=z_1-z_2+z_3,\\y_2=2z_2-2z_3,\\y_3=z_3,\end{cases}$$

则 $f(x_1,x_2,x_3)$化为标准形：

$$z_1^2-z_2^2+z_3^2.$$

所作的可逆线性变换为

$$\begin{cases}x_1=z_1-z_2+z_3,\\x_2=z_1+z_2-z_3,\\x_3=z_3.\end{cases}$$

从标准形的计算方法,可以看出一个二次型的标准形不是唯一的,但是标准形中不等于零的系数的个数等于二次型的矩阵的秩,是唯一确定的,不仅如此,我们还有下述定理.

定理 5.9　二次型 $f(x_1,x_2,\cdots,x_n)$经过可逆线性变换化为标准形,标准形中正、负系数的个数由 $f(x_1,x_2,\cdots,x_n)$唯一确定,不因所作线性变换不同而改变.

证明从略.这个定理通常称为惯性定律,$f(x_1,x_2,\cdots,x_n)$的标准形中正、负系数的个数 p,q 分别称为 $f(x_1,x_2,\cdots,x_n)$的**正、负惯性指数**,$p-q$ 称为 $f(x_1,x_2,\cdots,x_n)$的**符号差**,还可看出 $p+q$ 等于 $f(x_1,x_2,\cdots,x_n)$的秩 r.

最后,通过二次型化为标准形的结论,可以得到关于合同矩阵的一些结论.

定理 5.10 任一个实对称矩阵 $\boldsymbol{A}$ 都合同于一个对角矩阵，而且对角矩阵中正、负元素的个数是由 $\boldsymbol{A}$ 唯一确定的.

通常称与 $\boldsymbol{A}$ 合同的对角矩阵中正、负元素的个数为 $\boldsymbol{A}$ 的正、负惯性指数.

习题 5.3

1. 写出下列二次型的矩阵表示：

(1) $f(x_1,x_2,x_3)=-4x_1x_2+2x_1x_3+2x_2x_3$；

(2) $f(x_1,x_2,x_3)=x_1^2+2x_1x_2-x_1x_3+2x_3^2$；

(3) $f(x_1,x_2,x_3)=x_1^2+x_2^2+x_3^2+x_1x_2+x_1x_3-x_2x_3$；

(4) $f(x_1,x_2,x_3,x_4)=x_1x_2-x_3x_4$.

2. 设 $\boldsymbol{A}$ 是一个 n 阶对称矩阵，试证：如果对任一个 n 维列向量 $\boldsymbol{x}$ 都有 $\boldsymbol{x}^{\mathrm{T}}\boldsymbol{A}\boldsymbol{x}=0$，则 $\boldsymbol{A}=\boldsymbol{0}$.

3. 用正交变换把下列二次型化为标准形，并写出所作的正交变换：

(1) $2x_1^2+5x_2^2+5x_3^2+4x_1x_2-4x_1x_3-8x_2x_3$.

(2) $3x_1^2+3x_2^2+6x_3^2+8x_1x_2-4x_1x_3+4x_2x_3$.

(3) $x_1x_2+x_2x_3+x_3x_4+x_4x_1$.

4. 用可逆线性变换把第 1 题中的二次型化为标准形，并写出所作的线性变换，这个二次型秩、正、负惯性指数及符号差.

5.4 正定二次型

在二次型中，正定二次型有着特殊的地位. 这一节介绍正定二次型的定义及判别条件.

定义 5.8 二次型 $f(x_1,x_2,\cdots,x_n)$ 如果对于任意一组不全为零的实数 $c_1,c_2,\cdots,c_n$，都有 $f(c_1,c_2,\cdots,c_n)>0$，就称为**正定的**.

下面讨论二次型是否正定的判别方法. 首先，如果 $f(x_1,x_2,\cdots,x_n)$ 是平方和

$$f(x_1,x_2,\cdots,x_n)=a_1x_1^2+a_2x_2^2+\cdots+a_nx_n^2.$$

那么，很容易看出：$f(x_1,x_2,\cdots,x_n)$ 是正定的必要充分条件是 $a_i>0(i=1,2,\cdots,n)$. 我们知道，一般地，任一个二次型 $f(x_1,x_2,\cdots,x_n)$ 都可以经过正交变换化为平方和的形式

$$f(x_1,x_2,\cdots,x_n)=\lambda_1y_1^2+\lambda_2y_2^2+\cdots+\lambda_ny_n^2.$$

能不能利用$\lambda_i(i=1,2,\cdots,n)$的正负来判断$f(x_1,x_2,\cdots,x_n)$是否正定呢？答案是肯定的. 对此，有下述定理：

定理 5.11 n元二次型$f(x_1,x_2,\cdots,x_n)=\boldsymbol{x}^{\mathrm{T}}\boldsymbol{A}\boldsymbol{x}$是正定的充分必要条件是$\boldsymbol{A}$的特征值全大于零.

证明 设$f(x_1,x_2,\cdots,x_n)$经正交变换

$$\boldsymbol{x}=\boldsymbol{T}\boldsymbol{y} \tag{5.16}$$

化为

$$f(x_1,x_2,\cdots,x_n)=\lambda_1 y_1^2+\lambda_2 y_2^2+\cdots+\lambda_n y_n^2. \tag{5.17}$$

其中$\lambda_1,\lambda_2,\cdots,\lambda_n$是$\boldsymbol{A}$的全部特征值.

如果$\lambda_i(i=1,2,\cdots,n)$全大于零，那么对任意$n$个不全为零的实数$c_1$, $c_2,\cdots,c_n$. 由于正交变换(5.16)是可逆的，所以可找到$y_i(i=1,2,\cdots,n)$的一组值

$$y_i=k_i\quad(i=1,2,\cdots,n),$$

使

$$\begin{pmatrix}c_1\\c_2\\\vdots\\c_n\end{pmatrix}=\boldsymbol{C}\begin{pmatrix}k_1\\k_2\\\vdots\\k_n\end{pmatrix}.$$

显然$k_i(i=1,2,\cdots,n)$不全为零.

将$x_i=c_i(i=1,2,\cdots,n)$代入式(5.17)左边；将$y_i=k_i(i=1,2,\cdots,n)$代入式(5.17)右边，得到的值应该相等，因此

$$f(c_1,c_2,\cdots,c_n)=b_1k_1^2+b_2k_2^2+\cdots+b_nk_n^2>0,$$

所以$f(x_1,x_2,\cdots,x_n)$是正定的.

如果$\lambda_i(i=1,2,\cdots,n)$中有一个不大于零，设为$\lambda_l\leqslant 0\ (1\leqslant l\leqslant n)$. 令

$$y_i=0,\quad 1\leqslant i\leqslant n,\quad i\neq l,\quad y_l=1,$$

代入(5.16)，得x_i的一组值

$$x_i=c_i\quad(i=1,2,\cdots,n).$$

因为线性变换(5.16)是可逆的，所以$c_i(i=1,2,\cdots,n)$不全为零，将x_i及y_i相应的值代入式(5.17)两边，得

$$f(c_1,c_2,\cdots,c_n)\leqslant 0.$$

所以$f(x_1,x_2,\cdots,x_n)$不是正定的.

推论 5.5 n元二次型$f(x_1,x_2,\cdots,x_n)$是正定的充分必要条件是$f(x_1,x_2,\cdots,x_n)$的正惯性指数$=n$.

正定二次型的矩阵称为**正定矩阵**.

定义 5.9 $\boldsymbol{A}$ 是一个实对称矩阵，如果实二次型

$$\boldsymbol{x}^{\mathrm{T}}\boldsymbol{A}\boldsymbol{x}$$

是正定的，则 $\boldsymbol{A}$ 称为**正定矩阵**.

定理 5.11 说明. 实对称矩阵 $\boldsymbol{A}$ 是正定矩阵的充分必要条件是 $\boldsymbol{A}$ 的特征值全大于零.

我们给出一个应用行列式来判断二次型是否正定的一个判别方法.

定义 5.10 设 $\boldsymbol{A}=\begin{pmatrix} a_{11} & a_{12} & \cdots & a_{1n} \\ a_{21} & a_{22} & \cdots & a_{2n} \\ \vdots & \vdots & & \vdots \\ a_{n1} & a_{n2} & \cdots & a_{nn} \end{pmatrix}$ 是一个 n 阶矩阵. 行标和列标相同的子式

$$\begin{vmatrix} a_{i_1 i_1} & a_{i_1 i_2} & \cdots & a_{i_1 i_k} \\ a_{i_2 i_1} & a_{i_2 i_2} & \cdots & a_{i_2 i_k} \\ \vdots & \vdots & & \vdots \\ a_{i_k i_1} & a_{i_k i_2} & \cdots & a_{i_k i_k} \end{vmatrix} \quad (1 \leqslant i_1 < i_2 < \cdots < i_k \leqslant n)$$

称为 $\boldsymbol{A}$ 的**主子式**；其中，主子式

$$\begin{vmatrix} a_{11} & a_{12} & \cdots & a_{1i} \\ a_{21} & a_{22} & \cdots & a_{2i} \\ \vdots & \vdots & & \vdots \\ a_{i1} & a_{i2} & \cdots & a_{ii} \end{vmatrix} \quad (i = 1,2,\cdots,n)$$

称为 $\boldsymbol{A}$ 的**顺序主子式**.

例如，设 $\boldsymbol{A}=\begin{pmatrix} 1 & -1 & 2 & 3 \\ -1 & 0 & -1 & 1 \\ 2 & -1 & 2 & 0 \\ 3 & 1 & 0 & -1 \end{pmatrix}$，那么

$$1,\quad 2,\quad \begin{vmatrix} 1 & -1 \\ -1 & 0 \end{vmatrix},\quad \begin{vmatrix} 1 & 2 \\ 2 & 2 \end{vmatrix},\quad \begin{vmatrix} 0 & 1 \\ 1 & -1 \end{vmatrix},$$

$$\begin{vmatrix} 1 & -1 & 3 \\ -1 & 0 & 1 \\ 3 & 1 & -1 \end{vmatrix},\quad \begin{vmatrix} 0 & -1 & 1 \\ -1 & 2 & 0 \\ 1 & 0 & -1 \end{vmatrix}$$

都是 $\boldsymbol{A}$ 的主子式；而 $\boldsymbol{A}$ 的顺序主子式共有 4 个，即

$$1,\quad \begin{vmatrix} 1 & -1 \\ -1 & 0 \end{vmatrix},\quad \begin{vmatrix} 1 & -1 & 2 \\ -1 & 0 & -1 \\ 2 & -1 & 2 \end{vmatrix},\quad \begin{vmatrix} 1 & -1 & 2 & 3 \\ -1 & 0 & -1 & 1 \\ 2 & -1 & 2 & 0 \\ 3 & 1 & 0 & -1 \end{vmatrix}.$$

定理 5.12 实二次型

$$f(x_1,x_2,\cdots,x_n)=\boldsymbol{x}^{\mathrm{T}}\boldsymbol{A}\boldsymbol{x}=\sum_{i=1}^{n}\sum_{j=1}^{n}a_{ij}x_ix_j$$

是正定的充分必要条件是矩阵 $\boldsymbol{A}$ 的顺序主子式全大于零.

这个定理当然也给出了一个实对称矩阵是正定矩阵的充分必要条件. 定理的证明从略.

例 5.12 判别二次型

$$f(x_1,x_2,x_3)=3x_1^2+4x_2^2+5x_3^2+4x_1x_2-4x_2x_3$$

是否正定.

解 $f(x_1,x_2,x_3)$的矩阵为

$$\boldsymbol{A}=\begin{pmatrix} 3 & 2 & 0 \\ 2 & 4 & -2 \\ 0 & -2 & 5 \end{pmatrix}.$$

$\boldsymbol{A}$ 的顺序主子式

$$3>0,\quad \begin{vmatrix} 3 & 2 \\ 2 & 4 \end{vmatrix}=8>0,\quad \begin{vmatrix} 3 & 2 & 0 \\ 2 & 4 & -2 \\ 0 & -2 & 5 \end{vmatrix}=28>0.$$

根据定理 5.12 知, $f(x_1,x_2,x_3)$是正定的.

例 5.13 判断矩阵

$$\boldsymbol{A}=\begin{pmatrix} 1 & 1 & 0 \\ 1 & 2 & 2 \\ 0 & 2 & 1 \end{pmatrix}$$

是否正定.

解 $\boldsymbol{A}$ 的顺序主子式依次为

$$1>0,$$

$$\begin{vmatrix} 1 & 1 \\ 1 & 2 \end{vmatrix}=1>0,$$

$$\begin{vmatrix} 1 & 1 & 0 \\ 1 & 2 & 2 \\ 0 & 2 & 1 \end{vmatrix}=-3<0,$$

所以根据定理 5.12,$\boldsymbol{A}$ 不是正定矩阵.

与实二次型的正定性相仿的,有下述一些概念:

定义 5.11 设 $f(x_1,x_2,\cdots,x_n)$是一个实二次型,如果对于任意一组不全为零的实数 $c_1,c_2,\cdots,c_n$,都有 $f(c_1,c_2,\cdots,c_n)<0$,就称 $f(x_1,x_2,\cdots,x_n)$是**负定**的;如果对任意一组实数 $c_1,c_2,\cdots,c_n$,都有 $f(c_1,c_2,\cdots,c_n)\geqslant 0$,就称 $f(x_1,x_2,\cdots,x_n)$是**半正定**的;如果对任意一组实数 $c_1,c_2,\cdots,c_n$,都有 $f(c_1,c_2,\cdots,c_n)\leqslant 0$,就称 $f(x_1,x_2,\cdots,x_n)$是**半负定**的;如果$f(x_1,x_2,\cdots,x_n)$既不是半正定的,又不是半负定的,就称它是**不定的**.

设 $\boldsymbol{A}$ 是实对称矩阵,如果二次型 $\boldsymbol{x}^{\mathrm{T}}\boldsymbol{A}\boldsymbol{x}$ 是负定的,就称 $\boldsymbol{A}$ 是负定的;如果 $\boldsymbol{x}^{\mathrm{T}}\boldsymbol{A}\boldsymbol{x}$ 是半正定的或半负定的,就称 $\boldsymbol{A}$ 是半正定的或半负定的.

可以应用矩阵 $\boldsymbol{A}$ 的特征值来判断二次型 $\boldsymbol{x}^{\mathrm{T}}\boldsymbol{A}\boldsymbol{x}$ 或 $\boldsymbol{A}$ 属于那一种类型. 这里只对负定二次型加以说明.

显然,如果 $f(x_1,x_2,\cdots,x_n)$是负定的,那么$-f(x_1,x_2,\cdots,x_n)$就是正定的. 因此可推得负定的二次型的判别条件如下:

从定理 5.11 可推知,实二次型是负定的,当且仅当它的系数矩阵的特征值全小于零.

从定理 5.12 可以推出用行列式判别一个二次型是不是负定的方法. 设 $D_i\,(i=1,2,\cdots,n)$表示实二次型 $f(x_1,x_2,\cdots,x_n)$的顺序主子式. 那么 $f(x_1,x_2,\cdots,x_n)$是负定的充分必要条件是它的顺序主子式满足

$$(-1)^iD_i>0\quad(i=1,2,\cdots,n).$$

从定理 5.11 的推论 5.3 可知 $f(x_1,x_2,\cdots,x_n)$是负定的充分必要条件是它的负惯性指数等于 n. 一般地,可以应用二次型的特征值或正、负惯性指数来判断这个二次型是哪一类二次型.

习题 5.4

1. 判别下列二次型是否正定:

(1) $f(x_1,x_2,x_3)=5x_1^2+6x_2^2+4x_3^2-4x_1x_2-4x_2x_3$;

(2) $f(x_1,x_2,x_3)=99x_1^2-12x_1x_2+48x_1x_3+130x_2^2-60x_2x_3+71x_3^2$;

(3) $f(x_1,x_2,x_3)=10x_1^2+8x_1x_2+24x_1x_3+2x_2^2-28x_2x_3+x_3^2$;

(4) $f(x_1x_2,x_3,x_4)=x_1^2+x_2^2+4x_3^2+7x_4^2+6x_1x_3+4x_1x_4-4x_2x_3+2x_2x_4+4x_3x_4$.

2. t 满足什么条件时，下列二次型是正定的：

(1) $f(x_1,x_2,x_3)=x_1^2+x_2^2+5x_3^2+2tx_1x_2-2x_1x_3+4x_2x_3$；

(2) $f(x_1,x_2,x_3)=x_1^2+4x_2^2+x_3^2+2tx_1x_2+10x_1x_3+6x_2x_3$.

3. 试证：如果 $\boldsymbol{A}$ 是正定矩阵，那么 $\boldsymbol{A}^{-1}$ 也是正定矩阵.

4. 试证：如果 $\boldsymbol{A},\boldsymbol{B}$ 都是 n 阶正定矩阵，那么 $\boldsymbol{A}+\boldsymbol{B}$ 也是正定矩阵.

5. 试证：实二次型 $f(x_1,x_2,\cdots,x_n)=\boldsymbol{x}^{\mathrm{T}}\boldsymbol{A}\boldsymbol{x}$ 是半正定的充分必要条件是 $\boldsymbol{A}$ 的特征值全大于或等于零.

总习题 5

1. 求下列矩阵的全部特征值与特征向量：

(1) $\boldsymbol{A}=\begin{pmatrix}1 & -1 & 3\\0 & 1 & 2\\0 & 0 & 2\end{pmatrix}$；　　(2) $\boldsymbol{A}=\begin{pmatrix}6 & 2 & 4\\2 & 3 & 2\\4 & 2 & 6\end{pmatrix}$；

(3) $\boldsymbol{A}=\begin{pmatrix}1 & 2 & 3\\2 & 1 & 3\\3 & 3 & 6\end{pmatrix}$；　　(4) $\boldsymbol{A}=\begin{pmatrix}-1 & 1 & 0\\-4 & 3 & 0\\1 & 0 & 2\end{pmatrix}$.

2. 找出第 1 题中可对角化的矩阵 $\boldsymbol{A}$，并求可逆矩阵 $\boldsymbol{X}$ 使 $\boldsymbol{X}^{-1}\boldsymbol{A}\boldsymbol{X}$ 为对角矩阵.

3. $\boldsymbol{A}$ 是一个三阶方阵. 已知它的特征值为 $\lambda_1=1,\lambda_2=-1,\lambda_3=0$.

$$\boldsymbol{\alpha}_1=\begin{pmatrix}1\\2\\1\end{pmatrix},\quad \boldsymbol{\alpha}_2=\begin{pmatrix}0\\-2\\1\end{pmatrix},\quad \boldsymbol{\alpha}_3=\begin{pmatrix}1\\1\\2\end{pmatrix}$$

依次为 $\boldsymbol{A}$ 的属于特征值 $\lambda_1,\lambda_2,\lambda_3$ 的特征向量，求 $\boldsymbol{A}$.

4. 求正交矩阵 $\boldsymbol{T}$ 使 $\boldsymbol{T}^{-1}\boldsymbol{A}\boldsymbol{T}$ 为对角矩阵：

(1) $\boldsymbol{A}=\begin{pmatrix}2 & 2 & -2\\2 & 5 & -4\\-2 & -4 & 5\end{pmatrix}$；

(2) $\boldsymbol{A}=\begin{pmatrix}0 & -2 & 2\\-2 & -3 & 4\\2 & 4 & -3\end{pmatrix}$；

(3) $\boldsymbol{A}=\begin{pmatrix}1 & 3 & -3 & 3\\ 3 & 1 & 3 & -3\\ -3 & 3 & 1 & 3\\ 3 & -3 & 3 & 1\end{pmatrix}$;

5. 试证：矩阵 $\boldsymbol{A}$ 可逆的充分必要条件是它的特征值都不等于零.

6. 如果任一个 n 维非零向量都是 n 阶矩阵 $\boldsymbol{A}$ 的特征向量，则 $\boldsymbol{A}$ 是一个数量矩阵.

7. 设 $\boldsymbol{A},\boldsymbol{B}$ 都是实对称矩阵，试证：存在正交矩阵 $\boldsymbol{T}$，使 $\boldsymbol{T}^{-1}\boldsymbol{A}\boldsymbol{T}=\boldsymbol{B}$ 的充分必要条件是 $\boldsymbol{A}$ 与 $\boldsymbol{B}$ 的特征多项式相等.

8. 用正交变换把下列实二次型化为标准形，写出所作的正交变换和该二次型的正负惯性指数及符号差.

(1) $f(x_1,x_2,x_3)=x_1^2-2x_2^2-2x_3^2-4x_1x_2+4x_1x_3+8x_2x_3$;

(2) $f(x_1,x_2,x_3)=2x_1x_2+2x_3x_4$;

(3) $f(x_1,x_2,x_3,x_4)=x_1^2+x_2^2+x_3^2+x_4^2-2x_1x_2+6x_1x_3-4x_1x_4$
$-4x_2x_3+6x_2x_4-2x_3x_4$.

9. 判断下列实二次型是否正定：

(1) $f(x_1,x_2,x_3)=5x_1^2+x_2^2+5x_3^2+4x_1x_2-8x_1x_3-4x_2x_3$;

(2) $f(x_1,x_2,x_3)=x_1^2+2x_2^2-3x_3^2+4x_1x_2+2x_2x_3$.

10. 求 t，使下列实二次型是正定二次型：

(1) $f(x_1,x_2,x_3)=x_1^2+4x_2^2+2x_3^2+2tx_1x_2+2x_1x_3$;

(2) $f(x_1,x_2,x_3)=x_1^2+2x_2^2+3x_3^2-2tx_1x_2+2x_2x_3$.

习题答案

习题 1.1

1. (1) 有唯一解，解为(1,0,2)；

(2) 有无穷多解，解为$(1+k,k,k)$，k 为任意数；

(3) 无解.

2. (1) 有唯一解，解为$\left(\frac{b_1a_{22}-b_2a_{12}}{a_{11}a_{22}-a_{12}a_{21}},\frac{a_{11}b_2-a_{21}b_1}{a_{11}a_{22}-a_{12}a_{21}}\right)$；

(2) 有唯一解，解为(4,−1).

习题 1.2

1. (1) 唯一解，解为(1,1,−1).

(2) 无穷多解，一般解为

$$\begin{cases}x_1=2x_2-x_3,\\ x_4=2,\end{cases}$$ 其中 x_2,x_3 为自由未知量.

解集合为$\{(2k-l,k,l,2)\mid k,l$ 为任意数$\}$.

(3) 无解.

2. $k=5$；一般解为$\begin{cases}x_1=-\frac{4}{5}-\frac{1}{5}x_3-\frac{6}{5}x_4,\\ x_2=-\frac{3}{5}+\frac{3}{5}x_3-\frac{7}{5}x_4,\end{cases}$

其中 x_3,x_4 为自由未知量.

解集合为$\left\{\left(-\frac{4}{5}-\frac{1}{5}k-\frac{6}{5}l,-\frac{3}{5}+\frac{3}{5}x_3-\frac{7}{5}x_4,k,l\right)\middle| k,l\right.$

$\left.\text{为任意数}\right\}$.

习题 1.3

1. (1) 3；　(2) 2；　(3) 3.

2. 当 $a=1$ 时，$\mathrm{r}(\boldsymbol{A})=1$；当 $a=-2$ 时，$\mathrm{r}(\boldsymbol{A})=2$；当 $a\neq1$ 或 -2 时，$\mathrm{r}(\boldsymbol{A})=3$.

3. (1) 无穷多解. 一般解为

$$\begin{cases}x_1 = 1-x_4,\\ x_2=\dfrac{2}{3}x_4,\\ x_3=1-\dfrac{1}{3}x_4,\end{cases}$$ 其中 x_4 为自由未知量.

解集合为

$$\left\{\left(1-k,\ \frac{2}{3}k,\ 1-\frac{1}{3}k,\ k\right)\middle| k\ 为任意数\right\}.$$

(2) 唯一解. 解为 $\left(-8,\dfrac{1}{2},1,-\dfrac{7}{2}\right)$.

(3) 无穷多解. 一般解为

$$\begin{cases}x_1=\dfrac{13}{6}-x_3-\dfrac{7}{6}x_5,\\ x_2=\dfrac{5}{6}+x_3+\dfrac{5}{6}x_5,\\ x_4=\dfrac{1}{3}+\dfrac{1}{3}x_3,\end{cases}$$ 其中 x_3,x_5 为自由未知量.

解集合为 $\left\{\left(\dfrac{13}{6}-k-\dfrac{7}{6}l,\ \dfrac{5}{6}+k+\dfrac{5}{6}l,k,\dfrac{1}{3}+\dfrac{1}{3}l,l\right)\middle| k,l\ 为任意数\right\}$.

4. ①当 $a=1$ 时，无解. ②当 $a=-2$ 时，有无穷多解，一般解为

$$\begin{cases}x_1=x_3,\\ x_2=1+x_3,\end{cases}$$ 其中 x_3 为自由未知量.

解集合为 $\{(k,1+k,k)\mid k\ 为任意数\}$. ③当 $a\neq1,-2$ 时，有唯一解，解为 $\left(\dfrac{1}{a-1},\dfrac{-2}{a-1},\dfrac{1}{a-1}\right)$.

习题 1.4

1. (1) 一般解为

$$\begin{cases}x_1=x_3+x_4+x_5,\\ x_2=-2x_3-2x_4-\dfrac{5}{2}x_5,\end{cases}$$ 其中 x_3,x_4,x_5 为自由未知量.

解集合为$\left\{\left(k_1+k_2+k_3,-2k_1-2k_2-\frac{5}{2}k_3,k_1,k_2,k_3\right)\middle|k_1,k_2,k_3\text{ 为任意数}\right\}$.

(2) 只有零解.

2. 解. ①当 $a=1$ 时,解集合为$\{(-k-l,k,l)\mid k,l\text{ 为任意数}\}$

② 当 $a=-2$ 时,解集合为$\{(k,k,k)\mid k\text{ 为任意数}\}$

③ 当 $a\neq1$,或-2 时,只有零解.

总习题 1

1. (1) 有唯一解$(1,2,-1)$.　　(2) 无解.

(3) 无穷多解,一般解为$\begin{cases}x_1=-16+x_4+5x_5,\\x_2=23-2x_4-6x_5,\\x_3=0,\end{cases}$

其中 x_4,x_5 为自由未知量.解集合为$\{(-16+k+5l,23-2k-6l,0,k,l)\mid k,l\text{ 为任意数}\}$.

(4) 有唯一解$\left(-8\frac{2}{3},-3\frac{2}{3},1\frac{2}{3},-6,-1\frac{1}{3}\right)$.

2. (1) 只有零解.

(2) 一般解为$\begin{cases}x_1=-x_3+\frac{7}{6}x_5,\\x_2=x_3+\frac{5}{6}x_5,\\x_4=\frac{1}{3}x_5,\end{cases}$　其中 x_3,x_5 为自由未知量.

解集合为$\left\{\left(-k+\frac{7}{6}l,k+\frac{5}{6}l,k,\frac{1}{3}l,l\right)\middle|k,l\text{ 为任意数}\right\}$.

(3) 一般解为$\begin{cases}x_1=-\frac{1}{2}x_4,\\x_2=-\frac{1}{2}x_4,\\x_3=\frac{1}{2}x_4,\\x_5=0,\end{cases}$

其中 x_4 为自由未知量.

解集合为$\left\{\left(-\frac{1}{2}k,-\frac{1}{2}k,\frac{1}{2}k,k,0\right)\middle|k\text{ 为任意数}\right\}$.

3. $a=0,b=-4$. 一般解为$\begin{cases}x_1=-2+x_3+x_4-x_5, \\ x_2=\dfrac{3}{2}-x_3-x_4,\end{cases}$

其中 x_3,x_4,x_5 为自由未知量.

解集合为$\left\{\left(-2+k_1+k_2-k_3,\dfrac{3}{2}-k_1-k_2,k_1,k_2,k_3\right)\middle| k_1,k_2,k_3\text{ 为任意数}\right\}$.

4. 当 $a=1$ 时，无解. 当 $a=2$ 时，有无穷多解. 一般解为$\begin{cases}x_1=3-3x_3, \\ x_2=-1+x_3,\end{cases}$ x_3 为自由未知量. 解集合为$\{(3-3k,-1+k,k)\mid k$ 为任意数$\}$. 当 $a\neq1,2$ 时，有唯一解$\left(\dfrac{a^2+2a-2}{a-1},\dfrac{-a}{a-1},-1\right)$

5. 一般解$\begin{cases}x_1=a_1+a_2+a_3+a_4+x_5 \\ x_2=a_2+a_3+a_4+x_5 \\ x_3=a_3+a_4+x_5 \\ x_4=a_4+x_5\end{cases}$

x_5 为自由未知量.

解集合为：$\{(a_1+a_2+a_3+a_4+k,a_2+a_3+a_4+k,a_3+a_4+k,a_4+k,k)\mid k$ 为任意数.$\}$

6. ～8. 略.

习题 2.1

1. (1) $-3\boldsymbol{\alpha}=(-3,-6,-9,-3)$，$\boldsymbol{\alpha}-\boldsymbol{\beta}=(-1,2,0,-2)$，$3\boldsymbol{\alpha}+2\boldsymbol{\beta}=(7,6,15,-1)$；

(2) $\left(-\dfrac{1}{2},-3,-3,2\right)$.

2. $\boldsymbol{\alpha}=\left(\dfrac{3}{2},\dfrac{5}{2},4,-\dfrac{1}{2},0\right)$， $\boldsymbol{\beta}=\left(-\dfrac{1}{2},-\dfrac{1}{2},-1,-\dfrac{1}{2},-2\right)$.

3. $(a_1,a_2,\cdots,a_n)$.

4. 略.

习题 2.2

1. (1) $\boldsymbol{\beta}=\dfrac{5}{2}\boldsymbol{\alpha}_1-\boldsymbol{\alpha}_2-\dfrac{1}{2}\boldsymbol{\alpha}_3$，表法唯一；

(2) $\boldsymbol{\beta}$ 不能由 $\boldsymbol{\alpha}_1,\boldsymbol{\alpha}_2,\boldsymbol{\alpha}_3,\boldsymbol{\alpha}_4$ 线性表出；

(3) $\boldsymbol{\beta}=\boldsymbol{\alpha}_1+\boldsymbol{\alpha}_2-2\boldsymbol{\alpha}_3$，表法不唯一.

2. (1) 线性无关； (2) 线性无关； (3) 线性相关.

3. 略.
4. 略.

习题 2.3

1. (1) 秩$=2$；$\boldsymbol{\alpha}_1,\boldsymbol{\alpha}_2$ 是一个极大无关组(极大无关组不唯一).
   (2) 秩$=4$；$\boldsymbol{\alpha}_1,\boldsymbol{\alpha}_2,\boldsymbol{\alpha}_3,\boldsymbol{\alpha}_4$ 是一个极大线性无关组.
   (3) 秩$=3$；$\boldsymbol{\alpha}_1,\boldsymbol{\alpha}_2,\boldsymbol{\alpha}_4$ 是一个极大线性无关组.
2. 略.
3. 提示：应用上题
4. 当 $a=6$ 时，秩$=2$；当 $a\neq 6$ 时，秩$=3$.

习题 2.4

1. (1) 是；　(2) 不是；　(3) 不是；　(4) 是.
2. (1) 维数$=3$；$(1,0,1,0),(1,0,0,1),(0,1,1,0)$是一组基.
   (2) 不是空间.　(3) 不是空间.
   (4) 维数$=3$；$(1,0,0,-1),(0,1,0,-1),(0,0,1,-1)$是一组基.
3. (1) 维数$=2$；$\boldsymbol{\alpha}_1,\boldsymbol{\alpha}_2$ 是一组基.
   (2) 维数$=3$；$\boldsymbol{\alpha}_1,\boldsymbol{\alpha}_2,\boldsymbol{\alpha}_3$ 是一组基.
   (3) 维数$=2$；$\boldsymbol{\alpha}_1,\boldsymbol{\alpha}_2$ 是一组基.
4. ～5. 略.

习题 2.5

1. (1) -2；　(2) 2.
2. $\left(\frac{1}{2},\frac{1}{2},\frac{1}{2},\frac{1}{2}\right),\left(\frac{\sqrt{3}}{6},\frac{\sqrt{3}}{6},\frac{\sqrt{3}}{6},-\frac{\sqrt{3}}{2}\right),\left(\frac{\sqrt{6}}{6},\frac{\sqrt{6}}{6},-\frac{\sqrt{6}}{3},0\right)$.
3. $\left(\frac{\sqrt{2}}{2},-\frac{\sqrt{2}}{2},0,0\right)$.
4. 略.
5. V 的标准正交基：$\left(\frac{1}{2},\frac{1}{2},\frac{1}{2},\frac{1}{2}\right),\left(\frac{\sqrt{3}}{6},\frac{\sqrt{3}}{6},\frac{\sqrt{3}}{6},-\frac{\sqrt{3}}{2}\right),\left(\frac{\sqrt{6}}{6},\frac{\sqrt{6}}{6},-\frac{\sqrt{6}}{3},0\right)$.

   $\mathbb{R}^4$ 的标准正交基：$\left(\frac{1}{2},\frac{1}{2},\frac{1}{2},\frac{1}{2}\right),\left(\frac{\sqrt{3}}{6},\frac{\sqrt{3}}{6},\frac{\sqrt{3}}{6},-\frac{\sqrt{3}}{2}\right),\left(\frac{\sqrt{6}}{6},\frac{\sqrt{6}}{6},-\frac{\sqrt{6}}{3},0\right)$,

   $\left(\frac{\sqrt{2}}{2},-\frac{\sqrt{2}}{2},0,0\right)$.

习题 2.6

1. (1) $L(-1,1,0,1)$;

   (2) $L((1,-1,1,1,0),(1,0,1,0,1))$;

   (3) $\{0\}$.

2. (1) $(-1,1,0,0)+k_1(1,-2,1,0)+k_2(1,-2,0,1)$; k_1,k_2 为任意数

   (2) $\left(-\frac{1}{2},\frac{3}{2},0,\frac{3}{2}\right)+k(0,1,1,0)$; k 为任意数

   (3) $(1,0,0,-1)+k(0,1,1,0)$. k 为任意数

3. ~4. 略.

总习题 2

1. ~2. 略.

3. 当 $a=1$ 时,秩$=1$; 当 $a=-2$ 时,秩$=2$; 当 $a\neq1,-2$ 时,秩$=3$.

4. 当 $a\neq1,-2$ 时,只有零解; 当 $a=1$ 时,基础解系: $(1,-1,0),(1,0,-1)$.

   当 $a=-2$ 时,基础解系: $(1,1,1)$.

5. 当 $a=1$ 时,解为 $(1,0,0)+k_1(1,-1,0)+k_2(1,0,-1)$. k_1,k_2 任意

   当 $a=-2$,无解.

   当 $a\neq1,-2$,有唯一解 $\left(-\frac{-a-1}{a+2},\frac{1}{a+2},\frac{(a+1)^2}{a+2}\right)$.

6. 提示: 用反证法.

7. 提示: (1)证明 $\boldsymbol{\alpha}_1,\boldsymbol{\alpha}_2$ 与 $\boldsymbol{\beta}_1,\boldsymbol{\beta}_2,\boldsymbol{\beta}_3$ 等价.

8. $\left(\frac{1}{2},\frac{1}{2},\frac{1}{2},\frac{1}{2}\right),\left(-\frac{\sqrt{35}}{70},\frac{3\sqrt{35}}{70},\frac{\sqrt{35}}{10},-\frac{9\sqrt{35}}{70}\right)$.

9. (2) 维数$=2$. 标准正交基 $\boldsymbol{\gamma}_1=\left(\frac{\sqrt{6}}{3},-\frac{\sqrt{6}}{6},\frac{\sqrt{6}}{6},0\right)$, $\boldsymbol{\gamma}_2=\left(0,-\frac{\sqrt{6}}{6},-\frac{\sqrt{6}}{6},\frac{\sqrt{6}}{3}\right)$,

   $W=L(\boldsymbol{\gamma}_1,\boldsymbol{\gamma}_2)$.

10. $a=-2$. 全部解为 $\left\{\left(\frac{3}{2},\frac{3}{4},-2,0,0\right)+k_1(-3,0,2,1,0)+k_2(-3,0,1,0,1)\,\middle|\,k_1,k_2 \text{ 为任意数}\right\}$.

11. (1) $L((-3,0,2,1,0),(-3,0,1,0,1))$;

    (2) $L((1,2,1,1,2),(1,2,2,-1,1),(1,-2,-1,5,4))$.

12. 略.

习题 3.1

1. (1) -2;　(2) $-a^2-b^2-ab$;　(3) -18;　(4) $3abc-a^3-b^3-c^3$.

2. (1) $\left(\frac{2}{5},-\frac{7}{5}\right)$;　(2) $(1,2,-1)$;　(3) $\left(1,\frac{1}{2},\frac{1}{2}\right)$;　(4) $(2,1,3)$.

习题 3.2

1. (1) 12,偶;(2) 7,奇;(3) 10,偶.
2. 35124,奇;35142,偶;35214,偶;35241,奇;35412,奇;35421,偶.
3. 略.
4. (1) $i=9,j=3$;　(2) $i=8,j=4$.

习题 3.3

1. (1) 负号;(2) 正号;(3) 负号.
2. $a_{13}a_{32}a_{21}a_{44}a_{55}$(正号),$a_{13}a_{32}a_{21}a_{45}a_{54}$(负号),
   $a_{13}a_{32}a_{24}a_{41}a_{55}$(负号),$a_{13}a_{32}a_{24}a_{45}a_{51}$(正号),
   $a_{13}a_{32}a_{25}a_{41}a_{54}$(正号),$a_{13}a_{32}a_{25}a_{44}a_{51}$(负号).
3. (1) $i=4,j=5$;　(2) $i=4,j=2$.
4. (1) $-a_1a_2a_3a_4a_5$;　(2) -20;　(3) 120;
   (4) $(-1)^{\frac{(n-1)(n-2)}{2}}n!$.

习题 3.4

(1) $-2(x^3+y^3)$;　(2) 160;　(3) -42;　(4) 900;
(5) $[a+(n-1)b](a-b)^{n-1}$.

习题 3.5

1. (1) $12,6,-21,-2$;　(2) -18.
2. (1) 900;　(2) 483;　(3) 72;　(4) 12;　(5) -72.
3. $-2\cdot(n-2)!$.　　4. $1+(-1)^{n+1}$.

习题 3.6

1. (1) 3;　(2) 3;　(3) 3.
2. 提示:考虑系数矩阵与增广矩阵的秩,证明其不相等.
3. $a\neq 1,-3$.

习题 3.7

1. (1) $\left(-\frac{4}{3},\frac{5}{3},-\frac{1}{3}\right)$;　　(2) $\left(\frac{1}{2},1,\frac{3}{2},-2\right)$.

2. 略.

3. $2x^3+x^2-x+1$.

总习题 3

1. (1) 24;　　(2) $7\frac{1}{3}$;　　(3) 5.

2. (1) $1+ab+ad+cd+abcd$;　　(2) $=0$.

3. $a^n+(-1)^{n+1}b^n$.

4. $\frac{1}{4}(n+2)!$.

5. (1) $(1,-2,3,-1)$;　　(2) $(1,-2,3,-1)$.

6. 略.

7. ① 当 $a\neq1,2,-3$ 时,有唯一解 $\left(-\frac{2(a^2-2)}{(a-2)(a+3)},-\frac{a+1}{a+3},\frac{(a+1)(a^2-2)}{(a-2)(a+3)}\right)$;

   ② 当 $a=1$ 时,解集合为 $\{(1,0,0)+k(-3,1,1)\mid k$ 为任意数$\}$;

   ③ 当 $a=2,-3$ 时,无解.

8. 提示:应用行列式按一行展开公式.

9. ① 当 $a\neq\pm1$ 时,有唯一解:$x_1=\frac{4a+1}{(a-1)(a+1)}$, $x_2=\frac{a(2a-7)}{(a-1)(a+1)}$,

   $x_3=-\frac{3a}{a+1}$.

   ② 当 $a=1$ 时,有无穷多解,解集合为 $\{(1,0,-1)+k(-1,1,0)\mid k$ 任意$\}$.

   ③ 当 $a=-1$ 时,无解.

10. $\lambda=1$ 或 3. 当 $\lambda=1$ 时,基础解系 $\alpha=(2,0,-1)$,解空间 $L(\alpha)$;

    当 $\lambda=3$ 时,基础解系 $\beta=(1,-1,2)$,解空间 $L(\beta)$.

习题 4.1

1. (1) $\begin{pmatrix}5&0&2\\6&-1&3\\-4&3&0\end{pmatrix}$;　　(2) $\begin{pmatrix}4&1&0&7\\3&0&-2&6\\3&-2&3&2\end{pmatrix}$.

2. $\boldsymbol{X}=\begin{pmatrix}3 & 4 & 2\\ 0 & -6 & 3\\ 0 & -2 & 2\end{pmatrix}$.

3. (1) $\begin{pmatrix}3 & 3\\ 7 & 5\end{pmatrix}$;　　(2) $\begin{pmatrix}-1 & 6 & 2\\ -1 & 2 & 3\\ -2 & 2 & -1\end{pmatrix}$;

(3) $\begin{pmatrix}a^2+b^2+c^2 & ac+ab+bc & a+b+c\\ ac+ab+bc & a^2+b^2+c^2 & a+b+c\\ a+b+c & a+b+c & 3\end{pmatrix}$.

4. $\begin{pmatrix}0 & 5 & 1\\ 7 & -4 & -3\\ -4 & 10 & 8\end{pmatrix}$.

5. $\boldsymbol{AB}=\begin{pmatrix}12 & -2 & 2\\ 0 & -4 & 1\\ 8 & -8 & 3\end{pmatrix}$,　$(\boldsymbol{AB})\boldsymbol{C}=\begin{pmatrix}14 & 10 & 42\\ -17 & -4 & 9\\ -19 & 0 & 43\end{pmatrix}$,

$\boldsymbol{BC}=\begin{pmatrix}-9 & -1 & 13\\ 8 & 3 & 4\end{pmatrix}$,　$\boldsymbol{A}(\boldsymbol{BC})=\begin{pmatrix}14 & 10 & 42\\ -17 & -4 & 9\\ -19 & 0 & 43\end{pmatrix}$.

6. (1) $\begin{pmatrix}7 & 4 & 4\\ 9 & 4 & 3\\ 3 & 3 & 4\end{pmatrix}$;　　(2) $\begin{pmatrix}41 & -38\\ -38 & 41\end{pmatrix}$;

(3) $4k\boldsymbol{E}$,当 $n=2k$; $4k\begin{pmatrix}1 & -1 & -1 & -1\\ -1 & 1 & -1 & -1\\ -1 & -1 & 1 & -1\\ -1 & -1 & -1 & 1\end{pmatrix}$,当 $n=2k+1$.

7. $\boldsymbol{A}^{\mathrm{T}}=\begin{pmatrix}1 & 2 & -1\\ 2 & 3 & 0\\ -1 & 2 & 2\end{pmatrix}$,　$\boldsymbol{B}^{\mathrm{T}}=\begin{pmatrix}0 & 2 & -1\\ 1 & -1 & -1\\ -2 & 0 & 3\end{pmatrix}$,

$\boldsymbol{A}+\boldsymbol{B}=\begin{pmatrix}1 & 3 & -3\\ 4 & 2 & 2\\ -2 & -1 & 5\end{pmatrix}$,　$\boldsymbol{A}^{\mathrm{T}}+\boldsymbol{B}^{\mathrm{T}}=\begin{pmatrix}1 & 4 & -2\\ 3 & 2 & -1\\ -3 & 2 & 5\end{pmatrix}$,

$$\boldsymbol{AB}=\begin{pmatrix}5&0&-5\\4&-3&2\\-2&-3&8\end{pmatrix},\quad \boldsymbol{BA}=\begin{pmatrix}4&3&-2\\0&1&-4\\-6&-5&5\end{pmatrix},$$

$$\boldsymbol{A}^{\mathrm{T}}\boldsymbol{B}^{\mathrm{T}}=\begin{pmatrix}4&0&-6\\3&1&-5\\-2&-4&5\end{pmatrix},\quad \boldsymbol{B}^{\mathrm{T}}\boldsymbol{A}^{T}=\begin{pmatrix}5&4&-2\\0&-3&-3\\-5&2&8\end{pmatrix},$$

$$\boldsymbol{A}^{3}=\begin{pmatrix}6&8&1\\6&13&8\\-3&-2&5\end{pmatrix},\quad (\boldsymbol{A}^{\mathrm{T}})^{2}=\begin{pmatrix}6&6&-3\\8&13&-2\\1&8&5\end{pmatrix}.$$

8. $(\boldsymbol{ABC})^{\mathrm{T}}=\boldsymbol{C}^{\mathrm{T}}\boldsymbol{B}^{\mathrm{T}}\boldsymbol{A}^{\mathrm{T}}=\begin{pmatrix}50&76\\15&10\end{pmatrix}$.

习题 4.2

1. $\begin{pmatrix}1&-4&12&15&18\\-1&6&18&38&46\\-3&4&15&-22&-28\\0&0&0&13&2\\0&0&0&5&-1\end{pmatrix}$.

2. 提示：对 s 作数学归纳法.

3. 提示：考虑齐次方程组 $\boldsymbol{AX}=\boldsymbol{0}$.

4. 提示：同 3.

习题 4.3

1. (1) $\boldsymbol{A}^{*}=\begin{pmatrix}2&1\\0&3\end{pmatrix}$, $|\boldsymbol{A}|=6$, $\boldsymbol{AA}^{*}=\boldsymbol{A}^{*}\boldsymbol{A}=6\boldsymbol{E}=|\boldsymbol{A}|\boldsymbol{E}$.

(2) $\boldsymbol{A}^{*}=\begin{pmatrix}-35&-51&-1\\-2&-3&0\\-40&-58&-1\end{pmatrix}$, $|\boldsymbol{A}|=1$, $\boldsymbol{AA}^{*}=\boldsymbol{A}^{*}\boldsymbol{A}=|\boldsymbol{A}|\boldsymbol{E}$.

(3) $\boldsymbol{A}^{*}=\begin{pmatrix}14&-6&-1\\3&3&3\\5&0&5\end{pmatrix}$, $|\boldsymbol{A}|=15$, $\boldsymbol{AA}^{*}=\boldsymbol{A}^{*}\boldsymbol{A}=15\boldsymbol{E}=|\boldsymbol{A}|\boldsymbol{E}$

2. (1) $\begin{pmatrix} \dfrac{d}{ad-bc} & \dfrac{-b}{ad-bc} \\ \dfrac{-c}{ad-bc} & \dfrac{a}{ad-bc} \end{pmatrix}$；

(2) $\begin{pmatrix} \dfrac{4}{5} & \dfrac{1}{10} & -\dfrac{11}{10} \\ \dfrac{7}{5} & -\dfrac{1}{5} & -\dfrac{9}{5} \\ -\dfrac{6}{5} & \dfrac{1}{10} & \dfrac{19}{10} \end{pmatrix}$；　(3) $\begin{pmatrix} -\dfrac{17}{27} & -\dfrac{1}{27} & \dfrac{44}{27} \\ \dfrac{10}{27} & -\dfrac{1}{27} & -\dfrac{10}{27} \\ -\dfrac{1}{9} & \dfrac{1}{9} & \dfrac{1}{9} \end{pmatrix}$；

(4) $\dfrac{1}{4}\begin{pmatrix} 1 & 1 & 1 & 1 \\ 1 & 1 & -1 & -1 \\ 1 & -1 & 1 & -1 \\ 1 & -1 & -1 & 1 \end{pmatrix}$；　(5) $\begin{pmatrix} 1 & -2 & 1 & 0 \\ 0 & 1 & -2 & 1 \\ 0 & 0 & 1 & -2 \\ 0 & 0 & 0 & 1 \end{pmatrix}$.

3. (1) $\begin{pmatrix} -17 & -28 \\ -4 & -6 \end{pmatrix}$；　(2) $\begin{pmatrix} 2 & 9 & -5 \\ -2 & -8 & 6 \\ -4 & -14 & 9 \end{pmatrix}$；

(3) $\begin{pmatrix} -13 & -75 & 30 \\ 9 & 52 & -21 \\ 21 & 120 & -47 \end{pmatrix}$.

4. (1) 提示：应用可逆矩阵、逆矩阵的定义；

(2) 提示：应用公式及(1).

答：$\begin{pmatrix} -3 & 2 & 0 & 0 \\ -5 & 3 & 0 & 0 \\ 0 & 0 & -1 & 4 \\ 0 & 0 & 1 & -3 \end{pmatrix}$，$\begin{pmatrix} 0 & 0 & 1 & -1 & 1 \\ 0 & 0 & 0 & 1 & -1 \\ 0 & 0 & 0 & 0 & 1 \\ -3 & 2 & 0 & 0 & 0 \\ 2 & -1 & 0 & 0 & 0 \end{pmatrix}$，

习题 4.4

1. (1) $\begin{pmatrix} 1+5k & -2+5l \\ -3k & 1-3l \\ k & l \end{pmatrix}$，$k$，$l$ 任意；　(2) $\begin{pmatrix} 1 & 5 \\ 0 & -3 \end{pmatrix}$.

2. (1) $\begin{pmatrix} -\frac{1}{7} & \frac{23}{21} & \frac{22}{21} \\ \frac{2}{7} & -\frac{32}{21} & -\frac{37}{21} \\ \frac{1}{7} & -\frac{2}{21} & -\frac{1}{21} \end{pmatrix}$; (2) $\begin{pmatrix} -2 & -7 & -2 & 9 \\ -2 & -6 & -1 & 7 \\ \frac{4}{5} & 3 & \frac{4}{5} & -\frac{18}{5} \\ 1 & 3 & 1 & -4 \end{pmatrix}$;

(3) $\frac{1}{6}\begin{pmatrix} 4 & 2 & 1 & -1 \\ -4 & -10 & 7 & -1 \\ 8 & 2 & -2 & 2 \\ -2 & 4 & -1 & 1 \end{pmatrix}$.

习题 4.5

1. (1) 是； (2) 是； (3) 不是； (4) 不是.

2. $\begin{pmatrix} \frac{1}{2} & \frac{1}{2} & \frac{1}{2} & \frac{1}{2} \\ \frac{1}{6} & \frac{1}{6} & \frac{1}{2} & -\frac{5}{6} \\ \frac{\sqrt{2}}{2} & -\frac{\sqrt{2}}{2} & 0 & 0 \\ \frac{\sqrt{2}}{3} & \frac{\sqrt{2}}{3} & -\frac{\sqrt{2}}{2} & -\frac{\sqrt{2}}{6} \end{pmatrix}$, $\begin{pmatrix} \frac{1}{2} & \frac{1}{2} & \frac{1}{2} & \frac{1}{2} \\ \frac{1}{6} & \frac{1}{6} & \frac{1}{2} & -\frac{5}{6} \\ \frac{\sqrt{2}}{2} & -\frac{\sqrt{2}}{2} & 0 & 0 \\ -\frac{\sqrt{2}}{3} & -\frac{\sqrt{2}}{3} & \frac{\sqrt{2}}{2} & \frac{\sqrt{2}}{6} \end{pmatrix}$.

总习题 4

1. (1) $\frac{1}{35}\begin{pmatrix} 77 & 13 \\ 28 & 42 \\ -49 & 24 \end{pmatrix}$; (2) $\frac{1}{35}\begin{pmatrix} -79 & -4 & 16 \\ 33 & 3 & 23 \end{pmatrix}$;

(3) $\frac{1}{7}\begin{pmatrix} 2 & -37 & -8 \\ -1 & -34 & -6 \\ 3 & -38 & -6 \end{pmatrix}$; (4) $\frac{1}{20}\begin{pmatrix} -28 & 18 & -26 \\ 16 & 9 & 17 \\ -36 & 26 & -22 \end{pmatrix}$.

2. ～4. 略.

5. 提示：利用上题再求与矩阵 $\boldsymbol{E}_{ij}$ 可交换的条件.

6. ～8. 略.

9.（1）略.　（2）$\begin{pmatrix} 1 & 1 & \frac{3}{2} \\ 1 & 2 & 2 \\ \frac{3}{2} & 2 & 5 \end{pmatrix}+\begin{pmatrix} 0 & 1 & \frac{3}{2} \\ -1 & 0 & 2 \\ -\frac{3}{2} & -2 & 0 \end{pmatrix}$.

10.（1）提示：考虑 $\boldsymbol{A}^2$ 的对角线元素.

（2）略.

11. 略.

12. 提示：应用定义.

13. $\begin{pmatrix} 1 & -a & ab & -abc \\ 0 & 1 & -b & bc \\ 0 & 0 & 1 & -c \\ 0 & 0 & 0 & 1 \end{pmatrix}$. 提示：应用上题，令 $\boldsymbol{A}=\begin{pmatrix} 0 & -a & 0 & 0 \\ 0 & 0 & -b & 0 \\ 0 & 0 & 0 & -c \\ 0 & 0 & 0 & 0 \end{pmatrix}$.

14. 略.

15. $\begin{pmatrix} 3 & -2 & 0 & 0 \\ -1 & 1 & 0 & 0 \\ -23 & 15 & -4 & 3 \\ 15 & -10 & 3 & -2 \end{pmatrix}$；　$\begin{pmatrix} 3 & -2 & -20 & 15 \\ -1 & 1 & 9 & -7 \\ 0 & 0 & -4 & 3 \\ 0 & 0 & 3 & -2 \end{pmatrix}$.

16.（1）$\begin{pmatrix} 1 & 0 & 0 \\ 0 & 3 & 0 \\ 0 & 0 & 3 \end{pmatrix}$；

（2）提示：$\boldsymbol{A}=\boldsymbol{X}(\boldsymbol{X}^{-1}\boldsymbol{A}\boldsymbol{X})\boldsymbol{X}^{-1}$ 并应用(1).

答：$\begin{pmatrix} \frac{1}{2}(3^k+1) & 0 & \frac{1}{2}(3^k-1) \\ 0 & 3^k & 0 \\ \frac{1}{2}(3^k-1) & 0 & \frac{1}{2}(3^k+1) \end{pmatrix}$.

习题 5.1

1.（1）特征值为 7，−2；

属于特征值 7 的全部特征向量为 $k(1,1)^{\mathrm{T}}$，k 为任意非零数；

属于特征值 −2 的全部特征向量为 $l(4,-5)^{\mathrm{T}}$，l 为任意非零数.

(2) 特征值为-1(三重);

特征向量为$k(1,1,-1)^T$,其中k为任意非零数.

(3) 特征值为$1,1,-1$;

属于1的全部特征向量为$k_1(0,1,0)^T+k_2(1,0,1)^T$,其中$k_1,k_2$是不全为零的任意数;属于$-1$的全部特征向量为$l(1,0,-1)^T$,其中$l$是任意非零数.

2.～4. 略.

习题 5.2

1.～3. 略.

4. (1) 令$\boldsymbol{X}=\begin{pmatrix}1 & 4\\ 1 & -5\end{pmatrix}$,则$\boldsymbol{X}^{-1}\boldsymbol{AX}=(7,-2)$.

(2) 令$\boldsymbol{X}=\begin{pmatrix}1 & 0 & 1\\ 0 & 1 & 0\\ 1 & 0 & -1\end{pmatrix}$,则$\boldsymbol{X}^{-1}\boldsymbol{AX}=(1,1,-1)$.

5. (1) 令$\boldsymbol{T}=\begin{pmatrix}\frac{2}{3} & \frac{2}{3} & \frac{1}{3}\\ -\frac{2}{3} & \frac{1}{3} & \frac{2}{3}\\ \frac{1}{3} & -\frac{2}{3} & \frac{2}{3}\end{pmatrix}$,则$\boldsymbol{T}^{-1}\boldsymbol{AT}=(4,1,-2)$;

(T的取法不是唯一的)

(2) 令$\boldsymbol{T}=\begin{pmatrix}\frac{2}{5}\sqrt{5} & \frac{2}{15}\sqrt{5} & \frac{1}{3}\\ -\frac{\sqrt{5}}{5} & \frac{4}{15}\sqrt{5} & \frac{2}{3}\\ 0 & \frac{\sqrt{5}}{3} & -\frac{2}{3}\end{pmatrix}$, 则$\boldsymbol{T}^{-1}\boldsymbol{AT}=(2,2,-7)$;

(3) 令$\boldsymbol{T}=\begin{pmatrix}\frac{\sqrt{2}}{2} & \frac{\sqrt{2}}{6} & \frac{2}{3}\\ 0 & -\frac{2\sqrt{2}}{3} & \frac{1}{3}\\ \frac{-\sqrt{2}}{2} & \frac{\sqrt{2}}{6} & \frac{2}{3}\end{pmatrix}$,则$\boldsymbol{T}^{-1}\boldsymbol{AT}=(-3,-3,6)$;

(4) 令 $\boldsymbol{T}=\begin{pmatrix} \frac{\sqrt{2}}{2} & 0 & \frac{\sqrt{2}}{2} & 0 \\ -\frac{\sqrt{2}}{2} & 0 & \frac{\sqrt{2}}{2} & 0 \\ 0 & \frac{\sqrt{2}}{2} & 0 & \frac{\sqrt{2}}{2} \\ 0 & -\frac{\sqrt{2}}{2} & 0 & \frac{\sqrt{2}}{2} \end{pmatrix}$,则 $\boldsymbol{T}^{-1}\boldsymbol{A}\boldsymbol{T}=(2,2,0,0)$.

习题 5.3

1. (1) $\boldsymbol{x}'\begin{pmatrix} 0 & -2 & 1 \\ -2 & 0 & 1 \\ 1 & 1 & 0 \end{pmatrix}\boldsymbol{x}$;　　(2) $\boldsymbol{x}'\begin{pmatrix} 1 & 1 & -\frac{1}{2} \\ 1 & 0 & 0 \\ -\frac{1}{2} & 0 & 2 \end{pmatrix}\boldsymbol{x}$;

(3) $\boldsymbol{x}'\begin{pmatrix} 1 & \frac{1}{2} & \frac{1}{2} \\ \frac{1}{2} & 1 & -\frac{1}{2} \\ \frac{1}{2} & -\frac{1}{2} & 1 \end{pmatrix}\boldsymbol{x}$;　　(4) $\boldsymbol{x}'\begin{pmatrix} 0 & \frac{1}{2} & 0 & 0 \\ \frac{1}{2} & 0 & 0 & 0 \\ 0 & 0 & 0 & -\frac{1}{2} \\ 0 & 0 & -\frac{1}{2} & 0 \end{pmatrix}\boldsymbol{x}$.

2. 略.

3. (1) 正交变换 $\begin{cases} x_1=\frac{2\sqrt{5}}{5}y_1+\frac{2\sqrt{5}}{15}y_2+\frac{1}{3}y_3, \\ x_2=-\frac{\sqrt{5}}{5}y_1+\frac{4\sqrt{5}}{15}y_2+\frac{2}{3}y_3, \\ x_3=\frac{\sqrt{5}}{3}y_2-\frac{2}{3}y_3. \end{cases}$

将原二次型化为标准形 $y_1^2+y_2^2+10y_3^2$,

(2) 正交变换 $\begin{cases} x_1=\frac{\sqrt{2}}{2}y_1+\frac{\sqrt{2}}{6}y_2+\frac{2}{3}y_3, \\ x_2=\frac{\sqrt{2}}{2}y_1-\frac{\sqrt{2}}{6}y_2-\frac{2}{3}y_3, \\ x_3=-\frac{2\sqrt{2}}{3}y_2+\frac{1}{3}y_3. \end{cases}$

将原二次型化为 $7y_1^2+7y_2^2-2y_3^2$.

(3) 正交变换 $\begin{cases} x_1=\frac{1}{2}y_1+\frac{1}{2}y_2+\frac{\sqrt{2}}{2}y_3, \\ x_2=\frac{1}{2}y_1-\frac{1}{2}y_2+\frac{\sqrt{2}}{2}y_4, \\ x_3=\frac{1}{2}y_1+\frac{1}{2}y_2-\frac{\sqrt{2}}{2}y_3, \\ x_4=\frac{1}{2}y_1-\frac{1}{2}y_2-\frac{\sqrt{2}}{2}y_4. \end{cases}$

将原二次型化为 $y_1^2-y_2^2$.

4. 标准形及所作可逆线性变换都不是唯一的.

答：(1) 秩=3,正惯性指数=2,负惯性指数=1,符号差=1.

(2) 秩=3,正惯性指数=2,负惯性指数=1,符号差=1.

(3) 秩=正惯性指数=2,负惯性指数=0,符号差=2.

(4) 秩=4,正惯性指数=负惯性指数=2,符号差=0.

习题 5.4

1. (1) 是；　(2) 是；　(3) 不是；　(4) 不是.
2. (1) $-\frac{4}{5}<t<0$；　(2) 不论 t 取什么值,这个二次型都不是正定的.
3. 提示：$\boldsymbol{A}$ 正定$\Leftrightarrow\boldsymbol{A}$ 的特征值全大于 0.
4. 提示：根据定义.
5. 略.

总习题 5

1. (1) 特征值 1,1,2；

属于特征值 1 的特征向量为 $k(1,0,0)^{\mathrm{T}}$,其中 k 为数域 $\mathbf{P}$ 中任意非零数. 属于特征值 2 的全部特征向量为 $l(1,2,1)^{\mathrm{T}}$,其中 l 为不等于零的任意数.

(2) 特征值为 2,2,11；

属于特征值 2 的特征向量为 $k_1(1,-2,0)^{\mathrm{T}}+k_2(1,0,-1)^{\mathrm{T}}$,其中 k_1, k_2 为不全为零的任意数. 属于特征值 11 的特征向量为 $l(2,1,2)^{\mathrm{T}}$,其中 l 为任意非零数.

(3) A 的特征值为 $-1,9,0$；

属于 -1 的特征向量为 $k_1(1,-1,0)^{\mathrm{T}}$,其中 k_1 为任意非零数. 属于 9 的特征向量为 $k_2(1,1,2)^{\mathrm{T}}$,其中 k_2 是任意非零数. 属于特征值 0 的特

征向量为 $k_3(1,1,-1)^{\mathrm{T}}$，其中 k_3 是任意非零数.

（4）特征值为 1,1,2；

属于特征值 1 的特征向量为 $k(1,2,-1)^{\mathrm{T}}$，其中 k 是任意非零数. 属于特征值 2 的特征向量为 $l(0,0,1)^{\mathrm{T}}$，其中 l 是任意非零数.

2.（1）略；（2）令 $\boldsymbol{X}=\begin{pmatrix}1 & 1 & 2\\ -2 & 0 & 1\\ 0 & -1 & 2\end{pmatrix}$，则 $\boldsymbol{X}^{-1}\boldsymbol{A}\boldsymbol{X}=(2,2,11)$；

（3）令 $\boldsymbol{X}=\begin{pmatrix}1 & 1 & 1\\ -1 & 1 & 1\\ 0 & 2 & -1\end{pmatrix}$，则 $\boldsymbol{X}^{-1}\boldsymbol{A}\boldsymbol{X}=(-1,9,0)$，

3. $\begin{pmatrix}5 & -1 & -2\\ 16 & -4 & -6\\ 2 & 0 & -1\end{pmatrix}$.

4.（1）$\boldsymbol{T}=\begin{pmatrix}0 & \frac{2\sqrt{2}}{3} & \frac{1}{3}\\ \frac{\sqrt{2}}{2} & -\frac{\sqrt{2}}{6} & \frac{2}{3}\\ \frac{\sqrt{2}}{2} & \frac{\sqrt{2}}{6} & -\frac{2}{3}\end{pmatrix}$，$\boldsymbol{T}^{-1}\boldsymbol{A}\boldsymbol{T}=(1,1,10)$；

（2）$\boldsymbol{T}=\begin{pmatrix}-\frac{2\sqrt{5}}{5} & \frac{2\sqrt{5}}{15} & \frac{1}{3}\\ \frac{\sqrt{5}}{5} & \frac{4\sqrt{5}}{15} & \frac{2}{3}\\ 0 & \frac{\sqrt{5}}{3} & -\frac{2}{3}\end{pmatrix}$，$\boldsymbol{T}^{-1}\boldsymbol{A}\boldsymbol{T}=(1,1,-8)$；

（3）$\boldsymbol{T}=\begin{pmatrix}\frac{\sqrt{2}}{2} & \frac{\sqrt{6}}{6} & \frac{\sqrt{3}}{6} & \frac{1}{2}\\ \frac{\sqrt{2}}{2} & -\frac{\sqrt{6}}{6} & -\frac{\sqrt{3}}{6} & -\frac{1}{2}\\ 0 & -\frac{\sqrt{6}}{3} & \frac{\sqrt{3}}{6} & \frac{1}{2}\\ 0 & 0 & \frac{\sqrt{3}}{2} & -\frac{1}{2}\end{pmatrix}$，$\boldsymbol{T}^{-1}\boldsymbol{A}\boldsymbol{T}=(4,4,4,-8)$.

5. 提示：$\boldsymbol{A}$ 的全部特征值的乘积等于 $|\boldsymbol{A}|$.

6. 提示：证明 $\boldsymbol{A}$ 可对角化，并且 $\boldsymbol{A}$ 的特征值全相等.

7. 提示：应用定理 5.6.

8.（1）标准形为 $2y_1^2+2y_2^2-7y_3^2$；所作正交变换为

$$\begin{pmatrix} x_1 \\ x_2 \\ x_3 \end{pmatrix} = \begin{pmatrix} \frac{2}{5}\sqrt{5} & \frac{2}{15}\sqrt{5} & \frac{1}{3} \\ -\frac{1}{5}\sqrt{5} & \frac{4}{15}\sqrt{5} & \frac{2}{3} \\ 0 & \frac{1}{3}\sqrt{5} & -\frac{2}{3} \end{pmatrix} \begin{pmatrix} y_1 \\ y_2 \\ y_3 \end{pmatrix};$$

正惯性指数=2,负惯性指数=1,符号差=1.

(2) 标准形为 $y_1^2+y_2^2-y_3^2-y_4^2$；所作正交变换为

$$\begin{cases} x_1 = \frac{\sqrt{2}}{2}y_1 - \frac{\sqrt{2}}{2}y_3, \\ x_2 = \frac{\sqrt{2}}{2}y_1 + \frac{\sqrt{2}}{2}y_3, \\ x_3 = \frac{\sqrt{2}}{2}y_2 - \frac{\sqrt{2}}{2}y_4, \\ x_4 = \frac{\sqrt{2}}{2}y_2 + \frac{\sqrt{2}}{2}y_4; \end{cases}$$

正惯性指数=负惯性指数=2,符号差=0.

(3) 标准形为 $y_1^2+7y_2^2-y_3^2-3y_4^2$；所作正交变换为

$$\begin{cases} x_1 = \frac{1}{2}y_1 - \frac{1}{2}y_2 - \frac{1}{2}y_3 + \frac{1}{2}y_4, \\ x_2 = \frac{1}{2}y_1 + \frac{1}{2}y_2 - \frac{1}{2}y_3 - \frac{1}{2}y_4, \\ x_3 = \frac{1}{2}y_1 - \frac{1}{2}y_2 + \frac{1}{2}y_3 - \frac{1}{2}y_4, \\ x_4 = \frac{1}{2}y_1 + \frac{1}{2}y_2 + \frac{1}{2}y_3 + \frac{1}{2}y_4; \end{cases}$$

正惯性指数=负惯性指数=2,符号差=0.

9. (1) 是；　(2) 否.

10. (1) $-\sqrt{2}<t<\sqrt{2}$；　(2) $-\frac{\sqrt{15}}{3}<t<\frac{\sqrt{15}}{3}$.